U0167380

城市供水管网瞬变流水力模拟技术及工程应用

郑飞飞　黄源　段焕丰　著

中国水利水电出版社
www.waterpub.com.cn

·北京·

内 容 提 要

本书以供水管网中的瞬变流为主要研究对象，内容分三篇，共 12 章。第 1 篇内容全面总结了供水管网中瞬变流的产生、危害、防护，以及供水管网领域中瞬变流理论和工程应用方面的研究现状和最新进展；第 2 篇内容系统阐述了供水管网瞬变流水力模拟技术，包括模型构建方法、高效求解技术、管道简化技术和节点水量优化分配技术；第 3 篇内容详细介绍了供水管网瞬变流模型在供水管网运行管理中的工程应用，包括供水管网优化设计、管道漏损检测、管道阻塞检测、分支管道检测和黏弹性管道参数识别。本书涵盖了供水管网瞬变流水力模拟方法和基于瞬变流的供水管网缺陷检测方法，可为城市供水管网系统的安全运行和高效管理提供重要的理论依据和技术支撑。

本书可作为高等院校城市水力学、环境工程和市政工程专业研究生，城市水务、卫生监督及环境管理等相关部门的科技工作者和管理人员的参考书。

图书在版编目（CIP）数据

城市供水管网瞬变流水力模拟技术及工程应用 / 郑飞飞，黄源，段焕丰著. -- 北京 ：中国水利水电出版社，2021.8
ISBN 978-7-5170-9819-5

Ⅰ．①城… Ⅱ．①郑… ②黄… ③段… Ⅲ．①城市供水系统－管网－检漏 Ⅳ．①TU991.33

中国版本图书馆CIP数据核字(2021)第163512号

书　　名	**城市供水管网瞬变流水力模拟技术及工程应用** CHENGSHI GONGSHUI GUANWANG SHUNBIANLIU SHUILI MONI JISHU JI GONGCHENG YINGYONG	
作　　者	郑飞飞　黄　源　段焕丰　著	
出版发行	中国水利水电出版社 （北京市海淀区玉渊潭南路 1 号 D 座　100038） 网址：www.waterpub.com.cn E - mail：sales@waterpub.com.cn 电话：(010) 68367658（营销中心）	
经　　售	北京科水图书销售中心（零售） 电话：(010) 88383994、63202643、68545874 全国各地新华书店和相关出版物销售网点	
排　　版	中国水利水电出版社微机排版中心	
印　　刷	北京印匠彩色印刷有限公司	
规　　格	184mm×260mm　16 开本　14 印张　341 千字	
版　　次	2021 年 8 月第 1 版　2021 年 8 月第 1 次印刷	
印　　数	0001—1000 册	
定　　价	**80.00 元**	

前　言

供水管网是将饮用水输送到各类用户的城市基础设施,其安全运行对城市居民生活和经济社会发展至关重要。据住房和城乡建设部发布的《2019年城市建设统计年鉴》相关数据,我国城市供水管网的总长已达到约92万km,供水总量增长至628亿t左右,供水普及率达到了98.78%。这些基础设施为我国城镇化进程的稳步推进与发展提供了重要支撑。然而,由于城市供水管网深埋地下,结构复杂,运行管理困难,普遍存在管材老化、漏损率居高不下和爆管率较高等问题。这些问题不仅造成水资源的极大浪费,还可能危及供水管网安全,引发诸如地面沉降、交通阻塞、水质污染等严重的次生灾害。因此,在我国城市化进程不断加快和水资源日益短缺的背景下,如何保障供水管网系统的安全可靠运行进而提高水资源的有效利用率,已成为我国经济社会可持续高质量发展的迫切需求。

为此,我国相继出台了一系列相关政策。例如,2012年印发的《全国城镇供水设施改造与建设"十二五"规划及2020年远景目标》中,将总投资的2/3用于管网改造和新建管网投资,以提升供水管网的安全可靠性;2014年习近平总书记提出的"节水优先、空间均衡、系统治理、两手发力"十六字治水思路中将"节水优先"放在首位;2015年出台的《水污染防治行动计划》(简称"水十条")明确提出"2020年全国公共供水管网漏损率控制在10%以内"的要求。同时,随着信息、计算机、通信和自动控制技术的发展,我国供水行业已逐步进入信息化和智能化运行管理阶段,这为供水管网的安全高效运行提供了关键支撑。

在供水管网运行中,瞬变流是一种常见水流状态,任何引起水流状态发生快速变化的干扰都可产生瞬变流现象,如水泵启闭、阀门动作、水量突变以及传输状态的变化(如管道断裂或管线冻结)等。当这些扰动发生过快时会引起管网中产生明显的瞬变流水力过程,由此诱发压力骤然增减,进而会导致漏损、爆管和水质污染等供水管网安全事故。由此可见,瞬变流是影响供水系统安全运行的重要因素之一,因此对瞬变流现象的理解和认识是实现供水管网安全运行与高效管理的关键前提。

针对瞬变流对供水管网系统的潜在危害，可采取一些工程措施进行必要的防护。例如，优化阀门或水泵动作程序，以使其诱发的瞬变流状态更加缓慢；安装防护装置，如空气罐、调压井、泄压阀、空气阀等，以调整瞬变流过程中的能量变化从而降低其强度。尽管极端瞬变流事件对供水管网的运行存在负面或破坏性影响，但"温和安全"的瞬变流状态也可作为一种供水管网的管理和监测手段。这是因为瞬变流产生的压力波在供水管网中高速传播时可获取并传输管网系统的信息，如管道连接点、漏损/爆管、局部阻塞等状态信息。这些在瞬变流中蕴含的系统信息可通过监测点进行捕获和解析，由此可实现对供水管网系统状态的检测和识别，从而形成基于瞬变流的供水管网缺陷检测方法。由于具有高效和低成本的优点，基于瞬变流的管网缺陷检测方法在近些年的研究中备受关注，主要用于管网漏损、局部阻塞和管道属性等特征的检测、识别与定位。

考虑到瞬变流与供水管网系统安全运行的紧密关联，以及应用瞬变流理论进行管网系统缺陷检测的巨大潜力，本书作者团队长期专注于该领域的研究，尤其致力于瞬变流的基础理论研究与应用技术开发。通过十几年的研究与实践，作者团队取得了一系列的创新研究成果和工程经验，为城市供水管网系统的安全运行和高效管理提供了重要的理论依据和技术支撑。本书是作者研究团队多年心血的结晶，研究工作得到了国家自然科学基金优秀青年科学基金项目"城市水力学与水信息学"（批准号 51922096）、国家水体污染控制与治理科技重大专项课题"嘉兴市城乡一体化安全供水保障技术集成与综合示范课题"（批准号 2017ZX07201－004）和国家重点研发项目"城镇供水管网漏损监测与控制技术及应用"（批准号 2016YFC0400600）等的资助。

本书内容分为 3 篇。第 1 篇为供水管网瞬变流研究背景与现状总结，首先介绍供水管网的基本概念和管网瞬变流的产生、危害以及防护（第 1 章）；然后，分别介绍了供水管网领域中瞬变流理论的研究现状（第 2 章）和瞬变流理论在工程应用方面的研究进展（第 3 章）。第 2 篇和第 3 篇系统介绍了作者研究团队在供水管网瞬变流理论和工程应用领域的最新研究成果。具体而言，第 2 篇阐述了供水管网瞬变流水力模拟技术，包括模型构建方法（第 4 章）、高效求解技术（第 5 章）、管道简化方法（第 6 章）和节点水量优化分配技术（第 7 章）。第 3 篇详细介绍了供水管网瞬变流模型在供水管网运行管理中的工程应用，包括供水管网优化设计（第 8 章）、管道漏损检测（第 9 章）、管道阻塞检测（第 10 章）、分支管道检测（第 11 章）和黏弹性管道参数识别（第 12 章）。

本书编写分工如下：郑飞飞编写了第 1 章、第 6 章至第 8 章，并与段焕丰共同编写了第 2 章、第 3 章、第 9 章至第 12 章；黄源编写了第 4 章和第 5 章。

本书也得到了袁娇和郑子萱等的大力支持。在这里谨向参与本书的编写人员表示衷心的感谢，也非常感谢中国水利水电出版社的支持以及责任编辑的辛苦付出。

本书内容广泛，难免存在疏漏与不妥之处，敬请读者批评指正。

郑飞飞

2021 年 3 月

目　　录

前言

第1篇　供水管网瞬变流研究背景与现状

第1章　城市供水管网瞬变流 ··· 3
1.1　城市供水管网 ·· 3
1.1.1　供水系统 ·· 3
1.1.2　供水管网的组成 ··· 3
1.1.3　供水管网面临的挑战 ·· 4
1.2　供水管网瞬变流 ··· 5
1.2.1　瞬变流的产生 ·· 5
1.2.2　瞬变流的危害 ·· 6
1.2.3　瞬变流的防护 ·· 7
参考文献 ··· 8

第2章　供水管网瞬变流理论 ·· 10
2.1　一维/二维瞬变流模型 ··· 10
2.2　瞬变摩阻计算 ··· 13
2.2.1　一维瞬变摩阻模型 ·· 14
2.2.2　二维瞬变摩阻模型 ·· 14
2.3　塑性管道的黏弹性模型 ··· 16
2.3.1　塑性管道的黏弹性特征 ··· 16
2.3.2　塑性管道的黏弹性模拟 ··· 16
2.4　瞬变流模型求解方法 ·· 19
2.4.1　时域数值模拟方法 ·· 19
2.4.2　频域数值模拟方法 ·· 20
参考文献 ·· 22

第3章　供水管网瞬变流工程应用现状 ·· 27
3.1　考虑瞬变流危害的系统安全防护研究 ··· 27
3.2　基于瞬变流的系统缺陷检测技术研究 ··· 28
3.2.1　基于瞬变流的漏损检测 ··· 29

　　3.2.2　基于瞬变流的阻塞检测 ·· 35

　　3.2.3　基于瞬变流的分支管道检测 ··· 38

　　3.2.4　基于瞬变流的多缺陷检测 ··· 38

3.3　瞬变流研究进展总结和对未来工作的建议 ······························· 38

参考文献 ··· 39

第2篇　供水管网瞬变流水力模拟技术

第4章　供水管网瞬变水力模型构建技术 ······································· 51

4.1　复杂边界条件辨识分类 ··· 51

　　4.1.1　供水管网边界条件类型分析 ··· 51

　　4.1.2　复杂边界条件辨识分类方法 ··· 52

4.2　瞬变水力模型求解方法 ··· 53

　　4.2.1　瞬变流基本理论 ··· 53

　　4.2.2　通用特征线法 ·· 55

　　4.2.3　水柱分离计算 ·· 58

　　4.2.4　边界条件通用求解方法 ··· 59

4.3　瞬变水力模型计算流程 ··· 61

4.4　瞬变水力模型校核方法 ··· 62

　　4.4.1　模型校核应考虑的问题分析 ··· 62

　　4.4.2　模型参数的复杂性和不确定性分析 ·· 63

　　4.4.3　模型校核的方法和步骤 ··· 64

4.5　小结 ··· 66

参考文献 ··· 66

第5章　基于拉格朗日法的瞬变流模型高效求解技术 ····················· 68

5.1　欧拉法和拉格朗日法分析 ·· 68

5.2　基于拉格朗日法的瞬变流理论 ··· 69

　　5.2.1　瞬变压力波的传播机制 ··· 69

　　5.2.2　基于拉格朗日法的边界条件模型 ··· 70

　　5.2.3　摩阻损失的近似估计方法 ··· 73

5.3　高效拉格朗日模型 ·· 74

　　5.3.1　模型方法 ·· 74

　　5.3.2　效率控制策略 ·· 75

5.4　案例研究 ··· 77

　　5.4.1　瞬变流计算示例 ··· 77

　　5.4.2　计算精度和效率分析 ·· 79

　　5.4.3　其他分析和讨论 ··· 82

5.5　小结 ··· 84

参考文献 ·· 85

第6章　面向瞬变流模拟的供水串联管道简化技术 ·························· 86

6.1　面向瞬变流模拟的模型简化分析 ·· 86

　　6.1.1　基于稳态水力条件的常规简化方法分析 ···························· 86

　　6.1.2　适用于瞬变水力模型的管网简化方法 ···························· 87

6.2　面向瞬变流模拟的供水串联管道简化方法 ································ 88

　　6.2.1　串联管道瞬变简化方法 ·· 88

　　6.2.2　实施步骤 ··· 91

　　6.2.3　简化精度评价指标 ··· 92

6.3　案例研究 ··· 92

　　6.3.1　案例描述 ··· 93

　　6.3.2　简化方法应用 ··· 95

　　6.3.3　案例1结果 ··· 95

　　6.3.4　案例2结果 ··· 98

6.4　小结 ·· 100

　　参考文献 ··· 101

第7章　面向瞬变流模拟的供水管网节点水量优化分配技术 ·············· 103

7.1　考虑节点水量优化分配的供水串联管道瞬变简化方法 ················ 103

　　7.1.1　节点水量影响的概率评估方法 ·································· 104

　　7.1.2　步骤一：中间水量分配 ·· 106

　　7.1.3　步骤二：串联管道合并 ·· 107

　　7.1.4　方法实施 ·· 108

7.2　节点水量分配对瞬变流动态特性的影响调查 ························· 109

7.3　简化精度评价指标 ··· 109

7.4　案例研究 ·· 110

　　7.4.1　案例描述 ·· 110

　　7.4.2　实验方案 ·· 111

　　7.4.3　案例1结果和分析 ··· 112

　　7.4.4　案例2结果和分析 ··· 115

　　7.4.5　不同简化模型的瞬变压力波动曲线调查分析 ····················· 117

7.5　小结 ·· 120

参考文献 ·· 121

第3篇　供水管网瞬变流水力模型应用

第8章　瞬变流模型在供水管网设计中的应用研究 ······················ 125

8.1　考虑瞬变流影响的管网设计可行性和必要性分析 ····················· 126

8.2　考虑瞬变流影响的管网多目标优化设计方法 ·················· 127

8.2.1　瞬变水力波动评价指标 ·························· 128

8.2.2　多目标优化设计目标 ·························· 129

8.2.3　多目标优化模型求解方法 ·························· 130

8.3　案例应用 ·························· 131

8.3.1　案例描述 ·························· 131

8.3.2　目标权衡关系分析 ·························· 133

8.3.3　设计方案讨论 ·························· 134

8.3.4　工程设计约束的效果分析 ·························· 137

8.4　小结 ·························· 138

参考文献 ·························· 139

第9章　基于瞬变流的管道漏损检测研究 ·························· 141

9.1　研究方法介绍 ·························· 141

9.2　瞬变信号信息对漏损检测方法的相对重要性 ·························· 142

9.2.1　数值试验条件 ·························· 142

9.2.2　考虑两种信息的漏损检测结果 ·························· 143

9.2.3　考虑一种信息的漏损检测结果 ·························· 144

9.3　复杂实际因素对漏损检测方法的影响 ·························· 147

9.4　串联管道中瞬变波的特性 ·························· 149

9.5　基于频率响应函数的方法在串联管道的拓展应用 ·················· 151

9.5.1　无漏损管道的频率响应函数 ·························· 151

9.5.2　漏损管道的频率响应函数 ·························· 153

9.5.3　案例分析 ·························· 155

9.6　小结 ·························· 157

参考文献 ·························· 158

第10章　基于瞬变流的管道阻塞检测研究 ·························· 160

10.1　延续型阻塞管道的频率响应研究 ·························· 160

10.1.1　频率响应的解析表达式推导 ·························· 160

10.1.2　解析表达式的数值验证 ·························· 163

10.1.3　解析表达式的简化及验证 ·························· 165

10.2　延续型阻塞的定位模型 ·························· 168

10.3　延续型阻塞定位方法的数值模拟 ·························· 169

10.4　延续型阻塞定位方法的实验验证 ·························· 170

10.4.1　实验设置 ·························· 170

10.4.2　系统的频率响应观测结果 ·························· 171

10.4.3　阻塞检测结果 ·························· 171

10.5　延续型阻塞检测方法在实际应用中的影响因素 ·················· 177

10.6 小结 ·· 179

参考文献 ·· 179

第 11 章   基于瞬变流的末端分支管道检测研究 ·············· 181

11.1 分支对管道系统瞬变响应的影响 ························· 181

11.2 分支管道系统的频率响应 ······························· 182

    11.2.1 频率响应函数的推导 ····························· 182

    11.2.2 解析表达式的简化 ······························· 183

11.3 分支管道检测方法的原理 ······························· 184

11.4 分支管道检测方法的数值模拟 ························· 184

    11.4.1 数值试验条件 ··································· 184

    11.4.2 检测结果与分析 ································· 186

11.5 瞬变输入信号对分支管道检测方法的影响 ··············· 188

11.6 小结 ·· 189

参考文献 ·· 189

第 12 章   基于瞬变流模型的黏弹性管道参数识别研究 ········ 191

12.1 一维黏弹性管道瞬变流模型 ··························· 191

12.2 黏弹性管道频率响应函数的推导 ······················· 192

12.3 基于频域瞬变流方法识别黏弹性参数的原理 ············· 193

12.4 黏弹性管道参数识别方法的验证 ······················· 195

    12.4.1 实验设置 ······································· 195

    12.4.2 数值测试条件 ··································· 197

    12.4.3 实验验证结果 ··································· 198

    12.4.4 数值验证结果 ··································· 200

12.5 多级频域瞬变流方法与传统方法的比较 ················· 202

12.6 多级频域瞬变流方法的影响因素研究 ··················· 204

12.7 小结 ·· 204

参考文献 ·· 204

第 1 篇

供水管网瞬变流研究背景与现状

供水管网系统是城市基础设施的重要组成部分，而瞬变流是供水管网中的一种常见水流状态，因此，对供水管网瞬变流现象的理解和认识是实现供水管网安全运行与高效管理的关键前提。本篇主要介绍城市供水管网瞬变流的研究背景与现状。具体而言，第 1 章介绍城市供水管网的基本概念及其瞬变流的产生、危害和防护；接着，第 2 章系统整理与分析供水管网领域中瞬变流理论的发展历程；最后第 3 章介绍供水管网瞬变流理论的工程应用现状。

城市供水管网瞬变流

1.1 城市供水管网

1.1.1 供水系统

供水系统一般是指将原水输送并处理为合格饮用水，同时供应到不同类型用户的一系列工程措施的组合，包括水源取水构筑物、水处理构筑物以及送水至各用户的配水设施等（王如华 等，2017）。供水系统是城市赖以生存的命脉，是保障城市生产和生活所必需的物质基础，是制约我国城市建设和经济社会可持续发展的主要因素之一，甚至会影响到整个社会的安全和稳定（骆碧君，2010）。因此，城市供水系统是城市中最重要的基础设施之一，必须保障其供水安全。供水系统基本组成要素如图 1.1.1 所示，可包括地表（地下）取水构筑物、一级泵站、输水管（渠）、水处理构筑物、二级泵站、供水管网、加压泵站、水塔等。

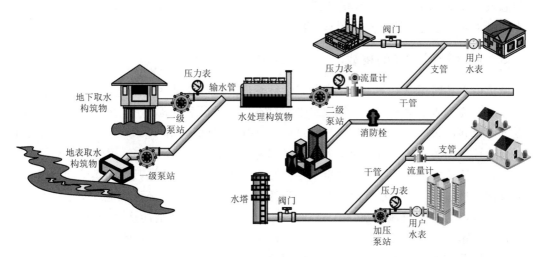

图 1.1.1 城市供水系统示意图

1.1.2 供水管网的组成

供水管网是城市供水系统的重要组成部分，它是指分布在整个供水区域内的配水管道网络，用以将处理后的饮用水输送到供水区域内的所有用户。通常而言，从供水点（水源地或给水处理厂）到管网的管道，一般不直接向用户供水，起输水作用，称输水管；管网中同时起输水和配水作用的管道称干管；从干管分出向用户供水的管道称支管；从干管或支管接通用户的管道称用户支管，该管上常设水表以记录用户用水量。常用的供水管材类型有铸铁管、钢管、预应力混凝土管、聚乙烯管等。此外，供水管网中还需要安装消防栓、阀门（闸阀、排气阀、泄水阀）和检测仪表（压力、流量、水质检测等）等附属设施，以保证消防供水和满足生产调度、故障处理、维护保养等管理需要（严煦世、刘遂庆，2014）。供水管网的基本结构见图 1.1.1。

供水管网的布置有枝状和环状两种基本形式。环状管网中，管段一般互相连接成闭合环状，水流可沿两个或两个以上的方向流向用户。在枝状管网中，管线通常布置成树枝状，水流沿一个方向流向用户。由于拓扑结构形式的不同，环状管网和树状管网存在各自的优缺点（严煦世、刘遂庆，2014）。环状管网由于存在多条供水路径，供水可靠性较高，但造价也要明显高于枝状管网。现有城市的供水管网多数是将枝状管网和环状管网结合使用，在城市中心地区，一般采用环状管网形式，在郊区则以枝状管网形式向四周延伸。我国近些年快速发展的城乡一体化供水管网即是这类管网形式的典型案例，将以环状管网为主的城镇管网与以枝状管网为主的乡村管网连接，形成一体化供水模式。

供水管网担负着将饮用水保质保量输送至用户的重任，被誉为城市的"生命线"。在供水工程总投资中，输水管渠和管网（包括管道、阀门、附属设施等）所占费用一般为 70%～80%，其运行电费占供水成本的 30%～40%（熊润，2011）。近年来，随着我国城镇化进程的稳步推进与发展，铺设在城市地面以下的供水管网系统也逐渐变得庞大复杂。根据住房和城乡建设部发布的《2019 年城市建设统计年鉴》相关数据，我国城市供水管网的总长由 2009 年的 51 万 km 增长到 2019 年的 92 万 km，增长了 80% 左右，同时管网供水总量由 496 亿 t 增长到 628 亿 t，增长了 26.6%。

1.1.3　供水管网面临的挑战

城市供水管网深埋地下，结构复杂，运行管理困难，普遍存在着管材老化、更新改造技术滞后、施工质量参差不齐、管理水平相对不足、漏损率居高不下、爆管率较高等诸多问题（毛茂乔，2019）。根据《全国城市供水管网改造近期规划（2005）》对 184 个城市的不完全统计，2000—2003 年期间，因爆管而停水的事故达 13.7 万次，因管网事故影响高峰期用水高达 21537 次，因压力严重不足而影响供水达 26544 次。其中，爆管问题不仅会导致管网大量漏水，造成水资源的浪费，降低给水企业的效益，还可能危及整个供水管网系统的安全，引发诸如地面沉降、交通阻塞、水质污染等严重的次生灾害（Clark 等，2002；何凯军，2015）。例如，2013 年 2 月下旬，位于武汉市永丰乡的琴断口水厂突然掉电，引发停泵水锤，致使该水厂一直径为 DN1200 的管道破裂，所辖服务区出现大面积停水情况。2018 年 12 月底，位于南京市江东中路附近一直径为 DN1500 的供水干管发生爆管，导致周边市政道路、隧道出现大量积水，主城区近一半居民用水受到影响，造成了难以估量的经济损失。2019 年 1 月下旬，位于西安市会展中心附近一直径为 DN2000 的供水主管发生爆管，导致周边市政道路、小区出现大量积水，一名群众被困地下室，不幸遇难。这些惨痛的教训一再提醒我们应时刻关注供水管网系统的安全运行问题，切实加强供水管网的安全防护。

1.2 供水管网瞬变流

1.2.1 瞬变流的产生

当压力管道中水体的流速和压力不随时间发生显著变化时，可认为水流处于稳态或恒定状态，相反，则认为水流处于非稳态或非恒定状态。国际上通常采用"water hammer""transient flow""surge"等名词描述非恒定流动现象，国内也有"水锤""瞬变流""水击"等相应的名词称谓，本书采用"瞬变流"来表示这种瞬时变化的水流状态。

城市供水管网系统中，任何引起水流状态发生快速变化的干扰与操作都可产生瞬变流现象。最常见的干扰类型有水泵启动/关闭、阀门打开/关闭、水量突变以及传输状态的变化（如管道断裂或管线冻结等）（Boulos 等，2005）。据报道（Wright，2013），美国的一些小型城镇，如 Texarkana、Union Grove、Arlington Heights 等，每年有 10～300 起供水干管爆管事故是由不合理的防护设备安装、消火栓操作、阀门的突然启闭引起的。陈凌（2007）列举了两起由关阀不当引发瞬变流危害的事件：一件是由于阀门关闭过急过快，导致水泵工作异常而使出水压力剧降；另一件是在管道更新过程中由于关阀过快导致管道水压力骤增而发生爆管事故。伍悦滨等（2006）和 Haghighi（2015）的研究表明，用水量的异常波动也可导致瞬变流现象，虽然瞬时压力升高不一定会造成明显破坏事故，但也会影响管网的正常运行。

通常情况下，在瞬变流期间，由于流速的突然变化，水体的大部分动能被转化为压力能，由此产生了压力波。根据水体和管道的弹性以及其他管道特性（如管材、壁厚、管径等），压力波将以远大于水体流速（如金属管道约为 1000 m/s）的速度在管道中传播，可能引起异常明显的压力变化。在极端情况下，当管道内部压力降至真空汽化压力时，管道内部会产生气穴现象，生成蒸汽腔，可能会产生剧烈的压力波动（Colllns 等，2012；Jung 等，2009），这种气穴的产生和破裂现象也称为水柱分离和水柱弥合现象。压力波在传播过程中将会随着声音、摩阻、振动或其他能量耗散机制而逐渐衰减，直至管网系统达到一个新的稳定状态。在实际工程中，一般可以通过 Joukowsky 公式得到压力波动幅度的保守估计，如水流发生 1 m/s 的速度变化可能导致金属管道中产生约 100 m 的压力变化。由此可见，管网中不可避免的瞬变流过程有可能产生明显的压力波动变化，这种变化会显著影响供水管网系统的安全运行。

目前已有一些研究使用了高频压力测量设备对实际管网中的压力瞬变流现象进行监测（Friedman 等，2004；Fleming 等，2006；Ebacher 等，2011）。如 Friedman 等（2004）开展了一个大规模的监测项目，主要监测水泵动作、高需水量状态、管道破裂和阀门操作等工况下的压力波动。研究报告显示，当有意或无意地打开或关闭水泵时，管网中会出现明显的压力波动（高压和低压/负压），在监测中出现了 13 例负压事件，其中 12 例由停泵导致；在输水量为 7.6 万 t 的泵站中水泵的日常启动产生了 206 kPa（相当于约 20 m 压力水头）的升压；一个由当地消防部门使用消防车进行的消防作业产生了大约 480 kPa（相当于接近 50 m 压力水头）的压力升高。接着，Fleming 等（2006）对 16 个选定的管网进行了压力监测和瞬变水力建模分析，结果发现小规模的供水系统（每日供水量小于 3.8 万 t）、地下水源系统（需加压输送）以及管网中储水设备（水塔/水池）较少的系统是造成明显压力波动的主要因素。根据压力监测数据，在水泵开启时，压力可从初始稳态的 429 kPa 升至最高为 729 kPa。Ebacher 等（2011）也在大型管网系统中进行了瞬时压力监测，并在泵站断电期间监测到 3 个低压事件，其中包括从工作压力 442 kPa 降至最小压力 36 kPa 的事件。

1.2.2　瞬变流的危害

供水管网中的压力瞬变流事件可能会造成严重的构件损坏、系统破坏、水质污染以及地面塌陷等次生灾害（Boulos 等，2005）。压力瞬变流对管网供水安全的影响主要表现为过高的瞬时压力、局部真空状态或气穴的产生、系统构件的水力振动、接头或交叉连接点处的污染物入侵等。在瞬变流过程中，最大瞬时压力可能会达到运行压力的数倍甚至数十倍，远超管道的承受能力，从而引发管道破裂、阀门损坏等灾害性事故（陈凌，2007）。例如，美国纽约市在 2007 年发生了一起由管道中气泡破裂所引起的瞬变流事件，产生了比正常工作压力高出 7 倍多的瞬时压力（Stratham，2007）。有研究表明，有些瞬变流事件所导致的压力升高不一定会造成明显的或即时的破坏事故，但也会造成管道内衬出现裂缝，损坏管段之间的连接和法兰，破坏或引起设备（如阀门、空气阀或防护设备等）的变形等（Karney，2013）。而且，过高的压力也会加速管网漏失和管道腐蚀，当这些与重复的瞬变流现象相结合时，就会明显增加管道故障的概率（伍悦滨 等，2006）。

当管道中的瞬时压力降至环境温度下水体的汽化压力时，管道中就会出现局部真空状态，进而会产生远高于正常运行状态下的应力和应变，可造成管道塌陷事故（Boulos 等，2005）。具体而言，当局部的真空状态持续时，水体开始蒸发，形成气穴现象，而当压力恢复时，气穴周围的水体由边界处进入气穴空腔，并发生碰撞，产生陡峭的压力上升，从而造成剧烈的压力波动（Galante 等，2002）。目前，对于气穴的产生、移动和破裂的准确模拟仍比较困难，特别是难以确定描述该过程的准确参数。此外，管道中的气穴一旦产生，无法采取有效措施控制气穴破裂现象。因此，在工程实践中应避免产生气穴现象以确保系统运行安全。

除了水力影响，瞬变流事件也可对供水水质产生显著影响。瞬变流事件中水流状态的波动可以产生高强度的流体剪切力，由此可能导致管壁上沉降颗粒的再悬浮以及生物膜的脱离，如管网中的"红水"事件往往与瞬变波动有关联。此外，瞬变流事件（如水泵断电或爆管事故）中产生的低压或负压，有可能导致受污染的地下水从漏失或破裂位置处入侵至管网中（LeChevallier，1999；Karim 等，2003）。而且，负压也可能导致居民家庭、工业或公用事业单位的非饮用水由于反虹吸作用进入管网中（Walski、Lutes，1994；Friedman 等，2004）。与此同时，当局部压力大幅度下降时，溶解的空气（气体）会从水中释放出来，这可能会促进金属类管材（如钢管和铸铁管等）的腐蚀，最终加快了管道的锈蚀和损坏（LeChevallier 等，2003）。例如，Gullick 等（2004）研究了实际供水管网中的外源水体入侵事件，观察到 15 次产生负压的瞬变流事件，这些事件中大多数是由于水泵的突然关闭造成的。Fleming 等（2006）在报告《供水管网系统中压力瞬变流的验证与控制》中表明，在瞬变流事件中，外源污染物可以从入侵位置处向下游传播，潜在入侵可能性最大的位置是产生泄漏和破裂的地点、地下水位高的区域和淹没的空气阀或真空阀井室。此外，另一个小规模的调查发现（Boyd 等，2004），当一个位于流量为 500 L/min 的管道上的 DN65 mm 球阀突然关闭（小于1 s）时，通过 4 mm 和 6 mm 小孔的入侵水体体积可分别达到 50 mL 和 127 mL。

1.2.3 瞬变流的防护

瞬变流事件对供水管网安全运行会产生不利影响，因此需采取一些工程措施来预防极端瞬变流事件的产生或缓解瞬变流事件的强度。供水管网中瞬变流防护措施大致可分为三大类（Boulos 等，2005）：①改变系统特性；②改变系统中阀门或水泵动作程序；③设计和安装瞬变流防护装置。其中，前两类措施是在管网系统设计和操作方面对瞬变流防护的考虑，通常是对引发瞬变流流量变化的直接原因施加干预，因此也常被成为"直接控制"策略（Boulos 等，2005）。

第一类措施是改变系统特性的措施，通常包括：采用更坚固的管路及相关组件，以提高系统的承压能力；增大管道直径，以降低系统运行流速大小；调整管线路径，以尽量避免出现局部高点，减少蒸汽空穴的产生。这些改变系统特性的措施，尤其是增加管线的压力等级或增大管径，在工程应用中往往是昂贵的。因此，该类措施多是在管网设计阶段结合系统建设成本进行综合考虑。

第二类措施是通过改变系统中阀门或水泵动作程序，延长其动作过程，从而使阀门或水泵动作产生的瞬变流状态更加温和。例如，延长阀门开启和关闭的时间（如两阶段关阀），协调多个阀门的动作程序，采用缓闭止回阀，增加水泵和电机的转动惯量（如增设飞轮）等，都可以有效降低阀门或水泵动作产生的瞬变流状态强度，从而减弱瞬变流危害。这类措施可以方便地控制系统的瞬变响应，是一种成本效益明显的瞬变流防护方法（Boulos 等，2005）。

第三类措施是目前为止最常用的，其依据的基本概念是利用各种装置和方法在系统中的一个或多个关键点将流体排除系统外或吸入系统中，从而释放系统中的多余能量或吸进需要的能量，以降低整个系统中流体变化的速率。因此，该类措施也常被成为"牵制性"策略（Boulos 等，2005）。供水管网系统中常用的瞬变流防护装置有空气罐、调压井、单向稳压箱（补水箱）、泄压阀、空气阀/真空破坏阀、旁路管线等。这类防护装置通常安装在瞬变流扰动的起始点或附近，如在水泵的出口或止回阀旁安装空气罐，或者安装在易产生极端瞬变流状态的地点附近，如在管线高点处安装空气阀。图1.2.1给出了供水管网系统中各种瞬变流防护装置的典型安装位置。

另外，在瞬变流防护措施的设计中需要认识到，每个供水管网系统都应该进行单独评估并根据它们各自的特点制定防护措施。否则，如果防护装置选择不当或在系统中安装的位置不合适，旨在抑制瞬变流状态的装置实际上可能导致状况恶化。因此，工程师必须仔细评估所有可能的防护方案的相对优点和缺点，从而确定理想和经济的防护措施。

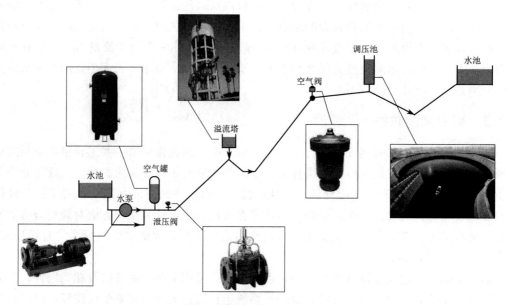

图 1.2.1　各种瞬变流防护装置的典型安装位置及实物图

参考文献

陈凌，2007. 城市供水管网瞬变流态模拟及应用研究 [D]. 上海：同济大学.

何凯军，2015. 供水管网零膨胀爆管预测模型研究及数据系统开发 [D]. 杭州：浙江大学.

骆碧君，2010. 基于可靠度分析的供水管网优化研究 [D]. 天津：天津大学.

毛茂乔，2019.《城镇供水管网漏损控制及评定标准》修订影响解读 [J]. 城乡建设，(4)：56-57.

王如华，郑国兴，周建平，2017. 给水排水设计手册（第三册：城镇给水）[M]. 3 版. 北京：中国建筑工业出版社.

伍悦滨，曲世琳，刘天顺，2006. 给水管网系统中的水力瞬态工况模拟 [J]. 北京科技大学学报，28 (5)：422-426.

熊润，2011. 给水管网系统在城市给排水中的重要性及其相关问题研究 [J]. 科技信息（学术版），(7)：374-374，379.

严煦世，刘遂庆，2014. 给水排水管网系统 [M]. 3 版. 北京：中国建筑工业出版社.

BOULOS P F，KARNEY B W，WOOD D J，et al，2005. Hydraulic transient guidelines for protecting water distribution systems [J]. Journal (American Water Works Association)，97 (5)：111-124.

BOULOS P F，LANSEY K E，KARNEY B W，2006. Comprehensive water distribution systems analysis handbook for engineers and planners [M]. MWHSoft Inc.，Pasadena，CA.

BOYD G R，WANG H，BRITTON M D，et al，2004. Intrusion within a simulated water distribution system due to hydraulic transients. I：Description of test rig and chemical tracer method [J]. Journal of Environmental Engineering，130 (7)：774-777.

CLARK R M，SIVAGANESAN M，SELVAKUMAR A，2002. Cost Models for Water Supply Distribution Systems [J]. Journal of Water Resources Planning & Management，128 (5)：312-321.

COLLLNS R P，BOXALL J B，KARNEY B W，et al，2012. How severe can transients be after a sudden depressurization？[J]. Journal American Water Works Association，104 (4)：67.

EBACHER G, BESNER M C, LAVOIE J, et al, 2011. Transient Modeling of a Full-Scale Distribution System: Comparison with Field Data [J]. Journal of Water Resources Planning and Management, 137 (2): 173 – 182.

FLEMING K K, ATHERHOLT T B, LECHEVALLIER M W, 2006. Susceptibility of potable water distribution systems to negative pressure transients [M]. New Jersey Department of Environmental Protection, Division of Science, Research and Technology.

FRIEDMAN M, FRIEDMAN M J, 2004. Verification and control of pressure transients and intrusion in distribution systems [M]. AWWA Research Foundation and US Environmental Protection Agency.

GALANTE C, POINTER S, NEWMAN G, 2002. Catastrophic water hammer in a steam dead leg [J]. Loss Prevention Bulletin, 167: 16 – 20.

GULLICK R W, LECHEVALLIER M W, SVINDLAND R C, et al, 2004. Occurrence of transient low and negative pressures in distribution systems [J]. Journal-American Water Works Association, 96 (11): 52 – 66.

HAGHIGHI A, 2015. Analysis of Transient Flow Caused by Fluctuating Consumptions in Pipe Networks: A Many-Objective Genetic Algorithm Approach [J]. Water Resources Management, 7 (29): 2233 –2248.

JUNG B S, BOULOS P F, WOOD D J, et al, 2009. A Lagrangian wave characteristic method for simulating transient water column separation [J]. Journal AWWA, 101 (6): 64 – 73.

KARNEY B W, 2013. Guidelines for Transient Analysis in Water Transmission and Distribution Systems [J].

KARIM M R, ABBASZADEGAN M, LECHEVALLIER M, 2003. Potential for pathogen intrusion during pressure transients [J]. Journal-American Water Works Association, 95 (5): 134 – 146.

LECHEVALLIER M W, 1999. The case for maintaining a disinfectant residual [J]. American Water Works Association. Journal, 91 (1): 86.

LECHEVALLIER M W, Gullick R W, Karim M R, et al, 2003. The potential for health risks from intrusion of contaminants into the distribution system from pressure transients [J]. Journal of Water and Health, 1 (1): 3 – 14.

STRATHAM N H, 2007. Steam Incident Investigation at East 41 St Street and Lexington Avenue [J].

WALSKI T M, LUTES T L, 1994. Hydraulic transients cause low-pressure problems [J]. Journal-American Water Works Association, 86 (12): 24 – 32.

WRIGHT S, 2013. Prevent costly repairs by lessening water hammer [EB/OL]. http: // www. themunicipal. com/2013/01/prevent – costly – repairs – by – lessening – water – hammer/.

第 2 章

供水管网瞬变流理论 ——

迄今为止，压力瞬变流的理论、模型以及应用相关研究已有超过 100 年的历史。经过一系列的理论发展与实践应用，包括从简单的一维瞬变流模型到复杂的多维瞬变流模型，从稳态摩阻计算到瞬变摩阻以及管道黏弹性计算，以及从简单近似的图解解析方法到高精度数值模拟方法，形成了现有较为完善的瞬变流理论体系。其中，一维模型凭借其计算效率高、简单易用的优势而在瞬变流管网体系的设计和分析中得到了广泛应用（Wylie 等，1993；Duan 等，2010a，2010b；Chaudhry，2014）。与此同时，学者也探索了二维模型和内置各种湍流模型的准二维模型在管道瞬变流领域中的应用（Vardy、Hwang，1991；Silva-Araya、Chaudhry，1997；Pezzinga，1999；Zhao、Ghidaoui，2006；Duan 等，2009；Korbar 等，2014）。在过去的几十年，许多瞬变流相关研究文献已构建了一维/二维的瞬变和湍流模型，以重现瞬变摩阻的形成过程及其对瞬变压力波衰减的影响（Ghidaoui，2004；Ghidaoui 等，2005；Lee 等，2013a；Meniconi 等，2014；Vard 等，2015），并通过实验室和现场测试进行了充分校核和验证。此外，为了进一步拓展目前的瞬变流模型理论以提高模拟精度，诸多学者在实践的探索中引入了更多涉及实际供水管网的复杂参数，比如通过引入管道黏弹性项［如开尔文-沃伊特（K-V）模型］在一维、二维瞬变流模型中成功耦合塑料管壁的形变特性（Franke，1983；Güney，1983；Pezzinga，1999；Covas 等，2005a；Duan 等，2010c）。本章分别从一维/二维瞬变流模型、瞬变摩阻计算、塑性管道的黏弹性模型以及瞬变流模型的求解方法三个方面对供水管网瞬变流理论研究现状进行总结和分析（Duan 等，2020）。

2.1 一维/二维瞬变流模型

由于管道横截面方向的速度项通常较小（Pezzinga，1999），压力供水管道的瞬变流模拟通常采用轴对称假设。因此，瞬变流模型可由基于可压缩管流（牛顿流体）在圆柱坐标系下的纳维-斯托克斯方程（N-S 方程）作出如下推导得到（Potter、Wiggert，1997）：

$$\frac{\partial \rho}{\partial t} + \frac{\partial (\rho u)}{\partial x} + \frac{1}{r}\frac{\partial (\rho r v)}{\partial r} = 0 \qquad (2.1.1)$$

$$\frac{\partial u}{\partial t} + u\frac{\partial u}{\partial x} + v\frac{\partial u}{\partial r} = -\frac{1}{\rho}\frac{\partial P}{\partial x} - \frac{1}{\rho}\frac{\partial \sigma_x}{\partial x} - \frac{1}{\rho r}\frac{\partial (r\tau)}{\partial r} \qquad (2.1.2)$$

$$\frac{\partial v}{\partial t} + u\frac{\partial v}{\partial x} + v\frac{\partial v}{\partial r} = -\frac{1}{\rho}\frac{\partial P}{\partial r} - \frac{1}{\rho}\frac{\partial \tau}{\partial x} - \frac{1}{\rho r}\frac{\partial (r\sigma_r)}{\partial r} + \frac{\sigma_\theta}{\rho r} \qquad (2.1.3)$$

式中：P 为压强；ρ 为流体密度；σ_x、σ_r、σ_θ 分别为径向、轴向和角方向除压应力以外的法向应力；x 为沿着管道方向的空间坐标；r 为离管道中心的径向距离；t 为时刻；g 为重力加速度；u 为轴向流速；v 为径向流速；τ 为剪切应力。

在管道瞬变流事件中，通常不考虑除压应力以外的其他外部法向应力（Pezzinga，1999；Ghidaoui 等，2005），即 $\sigma_x, \sigma_r, \sigma_\theta = 0$。

管道的瞬变波速表达式为

$$a = \sqrt{\frac{\mathrm{d}\rho}{\mathrm{d}P} + \frac{\rho}{A}\frac{\mathrm{d}A}{\mathrm{d}P}} \tag{2.1.4}$$

考虑到管道中 $A = \pi r^2$ 以及 $P = \rho g H$（H 为测压管水头）的关系式，式（2.1.1）～式（2.1.3）可改写为

$$\frac{\partial H}{\partial t} + u\frac{\partial H}{\partial x} + \frac{a^2}{g}\frac{\partial u}{\partial x} + \frac{a^2}{g}\frac{1}{r}\frac{\partial(rv)}{\partial r} = 0 \tag{2.1.5}$$

$$\rho\left(\frac{\partial u}{\partial t} + u\frac{\partial u}{\partial x} + v\frac{\partial u}{\partial r}\right) = -\rho g\frac{\partial H}{\partial x} - \frac{1}{r}\frac{\partial(r\tau_l)}{\partial r} \tag{2.1.6}$$

$$\rho\left(\frac{\partial v}{\partial t} + u\frac{\partial v}{\partial x} + v\frac{\partial v}{\partial r}\right) = -\rho g\frac{\partial H}{\partial r} - \frac{\partial \tau_l}{\partial x} \tag{2.1.7}$$

式中：τ_l 为层流切应力。

在求解上述方程时，通常采用雷诺平均方程（RANS）求解湍流中物理量的时均值（法夫尔平均），而采用相应的湍流模型模拟物理量的脉动值（Zhang，2002）：

$$\chi = \bar{\chi} + \chi' \quad, \quad \bar{\chi} = \frac{\langle\rho\chi\rangle}{\langle\rho\rangle} \tag{2.1.8}$$

式中：$\chi = H, \rho, \tau_l, u, v$ 为需求解的物理量；$\bar{\chi}$ 为物理量的时均值；χ' 为物理量的脉动值；$\langle\rangle$ 为求解时均值的运算符。因此，瞬变流中各变量的时均值存在如下关系：

$$\langle\phi\rangle = \bar{\phi}, \langle\phi'\rangle = 0, \langle\rho\varphi\rangle = \langle\overline{\rho\varphi}\rangle = \bar{\varphi}\langle\rho\rangle, \langle\rho\varphi'\rangle = 0 \tag{2.1.9}$$

式中：ϕ 指代 u, v, H, ρ, τ_l；φ 表示 u, v, H。对式（2.1.6）和式（2.1.7）进行时均运算，并代入式（2.1.8）、式（2.1.9）可得

$$\langle\rho\rangle\left(\frac{\partial\bar{u}}{\partial t} + \bar{u}\frac{\partial\bar{u}}{\partial x} + \bar{v}\frac{\partial\bar{u}}{\partial r}\right) + \frac{1}{r}\frac{\partial(r\langle\rho u'v'\rangle)}{\partial r} = \left\langle -\rho g\frac{\partial H}{\partial x} - \frac{1}{r}\frac{\partial(r\tau_l)}{\partial r}\right\rangle \tag{2.1.10}$$

$$\langle\rho\rangle\left(\frac{\partial\bar{v}}{\partial t} + \bar{u}\frac{\partial\bar{v}}{\partial x} + \bar{v}\frac{\partial\bar{v}}{\partial r}\right) + \frac{\partial\langle\rho u'v'\rangle}{\partial x} = \left\langle -\rho g\frac{\partial H}{\partial r} - \frac{\partial\tau_l}{\partial x}\right\rangle \tag{2.1.11}$$

引入 Boussinesq 假设并进行移项后可得

$$\frac{\partial\bar{u}}{\partial t} + \bar{u}\frac{\partial\bar{u}}{\partial x} + \bar{v}\frac{\partial\bar{u}}{\partial r} = -g\frac{\partial\langle H\rangle}{\partial x} - \frac{1}{\langle\rho\rangle}\frac{1}{r}\frac{\partial(r\langle\tau\rangle)}{\partial r} \tag{2.1.12}$$

$$\frac{\partial v}{\partial t} + \bar{u}\frac{\partial\bar{v}}{\partial x} + \bar{v}\frac{\partial\bar{v}}{\partial r} = -g\frac{\partial\langle H\rangle}{\partial r} - \frac{1}{\langle\rho\rangle}\frac{\partial\langle\tau\rangle}{\partial x} \tag{2.1.13}$$

式中：$\tau = \tau_l + \tau_t$ 为湍流切应力，即总切应力，其中 τ_t 为湍流切应力与层流切应力之差。

考虑到典型管道瞬变流中下列物理量的量纲（Duan 等，2012a）：

$$\begin{gathered}u = u^* U, v = v^* V, H = H^* H_J, \rho = \rho^*\rho_0,\\ \tau = \tau^*\tau_0, x = x^* L, t = t^*(L/a), r = r^*\delta\end{gathered} \tag{2.1.14}$$

式中：$U, V, H_J, \rho_0, \tau_0, L, L/a, \delta$ 为对应于各变量 $u, v, H, \rho, \tau, x, t, r$ 基本量的量

纲；δ 为瞬变流边界层的厚度；u^*，v^*，H^*，ρ^*，τ^*，x^*，t^*，r^* 为无量纲变量。将式（2.1.14）代入式（2.1.5）、式（2.1.12）和式（2.1.13）中，得到：

$$\frac{\partial H^*}{\partial t^*} + \frac{U}{a} u^* \frac{\partial H^*}{\partial x^*} + \frac{\partial u^*}{\partial x^*} + \frac{VL}{U\delta} \frac{1}{r^*} \frac{\partial (r^* v^*)}{\partial r^*} = 0 \qquad (2.1.15)$$

$$\frac{\partial u^*}{\partial t^*} + \frac{U}{a} u^* \frac{\partial u^*}{\partial x^*} + \frac{VL}{a\delta} v^* \frac{\partial u^*}{\partial r^*} = -\frac{\partial H^*}{\partial x^*} - \frac{L\tau_0}{\rho_0 Ua\delta} \frac{1}{\rho^* r^*} \frac{\partial (r^* \tau^*)}{\partial r^*} \qquad (2.1.16)$$

$$\frac{\delta V}{LU} \frac{\partial v^*}{\partial t^*} + \frac{\delta V}{La} u^* \frac{\partial v^*}{\partial x^*} + \frac{VV}{aU} v^* \frac{\partial v^*}{\partial r^*} = -\frac{\partial \langle H^* \rangle}{\partial r^*} - \frac{\delta \tau_0}{\rho_0 UaL} \frac{1}{\rho^*} \frac{\partial \langle \tau^* \rangle}{\partial x^*} \qquad (2.1.17)$$

通常而言，供水管道系统中 $U/a \ll 1$，因此式（2.1.15）和式（2.1.16）中左边的第二项相对于其他项可略去。在瞬变流管段中，基于连续性假设，轴向的流入量等于径向流出量和可压缩流体的存量，即轴向入流量＝径向出流量 ＋ 可压流体的存量，可知：

$$\frac{U}{L} \geqslant \frac{V}{\delta} \quad \text{或} \quad \frac{VL}{U\delta} \leqslant 1 \qquad (2.1.18)$$

因此，式（2.1.15）左边的第四项可能是瞬变流中的重要一项，不可直接忽略。此外，由式（2.1.16）可得

$$\frac{VL}{a\delta} = \frac{VL}{U\delta} \frac{U}{a} \ll 1 \qquad (2.1.19)$$

由此说明式（2.1.16）的第三项也可忽略不计。在求解动量方程的切应力时，考虑到 $\tau_0 \sim k_d \rho D \frac{\partial u}{\partial t}$（Ghidaoui 等，2005），则：$\frac{L\tau_0}{\rho Ua\delta} \sim k_d$（近似或者成正比）。文献（Daily 等，1955；Shuy、Apelt，1983）中的相关实验数据显示，在不同的瞬变流条件下，k_d 系数在 0.01～0.62 间有较大的取值范围。由此表明，轴向动量方程式（2.1.16）中的湍流剪应力项是瞬变流事件的重要作用力。由径向动量方程式（2.1.17）可知：

$$\frac{\delta \tau_0}{\rho_0 UaL} = \frac{L\tau_0}{\rho_0 Ua\delta} \frac{\delta^2}{L^2} \ll 1 \qquad (2.1.20)$$

同时，由于管段流中 $\delta \ll L$，且 $V \ll U \ll a$（Vardy、Hwang，1991），可以得出：

$$\frac{\delta V}{LU} \ll 1，\frac{\delta V}{La} \ll 1，\frac{VV}{aU} \ll 1$$

因此，惯性项、对流项及径向动量方程式（2.1.17）中的剪应力项在瞬变流过程中都可忽略不计，那么控制方程式（2.1.15）～式（2.1.17）可简化为

$$\frac{\partial H^*}{\partial t^*} + \frac{Ua}{Hg} \frac{\partial u^*}{\partial x^*} + \frac{VL}{U\delta} \frac{1}{r^*} \frac{\partial (r^* v^*)}{\partial r^*} = 0 \qquad (2.1.21)$$

$$\frac{\partial u^*}{\partial t^*} = -\frac{gH}{Ua} \frac{\partial H^*}{\partial x^*} - \frac{L\tau_0}{\rho Ua\delta} \frac{1}{\rho^* r^*} \frac{\partial (r^* \tau^*)}{\partial r^*} \qquad (2.1.22)$$

$$0 = -\frac{\partial \langle H^* \rangle}{\partial r^*} \qquad (2.1.23)$$

则式（2.1.1）～式（2.1.3）的表述形式可改写为

$$\frac{\partial H}{\partial t} + \frac{a^2}{g} \frac{\partial u}{\partial x} = -\frac{a^2}{g} \frac{1}{r} \frac{\partial (rv)}{\partial r} \qquad (2.1.24)$$

$$\frac{\partial u}{\partial t} + g \frac{\partial H}{\partial x} = -\frac{1}{\rho r} \frac{\partial (r\tau)}{\partial r} \qquad (2.1.25)$$

$$\frac{\partial H}{\partial r} = 0 \tag{2.1.26}$$

式（2.1.24）～式（2.1.26）就是文献中通常采用的准二维瞬变流模型的控制方程（Vardy、Hwang，1991；Pezzinga，1999；Zhao、Ghidaoui，2006；Duan 等，2010d）。

根据式（2.1.24）～式（2.1.26）对管段横截面积分，并考虑管壁的形变特性，可得到如下的一维瞬变流模型：

$$\frac{\partial H}{\partial t} + \frac{a^2}{g}\frac{\partial U}{\partial x} + \frac{2a^2}{gR}v_R = 0 \tag{2.1.27}$$

$$\frac{\partial U}{\partial t} + g\frac{\partial H}{\partial x} + \frac{\tau_w \pi D}{\rho A} = 0 \tag{2.1.28}$$

式中：H 为测压管水头；U 为横截面平均流速；A 为管段横截面积；D 为管径；τ_w 为管壁剪切应力；v_R 为由管壁形变产生的径向流速。对于式（2.1.27）的第三项，径向流速和管道径向扩张的关系式为（Güney，1983；Covas 等，2005b；Duan 等，2010d）：

$$v_R(x,t) = \frac{1}{2}\frac{\partial D}{\partial t}, \frac{1}{D}\frac{\partial D}{\partial t} = \frac{\partial \varepsilon_r}{\partial t} \tag{2.1.29}$$

式中：ε_r 为管壁的黏弹性延滞应变，当为弹性管材时该参数取值为 0，故

$$\frac{\partial H}{\partial t} + \frac{a^2}{g}\frac{\partial U}{\partial x} + \frac{2a^2}{g}\frac{\partial \varepsilon_r}{\partial t} = 0 \tag{2.1.30}$$

由式（2.1.28）和式（2.1.30）组成的一维瞬变流模型由于数值模拟方式简单、求解效率高，因此经常被应用于黏弹性和弹性管道的瞬变流研究和工程应用中（Wylie 等，1993；Ghidaoui 等，2005；Chaudhry，2014）。

2.2 瞬变摩阻计算

无论是一维还是二维瞬变流模型，都需要在动量方程式（2.1.25）和式（2.1.28）中求解切应力，因此需要确定切应力变量的表达式。达西-韦伯公式可采用显式表达式高效求解一维恒定流模型的管壁剪切应力，因此在一维恒定流模型中得到了广泛应用（Wylie 等，1993；Chaudhry，2014）：

$$\tau_w(t) = \frac{\varrho f(t)|U(t)|U(t)}{8} \tag{2.2.1}$$

式中：f 为达西-韦伯摩阻系数。

然而，与恒定流截然不同的是，一旦供水管道中有瞬变流产生，压力波会扭曲速度场的分布，甚至在管壁产生反向回流。因此，恒定流的摩阻方程并不能描述由不稳定的瞬变流动所产生的总摩阻。为解决该问题，瞬变流中径向（r）切应力可分解为剪切应力的准稳态部分（τ_s）和瞬变流部分（τ_u）两项（Ghidaoui 等，2005），即

$$\tau(r) = \tau_s(r) + \tau_u(r) \tag{2.2.2}$$

目前，学者已提出了多种不同的瞬变摩阻计算模型，这些模型可分为一维瞬变摩阻模型和二维瞬变摩阻模型两大类。

2.2.1 一维瞬变摩阻模型

根据式 (2.2.2)，一维管壁剪切应力可分为以下两项：

$$\tau_w = \tau_{ws} + \tau_{wu} \qquad (2.2.3)$$

式中：τ_{ws} 和 τ_{wu} 分别为管壁剪切应力的准稳态部分和瞬变流部分。在瞬变流研究领域，准稳态流动的切应力通常由达西-韦伯公式求解（Wylie 等，1993；Chaudhry，2014），而瞬变流部分的切应力（τ_{wu}）则采用管壁瞬变摩阻来计算。目前的一维瞬变摩阻模型可总结归纳如下：

(1) 局部加速瞬时模型（instantaneous local acceleration-based，ILAB）（Daily 等，1955；Carstens、Roller，1959；Shuy、Apelt，1983）：

$$\tau_{wu}(t) = \frac{k_1 \rho D}{4} \frac{\partial U}{\partial t} \qquad (2.2.4)$$

式中：k_1 为局部加速瞬时模型经验取值系数，在流体加速、减速时取值不同。

(2) 基于实质加速度的瞬时模型（instantaneous material acceleration-based，IMAB）（Brunone 等，1991；Bugh-azem、Anderson，1996；Bergant 等，2001）及其修正模型 [见式 (2.2.5a) 和式 (2.2.5b)]，分别对应于加速流动和减速流动：

$$\tau_{wu}(t) = \frac{k_3 \rho D}{4}\left(\frac{\partial U}{\partial t} - a\frac{\partial U}{\partial x}\right) \qquad (2.2.5a)$$

$$\tau_{wu}(t) = \frac{k_3 \rho D}{4}\left(\frac{\partial U}{\partial t} + \text{sign}(U)a\left|\frac{\partial U}{\partial x}\right|\right) \qquad (2.2.5b)$$

式中：k_3 系数通常根据实验数据进行确定。

(3) 卷积积分模型（weighting function-based model，WFB）（Zielke，1968；Trikha，1975；Vardy、Brown，1995）：

$$\tau_{wu}(t) = \frac{4\nu_k \rho}{D}\int_0^t W(t-t')\frac{\partial U}{\partial t'}\mathrm{d}t' \qquad (2.2.6)$$

式中：t' 为历史某时刻的时间变量（虚变量）；ν_k 为流体运动黏度系数；$W(\cdot)$ 为与历史流速变化有关的加权函数，$W(t) = \alpha\exp(-\beta t)/\sqrt{\pi t}$，其中 $\alpha = D/4\sqrt{\nu_k}$，$\beta = 0.54\nu_k(Re)^k/D^2$，$k = \log(14.3/(Re)^{0.05})$；$Re$ 为雷诺数。

2.2.2 二维瞬变摩阻模型

根据 Boussinesq 假设，式 (2.2.2) 中准二维和二维模型中的切应力可表示为

$$\tau = -\rho(\nu_k + \nu_t)\frac{\partial u}{\partial r} = -\rho\nu_T\frac{\partial u}{\partial r} \qquad (2.2.7)$$

式中：$\nu_T = \nu_k + \nu_t$ 为总黏度，ν_t 为涡流黏度。

管道瞬变流中通常采用的二维瞬变摩阻模型主要如下：

(1) 基于瞬时速度分布的准定常代数模型（quasi-steady algebraic，QSA）（Wood、Funk，1970；Vardy、Hwang，1991；Silva-Araya、Chaudhry，1997；Pezzinga，1999）。二维瞬变摩阻模型通常采用五区模型和双层模型（Ghidaoui 等，2005）：

1) 五区模型（FRT）。

（a）黏性层：对于 $0 \leqslant y_* \leqslant \dfrac{1}{a_c}$，$\dfrac{\nu_T}{\nu_k} = 1$。

（b）缓冲层 Ⅰ：对于 $\dfrac{1}{a_c} \leqslant y_* \leqslant \dfrac{a_c}{C_B}$，$\dfrac{\nu_T}{\nu_k} = a_c y_*$。

（c）缓冲层 Ⅱ：对于 $\dfrac{a_c}{C_B} \leqslant y_* \leqslant \dfrac{\kappa}{C_B + \kappa^2/4C_m R_*}$，$\dfrac{\nu_T}{\nu_k} = C_B y_*^2$。

（d）对数区：对于 $\dfrac{\kappa}{C_B + \kappa^2/4C_m R_*} \leqslant y_* \leqslant \dfrac{2C_m R_*}{\kappa}\left(1 + \sqrt{1 - C_c/C_m}\right)$，$\dfrac{\nu_T}{\nu_k} = \kappa y_* \left[1 - (\kappa/4C_m)(y_*/R_*)\right]$。

（e）核心区：对于 $\dfrac{2C_m R_*}{\kappa}\left(1 + \sqrt{1 - C_c/C_m}\right) \leqslant y_* \leqslant R_*$，$\dfrac{\nu_T}{\nu_k} = C_c R_*$。

其中，$y_* = \dfrac{U_T y}{\nu_k}$；$R_* = \dfrac{U_T R}{\nu_k}$；$U_T = \sqrt{\dfrac{\tau_w}{\rho}}$；$R = \dfrac{D}{2}$；$y = R - r$；$U_T$ 为初始摩阻速度；$a_c = 0.19$；$C_B = 0.011$；$\kappa_1 = 0.41$；$C_m = 0.077$；$C_c = 0.06$。

2）双层模型（Two-layer turbulence，TLB）。

（a）黏性子层：$\nu_t = 0$，对于 $y_* \leqslant 11.63$。

（b）紊流区：$\nu_t = l^2 \left| \dfrac{\partial u}{\partial r} \right|$，对于 $y_* \geqslant 11.63$，其中 l 为混合长度，$l = k_1 y e^{-\left(\frac{y}{R}\right)}$；$k_1 = 0.374 + 0.0132 \ln\left(1 + \dfrac{83100}{Re}\right)$，其他符号同前。

（2）双公式模型，即动能和耗散公式（Zhao、Ghidaoui，2006；Riasi 等，2009；Duan 等，2010a）。

线性 κ-ε 湍流模型：

$$\nu_t = C_\mu f_\mu \frac{\kappa^2}{\varepsilon} \tag{2.2.8}$$

式中：κ 和 ε 分别为紊流中的动能和耗散系数，可由下式计算：

$$\frac{\partial \kappa}{\partial t} = \frac{1}{r}\frac{\partial}{\partial r}\left[r\left(\nu_k + \frac{\nu_t}{\sigma_k}\right)\frac{\partial \kappa}{\partial r}\right] + \nu_t \left(\frac{\partial u}{\partial r}\right)^2 - \varepsilon \tag{2.2.9}$$

$$\frac{\partial \varepsilon}{\partial t} = \frac{1}{r}\frac{\partial}{\partial r}\left[r\left(\nu_k + \frac{\nu_t}{\sigma_\varepsilon}\right)\frac{\partial \varepsilon}{\partial r}\right] + \nu_t C_{\varepsilon 1} f_1 \frac{\kappa}{\varepsilon}\left(\frac{\partial u}{\partial r}\right)^2 - C_{\varepsilon 2} f_2 \frac{\varepsilon^2}{\kappa} \tag{2.2.10}$$

式中：$C_\mu = 0.09$；$\sigma_k = 1.0$；$\sigma_\varepsilon = 1.3$；$C_{\varepsilon 1} = 1.39$；$f_1 = 1.0$；$C_{\varepsilon 2} = 1.80$；$f_2 = f_w^2 \left\{1.0 - 0.22\exp\left[-\left(\frac{R_t}{6}\right)^2\right]\right\}$；$f_w = 1.0 - \exp\left\{-\frac{\sqrt{R_y}}{2.30} + \left(\frac{\sqrt{R_y}}{2.30} - \frac{R_y}{8.89}\right)\left[1 - \exp\left(-\frac{R_y}{20}\right)\right]^3\right\}$；$R_y = \dfrac{y\sqrt{\kappa}}{\nu_k}$；$y = R - r$；$R_t = \dfrac{\kappa^2}{\nu_k \varepsilon}$。

瞬变流领域的研究人员对管流中的线性 κ-ε 湍流模型进行了充分探究，尤其是针对靠近管壁区域的流动，并开发了许多具有代表性的 f_μ 系数公式，可代入式（2.2.8）中进行计算（Patel 等，1985；Martinuzzi、Pollard，1989；Mankbadi、Mobark，1991；Fan 等，1993；Rahman、Siikonen，2002）。例如，Fan 等（1993）提出的 f_μ 系数公式可同时用于低雷诺数和高雷诺数的流动中（Zhao、Ghidaoui，2006）：

$$f_\mu = 0.4 \frac{f_w}{\sqrt{R_t}} + \left(1 - 0.4 \frac{f_w}{\sqrt{R_t}}\right)\left[1 - \exp\left(-\frac{R_y}{42.63}\right)\right]^3 \qquad (2.2.11)$$

2.3 塑性管道的黏弹性模型

在瞬变流领域，瞬变摩阻的衰减机制研究目前备受重视（McInnis、Karney，1995；Ebacher 等，2011）。瞬变能量耗散机制与管壁粗糙度（τ_w）和涡流黏性（ν_t）密切相关，同时管壁形变引起的黏弹性变化也是影响瞬变能量转换的重要因素［见式（2.1.29）的 ε 系数及连续性方程式（2.1.30）的第三项］。黏弹性管材主要包括聚氯乙烯（PVC）管、聚乙烯（PE）管、高密度聚乙烯（HDPE）管等，在实际管网中的应用越来越普遍（Triki，2018），瞬变流在黏弹性管材中的流动特性研究也亟待展开。

2.3.1 塑性管道的黏弹性特征

科研工作者已经开始在实验室环境中对塑料或聚合材料管道中的黏弹性响应进行数值模拟和实验测试，以探究利用此类管道的物理特性来抑制瞬变振荡的可能性（Franke，1983；Güney，1983；Ghilardi、Paoletti，1986；Covas 等，2004、2005b；Ramos 等，2004；Gong 等，2018；Triki，2018；Fersi、Triki，2019；Urbanowicz 等，2020）。这些研究表明，与刚性或刚弹性管道相比，由于具有更好的存储应变能的性能，黏弹性管材可以显著降低瞬变流体振荡的幅度。刚弹性和黏弹性管材在受到外部加载和卸载过程中的一般表现/响应如图 2.3.1 所示（Meyers、Chawla，2008）。

在图 2.3.1（a）中，由于外部载荷而存储在弹性材料中的能量表示为区域 I，而黏弹性材料的储能过程可以表示为区域 II。在相同的外部载荷 σ_0 下，由于黏弹性管道的变形（ε_2）比弹性管道的变形（ε_1）大得多，因而黏弹性管道的储能区域 II 远大于弹性管道的储能区域 I。从图 2.3.1（b）可以看出，弹性管的加载路径（$O-A$）和卸载（松弛）路径（$A-O$）几乎彼此覆盖重合，并且遵循近似线性关系，只是路径的方向相反。也就是说，一旦消去外部荷载，加压状态可以立即得到恢复。而对于黏弹性管材，释放荷载的路径（$B-O$）与加载路径（$O-B$）截然不同，并且这两个路径都是非线性的，从而形成了"迟滞"的能量耗散回路［见图 2.3.1（b）的区域 III］（Meyers、Chawla，2008；Love，2013）。这种材料特性会使得黏弹性管道的波速降低，因此，黏弹性管道具有相对较长的管道特征时间和较慢的瞬变响应。同时，由于塑性管道中黏弹性材料的能量存储-消散效应，瞬变流状态可以被"平滑"并迅速消失，因此黏弹性管可以比弹性管承受更剧烈的压力波动情况。还需注意的是，图 2.3.1 中的应力-应变响应曲线基于理想的黏弹性模型，相关实验示例可以参考 Covas 等（2004）。

2.3.2 塑性管道的黏弹性模拟

塑性管道的黏弹性特征可以用广义多参数开尔文-沃伊特（K－V）模型表示，如图 2.3.2 所示。在该模型中，左侧第一个弹簧表示材料的弹性，右侧若干组 K－V 元素串联起来表示材料的黏弹性。每组 K－V 元素由一个弹簧和一个阻尼器并联而成。

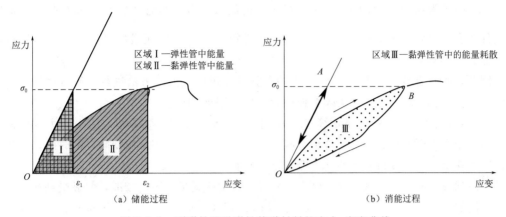

图 2.3.1 刚弹性和黏弹性管道材料的应力-应变曲线

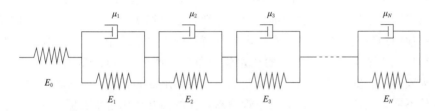

图 2.3.2 黏弹性材料的广义多参数开尔文-沃伊特（K-V）模型

K-V 模型可以用简单的表达形式较为准确地表现黏弹性材料的蠕变和阻滞效应，因此通常用于对瞬变流中塑料管道的黏弹性特征进行模拟（Güney，1983；Covas 等，2005b）。黏弹性管材的蠕变柔量可表示为

$$J(t) = J_0 + \sum_{k=1}^{N} \left[J_k (1 - e^{-t/\tau_k}) \right] \tag{2.3.1}$$

式中：$J_0 = 1/E_0$ 为第一个弹簧的蠕变柔量，其中 E_0 是管道的弹性模量；$J_k = 1/E_k$ 为第 k 组 K-V 元素中弹簧的蠕变柔量，其中 E_k 是对应弹簧的弹性模量；$\tau_k = \eta_k/E_k$ 为第 k 组 K-V 元素中阻尼器的延滞时间，其中 η_k 是对应阻尼器的黏度；N 为 K-V 元素的总数量。考虑到时间卷积效应，管道在连续性方程式（2.1.30）中的延滞应变可表示为

$$\varepsilon_r(x,t) = \int_0^t \left[\sigma(x, t-t') \frac{\partial J(t')}{\partial t'} \right] dt' \tag{2.3.2}$$

式中：$\sigma(x,t)$ 为与压力水头有关的法向应力。

根据式（2.3.1）和式（2.3.2）可得出黏弹性形变率的线性表达式（Güney，1983）：

$$\frac{\partial \varepsilon_r}{\partial t} = \sum_{k=1}^{N} \left[\frac{J_k}{\tau_k} F(x,t) - \frac{\varepsilon_{rk}(x,t)}{\tau_k} \right] \tag{2.3.3}$$

其中

$$\varepsilon_{rk}(x,t) = J_k F(x,t) - J_k e^{-\Delta t/\tau_k} F(x, t-\Delta t) + e^{-\Delta t/\tau_k} \varepsilon_{rk}(x, t-\Delta t)$$
$$- J_k \tau_k (1 - e^{-\Delta t/\tau_k}) \frac{F(x,t) - F(x, t-\Delta t)}{\Delta t} \tag{2.3.4}$$

式中：$F(x,t) = C_1 \Delta P(x,t)$；$\Delta P(x,t) = P(x,t) - P_0(x)$，且 $P(x,t)$ 为时刻 t 的瞬时

压力；$P_0(x)$ 为初始压力；$C_1 = \dfrac{CD}{2e}$，C 为管道约束系数，与管道安装条件有关（管道安装条件会影响波速）；e 为管壁厚度；$\varepsilon_{rk}(x,t)$ 为第 k 组 K-V 元素的延滞应变，可通过以下近似方法估算：

因此，瞬变流模型（连续方程）中的黏弹性项可通过离散方法进行求解（例如，特征线法），进而可以用数值模拟获取黏弹性管道中的瞬变响应。

Covas 等（2005b）和 Ramos 等（2004）的研究成果表明，黏弹性效应对压力波峰值的衰减比瞬变摩阻更为显著。除了峰值衰减外，黏弹性效应还会引起瞬变响应的时间延迟或相移，这种现象无法通过只考虑瞬变摩阻或湍流的瞬变流模型实现。然而，Covas 等（2005b）通过一系列数值模拟也发现，黏弹性 K-V 模型中蠕变柔量系数的校准，明显受到初始流动条件（例如 Q、H 和 Re_0）的影响。对此，Covas 等（2005b）推断这种不符合物理特性的结果是由于研究中采用了不够精准的一维准定常模型来模拟瞬变流的瞬变摩阻效应所致。

为了解决这个问题，Duan 等（2010a）基于耦合的一维 K-V 模型和二维 $\kappa-e$ 湍流模型，研发了准二维模型，以更精准地表征塑性管道中瞬变流的非定常摩阻（湍流）和黏弹性特性。他们的研究结果表明，在给定管材特性的管道系统中，K-V 模型中黏弹性系数的校准结果几乎不会依赖于系统的初始流动条件。此外，Duan 等（2010b）采用的能量分析结果表明，管壁黏弹性效应对瞬变响应（振幅阻尼和相移）的影响机制与瞬变摩阻的影响截然不同。具体而言，瞬变波与管壁黏弹性的相互作用过程实际上是每个波周期内的能量传递过程，由于黏弹性材料的变形，管壁中存储的部分能量被消耗，即在正向波的传播周期中，流体的能量波起初（由于管道膨胀）被传递并存储在管壁中，然后在随后的负波周期中（由于管道收缩）返回到流体中。但是，在该过程中，返回的能量少于初始的存储量，迟滞的能量耗散过程可见图 2.3.1（b）。

为了更好地表征不同塑性管材的瞬变响应机制，许多学者专注于校准 K-V 模型中的黏弹性参数。例如，Keramat 和 Haghighi（2014）提出了一种基于时域的瞬变直接模拟方法以识别黏弹性参数；而 Zanganeh 等（2015 年）开发了 FSI 模型来模拟黏弹性管壁与瞬变波的相互作用。Ferrante 和 Capponi（2018a）基于时域分析方法对一个分支塑性管道系统的黏弹性参数进行校准，此后 Ferrante 和 Capponi（2018b）又研究了 K-V 模型中 K-V 元素的数量对模型精度的影响。Gong 等（2016）开发了一种基于谐振频率偏移的方法，以确定黏弹性管道的相关参数。Frey 等（2019）提出了一种基于相位和幅度的频域表征方法，用于校准黏弹性参数及其对瞬变响应的影响。最近，Pan 等（2020 年）提出了一种有效的多级频域瞬变流方法，用于同时确定黏弹性参数的数量和取值。以上校准方法均已通过相关文献中的不同实验测试得到了验证。

除了 K-V 模型外，塑性管道中的瞬变流模拟还包括其他的一些黏弹性模型。例如，Ferrante 和 Capponi（2017）研究了三种不同类型的黏弹性模型，即 Maxwell 模型、标准线性实体模型和广义 Maxwell 模型。他们的结果表明，对于不同的管网系统，每种模型在模型精度和求解效率方面都体现出不同的优势和局限性。基于这些黏弹性模型和校核方法，瞬变流理论和模型已成功扩展并应用于黏弹性管道，并由此开发了基于瞬变流的供水管网黏弹性管道异常诊断方法，本书后续将进一步介绍。

2.4 瞬变流模型求解方法

2.4.1 时域数值模拟方法

在时域中，由于动量方程式（2.1.25）或式（2.1.28）中的切应力（摩阻）具有非线性特性，且供水管网中的边界条件复杂，无法直接获取管段瞬变流控制方程的一般解析解。为此，文献中通常采用不同的数值方法来获得其近似解，包括：算术法（arithmetic method）、图解法（graphical method）、特征线法（method of characteristic，MOC）、波分析法（wave plan method）、隐式法（implicit method）、有限差分法（finite difference method）、有限体积法（finite volume method）、波特征法（wave characteristic method，WCM）、摄动法（pertubantion method）等（Joukowsky，1904；Angus，1935；Amein、Chu，1975；Chaudhry、Hussaini，1985；Katopodes、Wylie，1984；Rachford Jr、Ramsey，1977；Suo、Wylie，1989）。在这些方法中，MOC 是文献中求解一维或二维瞬变流模型较为常用的方法之一，经过几十年的持续发展和完善已成为一种具有严密理论、清晰物理概念、高计算精度并且易于编程实现的数值求解方法（Lister，1960；Wiggert、Sundquist，1977；Wylie 等，1993；Ghidaoui、Karney，1994；Kayney、Ghidaoui，1997；Ghidaoui 等，1998；Chaudhry，2014；Nault 等，2018）。通过文献回顾，一维和二维瞬变流模型的 MOC 实现方法（图 2.4.1）可总结如下。

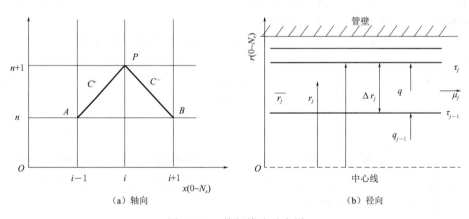

（a）轴向　　　　　　　　　　　（b）径向

图 2.4.1　特征线法示意图

MOC 的原理是将原方程的偏微分形式（PDE）转换为常微分方程（ODE）。在一维模型中，MOC 引入了如图 2.4.1（a）所示的两条特征线（线 AP 和 BP），并且根据从上一时间步获得的点 A 和 B 的已知量来计算点 P（当前时间步）的未知量。在数学上，转换后的常微分方程为

$$\begin{cases} H_p = C_A - B_A Q_p \\ H_p = C_B + B_B Q_p \end{cases} \tag{2.4.1}$$

其中，

$$\begin{cases} C_A = H_A + Q_A\left[B - R\left|Q_A\right|(1-\eta)\right] \\ B_A = B + \eta R\left|Q_A\right| \\ C_B = H_B - Q_B\left[B - R\left|Q_B\right|(1-\eta)\right] \\ B_B = B + \eta R\left|Q_B\right| \end{cases} \tag{2.4.2}$$

$$B = \frac{a}{gA}, \quad R = \frac{f\Delta x}{2gDA^2} \tag{2.4.3}$$

式中：η 为权重系数，通常取值为 $0.5\sim1.0$ 以保持数值稳定性。

类似地，二维模型对应的常微分方程为（Vardy、Hwang，1991）：

$$\frac{dH}{dt} \pm \frac{a}{g}\frac{du}{dt} = -\frac{a^2}{g}\frac{1}{r}\frac{\partial q}{\partial r} \pm \frac{a}{g}\frac{1}{r\rho}\frac{\partial(r\tau)}{\partial r}, \quad \text{沿特征线} \frac{dx}{dt} = \pm a \tag{2.4.4}$$

式中：$q = rv$ 为径向的单位流量。在二维模型中，整个管网可表示为矩阵形式，而每个时间步［例如，图 2.4.1（b）］的所有未知数（H，u，q）可使用 MOC 和有限差分法（FD）进行求解（Wiggert、Sundquist，1977；Vardy、Hwang，1991）。为了提高二维模型的 MOC 求解效率，Zhao 和 Ghidaoui（2003）对上述常微分方程（ODE）的矩阵形式进行了分解：

$$BU = b_u \tag{2.4.5}$$
$$CV = b_v \tag{2.4.6}$$

式中：$V = \{H_i^{n+1}, q_{i,1}^{n+1}, \cdots, q_{i,j}^{n+1}, \cdots, q_{i,Nr-1}^{n+1}\}^T$；$U = \{u_{i,1}^{n+1}, \cdots, u_{i,j}^{n+1}, \cdots, u_{i,Nr}^{n+1}\}^T$；$N_r$ 为径向的网格总数；b_u 和 b_v 为对应于时刻 n 的水力参数已知量；而 B 和 C 为取决于管道状态和先前时间步计算结果的 $N_r \times N_r$ 阶三对角矩阵。通过这样的数学运算，中央处理器（CPU）的计算时间可大约降低为原计算时间的 $1/N_r^2$。此后，Duan 等（2009）对该高效模型进行了深入拓展，以便应用于更复杂（如多管连接）的管网情况。举例来说，分支管段节点的矩阵表示如下：

$$RH = S \tag{2.4.7}$$
$$LQ = W \tag{2.4.8}$$
$$Kq = J \tag{2.4.9}$$

式中：$H = \{H^{n+1}, \sum_{j=1}^{N_r} Q_j^{n+1}\}^T$；$Q = \{Q_{p,1}^{n+1,O1}, Q_{p,1}^{n+1,O2}, \cdots, Q_{p,j}^{n+1,O1}, Q_{p,j}^{n+1,O2}, \cdots, Q_{p,Nr}^{n+1,O1}, Q_{p,Nr}^{n+1,O2}\}^T$，其中上标 O1、O2 为分支节点出流管道序号；$S$，$W$，$J$ 和 R，L，K 为基于管网状态和先前时间步计算结果的已知向量和矩阵。

2.4.2 频域数值模拟方法

除了时域数值模拟方法，瞬变流模型的求解中也可采用频域数值模拟方法。瞬变流体系的传递矩阵分析（transfer matrix analysis，TMA），是将原时域的动量方程式（2.1.28）和连续性方程式（2.1.30）等效为线性化频域项，该过程主要描述管道在频域中的瞬变特性。完整管段的传递矩阵的一般形式为（Lee 等，2006；Duan 等，2011a；2012b；Chaudhry，2014）：

$$\left\{\begin{matrix} q \\ h \end{matrix}\right\}^{n+1} = \begin{bmatrix} \cos(\lambda L) & i\frac{1}{B}\sin(\lambda L) \\ iY\sin(\lambda L) & \cos(\lambda L) \end{bmatrix} \left\{\begin{matrix} q \\ h \end{matrix}\right\}^n \tag{2.4.10}$$

式中：$\lambda=\dfrac{\omega}{a}\sqrt{1-\mathrm{i}\dfrac{gAR}{\omega}}$；$B=-\dfrac{a}{gA}\sqrt{1-\mathrm{i}\dfrac{gAR}{\omega}}$；$R=\dfrac{fQ}{gDA^2}$；$q$、$h$ 为频域中的流量（Q）和压力水头（H）；n、$n+1$ 为管段的上游和下游端；L 为管段长度；w 为频率；i 为虚数单位。

该矩阵方程表达了单根完整管道的两端节点处的水头和水流扰动关系。管网中其他水力元件也可以推导出类似矩阵，与等式（2.4.10）组合，可构成描述整个管网的全体矩阵。对于存在外部作用力的管网水力元件，以上矩阵可扩展为 3×3 的矩阵，而最终的矩阵形式如下（Lee，2005；Chaudhry，2014）：

$$\begin{Bmatrix} q \\ h \\ 1 \end{Bmatrix}^{n+1} = \begin{bmatrix} U_{11} & U_{12} & U_{13} \\ U_{21} & U_{22} & U_{23} \\ U_{31} & U_{32} & U_{33} \end{bmatrix} \begin{Bmatrix} q \\ h \\ 1 \end{Bmatrix}^{n} \qquad (2.4.11)$$

式中：U_{ij} 为管网系统的矩阵元素。

举例来说，通过时域 MOC 法和频域 TMA 法获得的具有不同类型（单管、串联和分支系统）的供水管道系统的瞬变响应如图 2.4.2 所示（Duan 等，2011a；Duan，2018）。图 2.4.2 的比较结果表明：①系统复杂度（不同节点）对时域和频域的瞬变响应都有较大影响（Meniconi 等，2018）；②时域和频域法求解的瞬变响应受系统类型的影响不同。具体而言，与时域法结果相比，TMA 法得出的管道节点对瞬变响应的影响相对更为简单，且不同的共振峰之间相互独立［见图 2.4.2（b）］，这些共振峰具有相似的复杂度，但不会随频率叠加或累积。

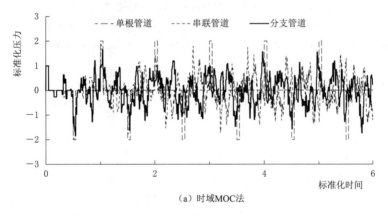

（a）时域 MOC 法

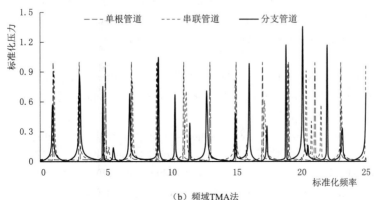

（b）频域 TMA 法

图 2.4.2　不同管道系统的瞬变响应

另外值得注意的是，获取上述传递矩阵的过程中（例如管网中的非线性紊流摩阻和外部孔口流动的求解），采用了线性化近似的数学推导。而这种线性近似的影响和误差已在文献中得到了系统检验（Lee、VÍTKOVSKÝ，2010；Lee，2013；Duan 等，2018）。结果表明，只要瞬变流的扰动相对于初始稳态流较小（例如，$q \ll Q_0$），该线性化近似就可以有效地用于瞬变流模拟和分析。同时，Duan 等（2018）的研究采用迭代法求解传递矩阵，这种方法可以纳入式（2.2.1）中的非线性紊流摩阻项。

在频域中，瞬变响应与管网（管道条件、设备和系统状态）的关系相对简单且明确〔见图 2.4.2（b）〕，因此频域传递矩阵分析法（TMA）已广泛应用于开发基于瞬变流的管道诊断技术，例如漏损检测技术、局部阻塞检测技术（Lee，2005；Duan，2011a、2017；Lee 等，2013b；Che，2019）。

参考文献

AMEIN M，CHU H L，1975. Implict numerical modeling of unsteady flows [J]. Journal of the Hydraulics Division – ASCE 101 (6)：717 – 731.

ANGUS R W，1935. Simple graphical solution for pressure rise in pipes and pump discharge lines [J]. J. Eng. Inst. Canada，General Professional Meeting 1935 – 2：72 – 81.

BERGANT A，SIMPSON A R，VÍTKOVSKÝ J，2001. Developments in unsteady pipe flow friction modelling [J]. Journal of Hydraulic Research – IAHR 39 (3)：249 – 257.

BRUNONE B，GOLIA U，GRECO M，1991. Modelling of fast transients by numerical methods [C] // In：Proceedings of the International Conference on Hydraulic Transients With Water Column Separation，Valencia. Spain，pp. 273 – 280.

BUGHAZEM M，ANDERSON A，1996. Problems with simple models for damping in unsteady flow [C] //In：BHR Group Conference Series Publication. Mechanical Engineering Publications Limited，London，UK，pp. 537 – 548.

CARSTENS M，ROLLER J E，1959. Boundary-shear stress in unsteady turbulent pipe flow [J]. Journal of the Hydraulics Division – ASCE 85 (2)：67 – 81.

CHAUDHRY M H，HUSSAINI M，1985. Second-order accurate explicit finite-difference schemes for waterhammer analysis [J]. Journal of Fluids Engineering – ASME 107 (4)：523 – 529.

CHAUDHRY M H，2014. Applied Hydraulic Transients [M]. Springer – Verlag，New York，USA.

CHE T，DUAN H F，PAN B，et al，2019. Energy analysis of the resonant frequency shift pattern induced by nonuniform blockages in pressurized water pipes [J]. Journal of Hydraulic Engineering – ASCE 145 (7)，04019027.

COVAS D，STOIANOV I，RAMOS H，et al，2004. The dynamic effect of pipe-wall viscoelasticity in hydraulic transients. part I – experimental analysis and creep characterization [J]. Journal of Hydraulic Research – IAHR 42 (5)：517 – 532.

COVAS D，RAMOS H，ALMEIDA A，2005a. Impulse response method for solving hydraulic transients in viscoelastic pipes [C] // In：XXXI IAHR Congress. IAHR Seoul，Korea，pp. 676 – 686.

COVAS D，Ramos H，DE ALMEIDA A B，2005b. Standing wave difference method for leak detection in pipeline systems [J]. Journal of Hydraulic Engineering – ASCE 131 (12)：1106 – 1116.

DAILY J，HANKEY Jr W，OLIVE R et al，1955. Resistance coefficients for accelerated and decelerated flows through smooth tubes and orifices [J]. Transactions of ASME 78 (7): 1071 – 1077.

DUAN H F, GHIDAOUI M S, TUNG Y K, 2009. An efficient quasi – 2D simulation of waterhammer in complex pipe systems [J]. Journal of Fluids Engineering – ASME 131 (8), 081105 (11) .

DUAN H F, GHIDAOUI M S, Lee P J, et al, 2010a. Unsteady friction and visco-elasticity in pipe fluid transients [J]. Journal of Hydraulic Research – IAHR 48 (3): 354 – 362.

DUAN H F, GHIDAOUI M S, TUNG Y K, 2010b. Energy analysis of viscoelasticity effect in pipe fluid transients [J]. Journal of Applied Mechanics – ASME 77 (4), 044503.

DUAN H F, LEE P J, GHIDAOUI M S, et al, 2010c. Essential system response information for transient-based leak detection methods [J]. Journal of Hydraulic Research – IAHR 48 (5): 650 – 657.

DUAN H F, TUNG Y K, GHIDAOUI M S, 2010d. Probabilistic analysis of transient design for water supply systems [J]. Journal of Water Resources Planning and Management ASCE 136 (6): 678 – 687.

DUAN H F, LEE P J, GHIDAOUI M S, et al, 2011a. Leak detection in complex series pipelines by using the system frequency response method [J]. Journal of Hydraulic Research – IAHR, 49 (2): 213 – 221.

DUAN H F, LU J L, KOLYSHKIN A A, et al, 2011b. The effect of random inhomogeneities on wave propagation in pipes [C]. In Proceedings of the 34th IAHR Congress, June 26－July 2, 2011, Brisbane, Australia.

DUAN H F, GHIDAOUI M S, LEE P J, et al, 2012. Relevance of unsteady friction to pipe size and length in pipe fluid transients [J]. Journal of Hydraulic Engineering – ASCE, 138 (2): 154 – 166.

DUAN H F, MENICONI S, LEE P J, et al, 2017a. Local and integral energy based evaluation for the unsteady friction relevance in transient pipe flows [J]. Journal of Hydraulic Engineering – ASCE, 143 (7), 04017015.

DUAN H F, 2017b. Transient frequency response based leak detection in water supply pipeline systems with branched and looped junctions [J]. Journal of Hydroinformatics – IAHR, 19 (1): 17 – 30.

DUAN H F, 2018. Accuracy and sensitivity evaluation of TFR method for leak detection in multiple-pipeline water supply systems [J]. Water Resources Management, 32 (6): 2147 – 2164.

DUAN H F, PAN Bin, WANG Manli, et al, 2020. State-of-the-art review on the transient flow modeling and utilization for urban water supply system (UWSS) management [J]. Journal of Water Supply: Research and Technology-Aqua, 69 (8) .

EBACHER G, BESNER M-C, LAVOIE J, et al, 2011. Transient modeling of a full-scale distribution system: comparison with field data [J]. Journal of Water Resources Planning and Management – ASCE 137 (2): 173 – 182.

FAN S, LAKSHMINARAYANA B, BARNETT M, 1993. Low Reynoldsnumber k-epsilon model for unsteady turbulent boundarylayer flows [J]. AIAA Journal – ARC, 31 (10): 1777 – 1784.

FERNANDES C, KARNEY B W, 2004. Modelling the advection equation under water hammer conditions [J]. Urban Water Journal – IAHR, 1 (2): 97 – 112.

FERRANTE M, CAPPONI C, 2017. Viscoelastic models for the simulation of transients in polymeric pipes [J]. Journal of Hydraulic Research – IAHR, 55 (5): 599 – 612.

FERRANTE M, CAPPONI C, 2018a. Calibration of viscoelastic parameters by means of transients in a branched water pipeline system. Urban Water Journal – IAHR, 15 (1): 9 – 15.

FERRANTE M, CAPPONI C, 2018b. Comparison of viscoelastic models with a different number of parameters for transient simulations [J]. Journal of Hydroinformatics – IAHR, 20 (1): 1 – 17.

FERSI M, TRIKI A, 2019. Investigation on redesigning strategies for water-hammer control in pressurizedpiping systems [J]. Journal of Pressure Vessel Technology – ASME，141 (2)，021301.

FRANKE P-G，1983. Computation of unsteady pipe flow with respect to visco-elastic material properties [J]. Journal of Hydraulic Research – IAHR，21 (5)：345 – 353.

FREY R，GÜDEL M，DUAL J，et al，2019. Phase and amplitude based characterization of small viscoelastic pipes in the frequency domain with a reservoir – pipeline – oscillating-valve system [J]. Journal of Hydraulic Research – IAHR，doi：10. 1080/00221686. 2019. 1623929.

GHILARDI P，PAOLETTI A，1986. Additional viscoelastic pipes as pressure surges suppressors [C] // In：5th International Conference on Pressure Surges，Hannover，Germany：22 – 24.

GHIDAOUI M S，KARNEY B W，1994. Equivalent differential equations in fixed-grid characteristics method [J]. Journal of Hydraulic Engineering – ASCE，120 (10)：1159 – 1175.

GHIDAOUI M S，KARNEY B W，MCINNIS D A，1998. Energy estimates for discretization errors in water hammer problems [J]. Journal of Hydraulic Engineering – ASCE，124 (4)：384 – 393.

GHIDAOUI M S，2004. On the fundamental equations of water hammer [J]. Urban Water Journal，1 (2)：71 – 83.

GHIDAOUI M S，ZHAO M，MCINNIS D A，et al，2005. A review of water hammer theory and practice. Applied Mechanics [J]. Reviews – ASME，58 (1)：49 – 76.

GONG J Z，ZECCHIN A C，LAMBERT M F，et al，2016. Determination of the creep function of viscoelastic pipelines using system resonant frequencies with hydraulic transient analysis [J]. Journal of Hydraulic Engineering – ASCE，142 (9)，04016023.

GONG J Z，STEPHENS M L，LAMBERT M F，et al，2018. Pressure surge suppression using a metallic-plastic-metallic pipe configuration [J]. Journal of Hydraulic Engineering – ASCE，144 (6)，04018025.

GÜNEY M，1983. Waterhammer in viscoelastic pipes where crosssection parameters are time dependent [C] // In：4th International Conference on Pressure Surges. BHRA，England：21 – 23.

JOUKOWSKY N，1904. Water hammer [J]. Proceedings of the American Water Works Association，24：314 – 424.

KARNEY B W，GHIDAOUI M S，1997. Flexible discretization algorithm for fixed-grid MOC in pipelines [J]. Journal of Hydraulic Engineering – ASCE，123 (11)，1004 – 1011.

KATOPODES N，WYLIE E，1984. Simulation of two-dimensional nonlinear transients [C]. In：Symposium for Multi-Dimensional Fluid Transients. New Orleans，LA，USA：9 – 16.

KERAMAT A，HAGHIGHI A，2014. Straightforward transient-based approach for the creep function determination in viscoelastic pipes [J]. Journal of Hydraulic Engineering – ASCE，140 (12)，04014058.

KORBAR R，VIRAG Z，ŠAVAR M，2004. Truncated method of characteristics for quasi-two-dimensional water hammer model [J]. Journal of Hydraulic Engineering – ASCE，140 (6)，04014013.

LEE P J，2005. Using System Response Functions of Liquid Pipelines for Leak and Blockage Detection [D]. PhD thesis，the University of Adelaide，Adelaide，Australia.

LEE P J，LAMBERT M F，SIMPSON A R，et al，2006. Experimental verification of the frequency response method for pipeline leak detection [J]. Journal of Hydraulic Research – IAHR，44 (5)：693 – 707.

LEE P J，VÍTKOVSKÝ J P，2010. Quantifying linearization error when modeling fluid pipeline transients using the frequency response method. Journal of Hydraulic Engineering – ASCE，136 (10)：831 – 836.

LEE P J，2013. Energy analysis for the illustration of inaccuracies in the linear modelling of pipe fluid transients [J]. Journal of Hydraulic Research – IAHR，51 (2)：133 – 144.

LEE P J，DUAN H F，GHIDAOUI M S，et al，2013a. Frequency domain analysis of pipe fluid transient behaviour. （缺期刊名）

LEE P J, DUAN H F, VÍTKOVSKÝ J P, et al, 2013b. The effect of time-frequency discretization on the accuracy of the transmission line modelling of fluid transients [J]. Journal of Hydraulic Research - IAHR, 51 (3): 273 - 283.

LISTER, M, 1960. The numerical solution of hyperbolic partial differential equations by the method of characteristics [J]. Mathematical Methods for Digital Computers, 1: 16 - 179.

LOVE A E H, 2013. A Treatise on the Mathematical Theory of Elasticity [M]. Cambridge University Press, Cambridge, UK.

MANKBADI R R, MOBARK A, 1991. Quasi-steady turbulence modeling of unsteady flows [J]. International Journal of Heat and Fluid Flow, 12 (2): 122 - 129.

MARTINUZZI R, POLLARD A, 1989. Comparative study of turbulence models in predicting turbulent pipe flow. I-Algebraic stress and k-epsilon models [J]. AIAA Journal, 27 (1): 29 - 36.

MCINNIS D, KARNEY B W, 1995. Transients in distribution networks: field tests and demand models [J]. Journal of Hydraulic Engineering - ASCE, 121 (3): 218-231.

MEYERS M A, CHAWLA K K, 2008. Mechanical Behavior of Materials [M]. Cambridge University Press, Cambridge, UK.

MENICONI S, DUAN H F, BRUNONEB, et al, 2014. Further developments in rapidly decelerating turbulent pipe flow modeling [J]. Journal of Hydraulic Engineering - ASCE, 140 (7), 04014028.

MENICONI S, BRUNONE B, FRISINGHELLI M, 2018. On the role of minor branches, energy dissipation, and small defects in the transient response of transmission mains [J]. Water - MDPI, 10 (2): 187.

NASER G, KARNEY B W, 2008. A transient 2 - D water quality model for pipeline systems [J]. Journal of Hydraulic Research - IAHR, 46 (4): 516 - 525.

NAULT J D, KARNEY B W, JUNG B-S, 2018. Generalized flexible method for simulating transient pipe network hydraulics [J]. Journal of Hydraulic Engineering - ASCE , 144 (7), 04018031.

PAN B, DUAN H F, MENICONI S, et al, 2020. Multistage frequency-domain transientbased method for the analysis of viscoelastic parameters of plastic pipes [J]. Journal of Hydraulic Engineering - ASCE, 146 (3), 04019068.

PATEL V C, RODI W, SCHEUERER G, 1985. Turbulence models for near-wall and low Reynolds number flows-a review [J]. AIAA Journal - ARC, 23 (9): 1308 - 1319.

PEZZINGA G, 1999. Quasi - 2D model for unsteady flow in pipe networks [J]. Journal of Hydraulic Engineering - ASCE, 125 (7): 676 - 685.

POTTER M C, WIGGERT D C, 1997. Mechanics of Fluids [M]. Prentice - Hall, Inc. , Englewood Cliffs, NJ, USA.

RACHFORD J H, RAMSEY E, 1977. Application of variational methods to transient flow in complex liquid transmission systems [J]. Society of Petroleum Engineers Journal , 17 (2): 151 - 166.

RAHMAN M, SIIKONEN T, 2002. Low-Reynolds-number ke-tilde model with enhanced near-wall dissipation [J]. AIAA Journal - ARC, 40 (7): 1462 - 1464.

RAMOS H, COVAS D, BORGA A, et al, 2004. Surge damping analysis in pipe systems: modelling and experiments [J]. Journal of Hydraulic Research - IAHR, 42 (4): 413 - 425.

RIASI A, NOURBAKHSH A, RAISEE M, 2009. Unsteady turbulent pipe flow due to water hammer using k-θ turbulence model [J]. Journal of Hydraulic Research - IAHR, 47 (4): 429 - 437.

SHUY E, APELT C, 1983. Friction effects in unsteady pipe flows [C]. In: Proceedings of the 4th International Confonference on Pressure Surges. BHRA, Bath, UK: 147-164.

SILVA ARAYA W F, CHAUDHRY M H, 1997. Computation of energy dissipation in transient flow [J]. Journal of Hydraulic Engineering - ASCE, 123 (2): 108-115.

SUO L, WYLIE E, 1989. Impulse response method for frequencydependent pipeline transients [J]. Journal of Fluids Engineering - ASME, 111 (4): 478-483.

TAYLOR G I, 1953. Dispersion of soluble matter in solvent flowing slowly through a tube. Proceedings of the Royal Society of London [J]. Series A. Mathematical and Physical Sciences, 219 (1137): 186-203.

TRIKHA A K, 1975. An efficient method for simulating frequencydependent friction in transient liquid flow [J]. Journal of Fluids Engineering - ASME, 91 (1): 97-105.

TRIKI A, 2018. Further investigation on water-hammer control inline strategy in water-supply systems [J]. Journal of Water Supply: Research and Technology - AQUA, 67 (1): 30-43.

URBANOWICZ K, DUAN H F, BERGANT A, 2020. Transient flow of liquid in plastic pipes [J]. Journal of Mechanical Engineering, 66 (2): 77-90.

VARDY A E, HWANG K L, 1991. A characteristics model of transient friction in pipes [J]. Journal of Hydraulic Research - IAHR, 29 (5): 669-684.

VARDY A E, BROWN J M, 1995. Transient, turbulent, smooth pipe friction [J]. Journal of Hydraulic Research - IAHR, 33 (4): 435-456.

VARDYA E, BROWN J, HE S, et al, 2015. Applicability of frozen-viscosity models of unsteady wall shear stress [J]. Journal of Hydraulic Engineering - ASCE, 141 (1), 04014064.

WIGGERT D C, SUNDQUIST M J, 1977. Fixed-grid characteristics for pipeline transients [J]. Journal of the Hydraulics Division - ASCE, 103 (12): 1403-1416.

WOOD D, FUNK J, 1970. A boundary-layer theory for transient viscous losses in turbulent flow [J]. Journal of Basic Engineering-ASME, 92 (4): 865-873.

WYLIE E B, STREETER V L, SUO L, 1993. Fluid Transients in Systems [M]. Prentice Hall, Englewood Cliffs, NJ, USA.

ZANGANEH R, AHMADI A, KERAMAT A, 2015. Fluid-structure interaction with viscoelastic supports during waterhammer in a pipeline [J]. Journal of Fluids and Structures, 54: 215-234.

ZHANG Z S, 2002. Turbulence [M]. National Defense Industrial Press, Beijing, China. (in Chinese).

ZHAO M, GHIDAOUI M S, 2003. Efficient quasi-two-dimensional model for water hammer problems [J]. Journal of Hydraulic Engineering - ASCE 129 (12): 1007-1013.

ZHAO M, GHIDAOUI M S, 2006. Investigation of turbulence behavior in pipe transient using a k-ε model [J]. Journal of Hydraulic Research - IAHR 44 (5): 682-692.

ZIELKE W, 1968. Frequency-dependent friction in transient pipe flow [J]. Journal of Basic Engineering - ASME 90 (1): 109-115.

第 3 章

供水管网瞬变流工程应用现状 ─

从 20 世纪中叶开始,随着计算机技术的发展和应用,瞬变流理论逐渐应用到供水管网的实际工程中,主要分为两个方面:①考虑瞬变流危害的系统安全防护研究;②基于瞬变流的系统缺陷检测技术研究。本章分别对这两个应用方向的研究现状进行系统的总结和分析。

3.1 考虑瞬变流危害的系统安全防护研究

瞬变流理论在供水管网安全防护方面的研究主要是控制系统的瞬变流过程,如最大/最小瞬时压力、压力波动等,以避免过高或过低的瞬时压力对系统的损坏。控制瞬变流过程的参变量可以是系统的初始属性(包括系统中构件的属性和初始稳态参数,如拓扑结构、波速、初始流速等),也可以是可控系统构件的操作过程(如阀门的两阶段关闭、止回阀缓闭等),还可以是防护设备的选用(如空气阀、气压罐等)。对于供水管网系统来说,系统的初始属性在设计和运行阶段已经确定,不易更改,因此较多采用的是后两种瞬变流控制方法。

Streeter(1966)首先研究关阀过程控制策略以确保所产生的瞬变压力在预先确定的范围内,由此提出了阀门程控(valve stroking)概念。接着,Azoury 等(1986)研究了单根管道在末端自由排放的系统中关阀进程对瞬变流的影响,并提供了一个图表用于确定产生最小瞬变压力的关阀进程;Goldberg 和 Karr(1987)研发了一种能够实现阀门快速关闭的有效方法,并将其应用到多个单根管道的关阀问题中。近期,Bazargan-Lari 等(2013)提出了一种优化关阀曲线方法,通过多目标优化模型和贝叶斯网络模型控制关阀水锤的压力;Skulovich 等(2016)研究了三种不同的关阀曲线(二阶多项式曲线、幂函数曲线和分段线性曲线)对瞬变流过程的影响,并利用遗传算法(GA)和 quasi-Newton(QN)方法对关阀进程进行了优化。

在瞬变流的防护设备中,空气罐是一种能够同时缓解升压和降压的有效设备,常用于系统的瞬变流防护设计。早期研究(Graze 等,1974;Ruus,1977;Fok,1978)形成了很多气压罐的设计图表,可为简单加压输水管道系统中的气压罐选型设计提供参考。例如,Di Santo 等(2002)提出了为防护水泵断电事故的气压罐尺寸设计图表,该研究的特色之处是,输水管线下游边界条件是自由排放的竖管而并不是传统研究中所采用的恒水位水池假设。Izquierdo 等(2006)和 Lingireddy 等(2000)研究将遗传算法(GA)应用于气压罐、空气阀以及真空阀的优化设计中。接着,Jung、Karney(2006)研究耦合遗传算法（GA）和粒子群算法（PSO）以优化防护设备的位置和尺寸，并确定瞬变流的最不利负荷状况（Jung、Karney，2009）。Chamani 等（2013）研究了水泵断电事故中单向调压室的优化设计，以防护水柱分离的发生，该研究采用了模糊推理系统与遗传算法结合的优化方法，并将其应用于一根水泵加压的输水管线；Skulovich 等（2015）采用分段式混合整数规划方法来优化管网中瞬变流防护设备的尺寸和位置。

从该方向的发展趋势来看，目前瞬变流控制的研究方法开始逐渐与优化方法相结合，以实现控制方案的自动优化设计，这也使瞬变流控制设计在复杂供水管网中的应用成为可能（对比于早期的设计图表阶段，适用的系统多为单根输水管路系统）。然而，供水管网中瞬变流控制的优化设计面临一个重要的挑战：当应用一些常见的进化算法（如 GA、PSO）时，通常需要进行成百上千次的瞬变流计算，而复杂管网的单次瞬变流计算资源消耗已经很大，因此瞬变流控制的优化设计往往需要巨大的计算资源消耗和很长的计算耗时，这在工程应用中是难以接受的。目前绝大部分研究所采用的案例均为输水管道系统或小型供水管网（节点数为几十到上百），对大型复杂管网的瞬变流控制的优化设计非常少见。Ramalingam 等（2014）指出需要加强对大型管网瞬变流分析和设计过程的了解，如：大型管网的优化设计中是否需要使用全管网模型，或是否可以只使用其中一部分模型；用于管网的简化方法或参数，是否影响瞬变流防护设备的优化设计等。因此，关于瞬变流计算的高效求解以及与优化方法相结合的高效实用方法仍将是管网系统安全防护方向需要解决的问题。

3.2　基于瞬变流的系统缺陷检测技术研究

尽管许多工程师对于瞬变流的印象往往是其对管网的负面或破坏性影响，或视其为引起水质恶化的元凶等，但将瞬变流作为一种管网管理和监测手段还是具有积极意义的（Wylie 等，1993；Duan 等，2010；Chaudhry，2014）。实际上，当瞬变压力波在管网中高速传播时，瞬变流可沿管道获取和传输大量范围广、种类繁多的系统信息，而这些信息可应用于诸多管道缺陷的探测与监控，例如漏损、阻塞以及运行状态的探测等（Duan 等，2020）。这也是基于瞬变流的系统缺陷检测（transient-based defect detection，TBDD）方法的基本物理原理。

在过去的 20 年中，许多研究人员（Brunone，1999；VÍTKOVSKÝ 等，2003；Covas 等，2005a；Lee 等，2006；Stephens，2008；Covas、Ramos，2010；Duan 等，2011a；Duan 等，2012a；Ghazali 等，2012；Gong 等，2013a；Duan 等，2014a；Duan，2020；Kim，2018、2020；Xu、Karney，2017）已将瞬变压力波广泛用于不同的管道缺陷或异常（尤其是漏损）检测。这种基于瞬变流的方法具有高效和低成本的优点（Gupta、Kulat，2018），因而被认为是检测管道异常的一种颇具前景的方法。TBDD 方法的宗旨是，通过向管道发射瞬变波，瞬变波沿管道传输时会随管道特性和状态的变化而改变其波动特性，然后通过分析瞬变波的改变发现潜在的管道异常情况（Lee，2005；Stephens，2008；Duan，2011）。

相对于考虑瞬变流危害的系统安全防护研究，TBDD 方法研究更受重视。这主要是由于前者的研究难度较小，理论方法体系较为完善，而后者研究涉及流体、管道材料以及信号处理等多学科，研究难度大。在本章节中，将根据 TBDD 方法的检测内容（管道缺陷的不同类型）来总结其研究进展和成果。

3.2.1 基于瞬变流的漏损检测

根据国际供水协会（international water supply association，IWSA）的报告，管网漏损是供水管网中水量损失的主要原因（Lambert，2002）。有压状态下管网漏失会损坏周围环境（冲洗土壤和冲刷地基），而低压状态下周边环境的污染物可能通过破损处向管道入渗，又会潜在地增加公共健康风险（Burn 等，1999）。过去几十年中，供水管网的漏损问题推动了许多检测技术的发展（Wang，2002）。在各种漏损检测技术中，基于瞬变流的漏损检测方法备受瞩目，主要包括：基于瞬变反射波（transient reflection-based method，TRM）、基于瞬变阻尼（transient damping-based method，TDM）、基于瞬变频率响应（transient frequency response-based method，TFRM）、基于逆瞬变分析（inverse transient analysis-based method，ITAM）和基于信号处理（signal processing-based method，SPM）这五种技术方法（Colombo 等，2009；Duan 等，2010c；Ayati 等，2019）。

3.2.1.1 基于瞬变反射波的方法（TRM）

基于瞬变反射波的方法（TRM）是这五种瞬变流漏损检测技术中最简单的应用方式。该方法利用压力信号的反射信息评估漏损的存在，并在管道中定位漏损。Brunone（1999）用以下等式描述 TRM 方法：

$$x_L^* = \frac{a}{2L}(t_2 - t_1) \tag{3.2.1}$$

式中：x_L^* 为无量纲漏损位置，表示通过管道长度归一化处理后的到下游边界（x_L）的漏损距离；L 为被测管段的长度；t_1 为终端阀产生的压力波到达测量位置的时刻；t_2 为漏损处反射波到达测量位置的时刻。漏损量（漏损尺寸）可以通过孔口出流公式估算：

$$Q_L = C_d A_L \sqrt{2g(H_L^t - H_{OL}^t)} \tag{3.2.2}$$

式中：Q_L 为漏损流量；C_d 为漏损系数，与漏损形状有关；A_L 为漏损面积大小；H_L^t 为漏损点处的内部压力水头；H_{OL}^t 为位于漏损点的外部压力水头。

需注意的是，式（3.2.2）中的漏损量可以通过联立瞬变流控制方程，用 MOC 方法计算（Brunone，1999）。Brunone 和 Ferrante（2001）通过实验验证 TRM 在单根刚弹性管道漏损检测和预测中的适用性，结果表明，可以通过统计反射信号的到达时间准确预测漏损位置。

为了更好地从所测数据中识别出瞬变波的反射信息，科研工作者研发了很多算法以分析瞬变信号，例如脉冲响应函数（impulse response function，IRF）法（Liou，1998；Kim，2005；Lee 等，2007；Nguyen 等，2018）、小波分析（Ferrante、Brunone，2003a、2003b；Ferrante 等，2007、2009a、2009b）和累积和方法（cumulative sum，CUSUM）（Misiunas 等，2005；Bakker 等，2014）。研究证实，使用这些瞬变信号分析算法提高了 TRM 的应用效果。

3.2.1.2　基于瞬变阻尼的方法（TDM）

TRM 法仅依赖于瞬变波的反射信息进行分析，而另一种替代方式是分析瞬变信号的衰减率（Wang 等，2002；Brunone 等，2019；Capponi 等，2020）。Wang 等（2002）率先提出了基于瞬变阻尼的方法（TDM），该方法是利用瞬变波中前两个谐波频率分量的相对阻尼率来定位漏损。TDM 方法是从单管道系统的一维瞬变模型解析得出，其谐波阻尼率和漏损位置的相关方程为

$$\frac{R_{n_1 L}}{R_{n_2 L}} = \frac{\sin^2(n_1 \pi x_L^*)}{\sin^2(n_2 \pi x_L^*)} \tag{3.2.3}$$

$$C_d A_L = = \frac{R_{nL} A \sqrt{2gH_{L0}}}{a \sin^2(n\pi x_L^*)} \tag{3.2.4}$$

式中：R_{nL} 为 n 信号谐波模式下由漏损引起的阻尼率；C_d 为漏损系数；n 为 n_i 的任一模式（谐波模式）；n_i 为模式编号，其中 $i=1$ 或 2。

根据式（3.2.3）和式（3.2.4）可知，通过查验不同模式下的振幅衰减比率可进行漏损检测。例如，在图 3.2.1（a）所示的简单管道系统中，距上游水箱距离为管道长度的 60% 处（即 $x_L=0.4L$）存在一较小的漏损点（例如，漏损量为管道流量的 10%），管道中存在漏损和无漏损的瞬变压力水头迹线之间的差异如图 3.2.1（b）所示。该结果清晰地表现出漏损情况下的压降衰减（阻尼）比无漏损情况下要大得多。采用 Wang 等（2002）的方法可得出不同频率模式下系统是否存在漏损的阻尼比率图，如图 3.2.2 所示，据此可根据式（3.2.3）和式（3.2.4）进行系统漏损量计算。

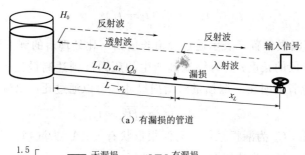

（a）有漏损的管道

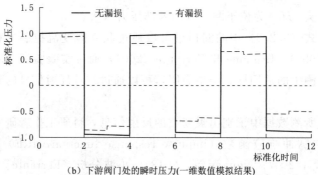

（b）下游阀门处的瞬时压力（一维数值模拟结果）

图 3.2.1　管道系统示例

采用 Wang 等（2002）的 TDM 方法获取方程式（3.2.3）和式（3.2.4）的计算结

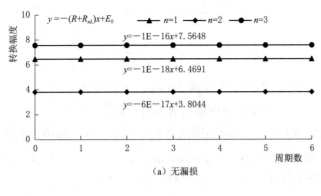

（a）无漏损

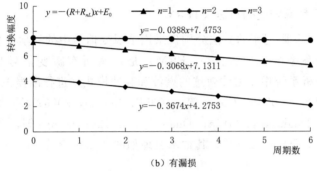

（b）有漏损

图 3.2.2 不同模式下的阻尼比率

果，解析推导过程中的主要假设包括（Nixon 等，2006）：①湍流摩阻项呈线性化近似；②瞬变波的幅度相对较小；③相对于主要流量而言，漏损量相对较小；④单管道系统配置。这些假设已由 Nixon 等（2006）采用二维瞬变流模型进行了讨论和验证，结论为：对于简单系统中压降轨迹能正确表达摩阻衰减的情况，这些假设并不会制约 TDM 方法的工程适用性；但 TDM 方法难以应用于多管道系统，这是因为该方法难以刻画复杂的初始条件和边界条件（Capponi 等，2020）；通过将各个管道与系统的其余部分隔离开来，可以将 Wang 等（2002 年）的 TDM 方法应用于实际的复杂管道系统。

为了分析瞬变摩阻和湍流的影响，Nixon 等（2006）成功推导了 TDM 法的二维方程。该方程通过耦合二维瞬变流模型中的恒定黏度表达式，可对基于瞬变漏损检测的二维湍流（非恒定摩阻）影响进行定性评估，其具体表达式如下：

$$\frac{n\pi R}{L}\sum_{k=1}^{\infty}\left[\frac{u_{nk}(t)}{\alpha_{k}^{*}}J_{B1}(\alpha_{k}^{*})\right]-\frac{gR}{2a^{2}}\frac{\mathrm{d}\widetilde{h}_{n}}{\mathrm{d}t}-\frac{gf_{lk}{}'(t)R}{n\pi a^{2}}(-1)^{n+1}$$

$$=\gamma+\frac{2\eta_{c}}{L^{2}}f_{lk}(t)x_{L}\sin\frac{n\pi x_{L}}{L}+\frac{2\eta_{c}}{L}\widetilde{h}(x_{L},t)x_{L}\sin\frac{n\pi x_{L}}{L} \qquad (3.2.5)$$

或以矩阵形式表达：

$$\frac{\mathrm{d}\boldsymbol{u}}{\mathrm{d}t}=\boldsymbol{B}_{1}\boldsymbol{u}+\boldsymbol{C}_{1}\boldsymbol{f} \qquad (3.2.6)$$

其中

$$\gamma = \frac{C_d A_L \sqrt{2g}}{2\pi R} \sqrt{(H_{L0} - z_L)}$$

$$\eta_c = \frac{C_d A_L \sqrt{2g}}{2\pi R} \frac{1}{2\sqrt{(H_{L0} - z_L)}}$$

式中：$J_{B1}(\cdot)$ 为贝塞尔函数；α_k^* 为等式 $J_{B0}(\alpha_k^*) = 0$ 的解，$J_{B0}(\cdot)$ 是第一类零阶的 Bessel 函数；$f_{bc}(\cdot)$ 为二维推导中的边界条件；R 为管道半径；$\tilde{h} = h - xf(t)/L$ 为辅助函数；x_L 为漏损位置；γ、η_c 为模型中线性漏损项的系数，可由下式计算：H_{L0}、z_L 为漏损点的原始水头和高程；$\boldsymbol{u} = [\tilde{h}_1, \tilde{h}_2, \cdots, \tilde{h}_N, u_{11}, u_{12}, \cdots u_{NK}]$；$\boldsymbol{B}$、$\boldsymbol{C}$ 为系数矩阵。由此可见，矩阵 $\boldsymbol{B}$ 的复特征值的实部，即为给定瞬变信息的阻尼率。

3.2.1.3　基于瞬变频率响应的方法（TFRM）

基于瞬变反射波和阻尼率的方法分别仅采用了瞬变信号中的一项信息进行漏损检测和定位，而基于瞬变频率响应的方法（TFRM）是使用所有瞬变信号来进行漏损分析。TFRM 方法通过分析系统中压力波轨迹的谐波和脉冲模式来进行漏损识别和定位（Ferrante、Brunone，2003a、2003b；Covas 等，2005b；Lee 等，2006；Lee 等，2007；Sattar、Chaudhry，2008；Duan 等，2011a；Duan 等，2012c；Gong 等，2013b；Gong 等，2014a；Kim，2016；Duan，2017），其技术原理如图 3.2.3 所示（Duan 等，2011a）。

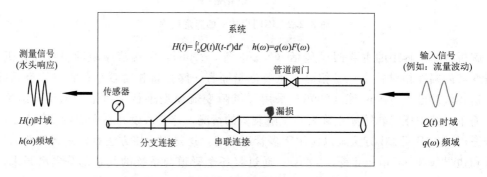

图 3.2.3　管道系统瞬变频率响应分析示意图

在任何管线系统中，如图 3.2.3 所示，可以将瞬变信号视为施加在系统上不同干扰〔例如输入 $Q(t)$〕的结果，而测得的系统响应则是系统的输出 $H(t)$。因此，管道系统的表现可以描述为由给定的输入生成对应输出的一个传输函数，时域中输入和输出信号之间的关系可以用卷积积分的形式给出（Lee 等，2007）：

$$H(t) = \int_0^t Q(t)I(t-t')\mathrm{d}t' \tag{3.2.7}$$

式中：$I(\cdot)$ 为系统的脉冲响应函数（IRF），包含与系统表现有关的所有信息。

采用傅里叶变换技术（Kreyszig 等，2008），式（3.2.7）可变为

$$h(\omega) = q(\omega)F(\omega) \tag{3.2.8}$$

式中：$F(\cdot)$ 为系统的频率响应函数（FRF）；ω 为波频率。

系统响应函数（在时域中称为 IRF 或在频域中称为 FRF）描述了系统从脉冲激励中

得到的基本响应，而管道中的漏损可导致系统响应产生变化，因此可用于定位漏损。系统瞬变频率响应模式的解析方法得到了广泛的发展，并可用于弹性和黏弹性管道中的漏损检测（Lee 等，2006；Duan 等，2012b），其形式如下：

$$\hat{h} = \alpha_s \cos(2\pi m x_L^* - \theta) + \beta \tag{3.2.9}$$

式中：$\hat{h}$ 为倒置的 FRF 的幅值；θ、β 为系数；m 为第 m 波峰；变量 x_L^* 和 a_s 为对系统中潜在漏失位置和大小的度量。

根据 Lee 等（2006）的研究，TFRM 法与实验结果吻合效果良好。由于 TFRM 技术使用了整个瞬变信号，因此该方法同时也利用了漏损的反射信息和阻尼信息。但是，有几个方面仍需要更深入的验证，包括瞬变幅度、外部瞬变噪声和瞬变摩阻的影响。需要强调的是，TFRM 方法并不依赖于系统理论共振频率下的连续阀门振荡来驱动系统发生共振，即不需要在每个理论共振频率上的连续阀门振荡来建立频率响应函数。相反，该方法是分析初始输入信号中包含的各种谐波频率分量对应的系统频率响应。该信号可以是具有足够频率带宽的任何输入信号，例如来自阀门快速关闭的信号（Lee 等，2015）。TFRM 方法中，系统理论共振频率的奇数整数倍的频率分量产生的响应被系统地增强，形成"频率峰值"。

Lee 等（2006）研发的初级 TFRM 方法仅适用于单管道，这极大地限制了这种高效且经济的探漏方法的适用性。为此，Duan 等（2011a）成功地将该方法扩展到串联的多个管道，所建立的漏损瞬变响应模式的解析方法可应用于多根管道的系统进行漏损检测。此后，Duan（2017）进一步将该 TFRM 方法扩展到更复杂的管道系统，包括如图 3.2.4 所示的简单分支和环形管段。这些成果极大地提高了 TFRM 的适用性和求解效率。分支和环状管道系统的推导结果如下（Duan，2017）。

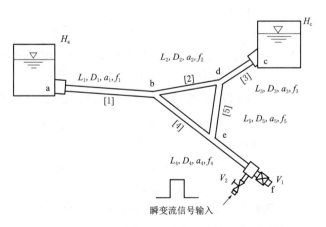

图 3.2.4 具有分支和环形管段连接的管网示例

（1）对于分支管段：

$$\hat{h}_{Lnp}^B = \frac{K_L}{C_{np}^B}[1 - \cos(2\mu_{np}x_{Lnp} + \varphi_{np}^B)] \tag{3.2.10}$$

式中：$\hat{h}_{Lnp}$ 为根据无漏损和有漏损的分支管道系统之间的瞬变系统响应结果差异进行转换后的 TFR；np 为有潜在漏损的管道编号；x_{Lnp} 为漏损位置到管道 np 上游节点的距离；

K_L 为描述漏损量的阻抗参数；下标 L 为有漏损的管道系统变量；上标 B 为分支管道系统变量；C、φ 为基于完好管段系统的已知系数。

（2）对于环形管段：

$$\hat{h}_{Ln}^O = \frac{K_L}{C_n^O}\left[R_n^O + \sqrt{(S_n^O)^2 + (T_n^O)^2}\sin(\mu_n l_n - 2\mu_n x_{Ln} + \varphi_n^O)\right] \tag{3.2.11}$$

式中：上标 O 为环形管道系统变量；C，R，S，T，φ 为基于无漏损管道系统的已知系数；其他符号意义同式（3.2.10）。

以上扩展的 TFRM 方法已通过不同的数值模拟试验进行了验证（Duan，2017）和灵敏度分析（Duan，2018），应用结果证实了扩展 TFRM 方法在这些多管道系统中进行漏损识别和检测的适用性和准确性。这些研究也发现了管道波速、直径和数据采集的不确定性可能会显著影响检测结果（包括漏损尺寸和漏损位置），并且，漏损尺寸比漏损位置更易受到这些参数不确定性的影响。

3.2.1.4 基于逆瞬变分析的方法（ITAM）

基于逆瞬变分析的方法（ITAM）也是利用了全部瞬变信号进行模型校准，并将数值模型的输出数据和实测数据进行匹配以定位漏损位置（Liggett、Chen，1994；VÍTKOVSKÝ 等，2000；London 等，2000；Al-Khomairi，2008；Shamloo、Haghighi，2009；Covas、Ramos，2010；Capponi 等，2017）。当模型准确预测漏损的位置时，其产生的瞬变响应信号应与实际测量结果最为接近。由于 ITAM 使用了时域中的整个瞬变响应迹线进行校准，该方法也同时利用了漏损引起的阻尼和反射信息。例如，ITAM 方法优化的目标函数可以表示为

$$\max: Z = \frac{C}{1 + \sum_{i=1}^{N}\left[H_i^m - H_i^p\right]^2} \tag{3.2.12}$$

式中：Z 为目标函数的适应度；H^m 为监测的测压管水头；H^p 是数值模型预测的测压管水头；$i = 1$，…，N 是用于比照的时间步；C 为常数。

目前已研发多种算法求解 ITAM 的目标函数，包括：遗传算法（GA）（Liggett、Chen，1994；VÍTKOVSKÝ 等，2000；Stephens，2008）、模拟退火算法（SA）（Huang 等，2015）、麦夸特法（Levenberg-Marquardt，LM）（Kapelan 等，2003）、非线性规划（NLP）（Shamloo、Haghighi，2009、2010）、最小二乘和匹配过滤器法（LSMF）（Al-Khomairi，2008；Keramat 等，2019）、高斯函数法（Gaussian Function，GF）（Sarkamaryan 等，2018）和人工神经网络法（ANN）（Bohorquez 等，2020）。

3.2.1.5 基于信号处理的方法（SPM）

近年来，基于信号处理的方法（SPM）得到了快速发展，该方法需借助于各种信号处理先进技术以实现供水管道的漏损检测。根据所采用的瞬变分析信号处理方法的不同，SPM 可以分为以下几组：

（1）基于经验模态分解（EMD）和希尔伯特变换（HT）（Ghazali 等，2012；Sun 等，2016）或倒谱分析（Taghvaei 等，2006；Taghvaei 等，2010；Ghazali 等，2011；

Shucksmith 等，2012；Yusop 等，2017）进行时频分析。

（2）通过匹配场处理（MFP）进行频域变量分离（Wang、Ghidaoui，2018a；Wang 等，2019；Wang 等，2020）。

（3）通过最大似然法（ML）（Wang、Ghidaoui，2018b）或相关分析法（CCA）（Beck 等，2005）进行统计分析。

（4）基于最小二乘解卷积法（LSD）或广义交叉验证法（GCV）进行时域信号重构（Nguyen 等，2018；Wang、Ghidaoui，2018a；Wang 等，2020）。

上述五种基于瞬变的漏损检测方法（TRM、TDM、TFRM、ITAM 和 SPM）均已在不同的（实验室或现场）实验体系中得到了充分的发展、验证和应用。但多种应用结果表明，这些方法的应用效果高度依赖于瞬变模型精度、管网实测瞬时数据的精度，以及监测点采集的样本容量；同时，这些方法主要应用于相对简单的管道系统，即只由少量串联、分支和环状连接管道组成的系统（Kapelan 等，2003；Duan，2011；Ghazali 等，2012；Shucksmith 等，2012；Duan，2017），而难以处理实际工程中常见的复杂供水管网系统。这主要是由于处理影响瞬变阻尼和反射波的诸多实际因素非常困难，包括外部进出通量、内部结点连接方式、弯头连接和其他系统特性等（Colombo 等，2009）。

3.2.2 基于瞬变流的阻塞检测

老旧管道的局部阻塞可能由多种因素引起，包括生物膜和沉积物、管道变形、腐蚀和气穴积聚。管道中的局部阻塞会降低流量、增加整个系统的能耗，致使运营成本增加（Lee 等，2008a）。不同于漏损，管道中存在部分阻塞时，并不会向外界发出明确指示信号，因此除非管道已阻塞至接近完全收缩，该问题通常难以发现。局部阻塞可根据其相对于管道总长度的实际占据范围分为离散型局部阻塞（Lee，2005）和延续型局部阻塞（Stephens，2008；Duan 等，2012b）。离散型局部阻塞的常见示例为部分关闭的直通阀或孔板，而延续型局部阻塞通常是由于管道老化引起，覆盖延续的范围一般较大。由于针对这两类局部阻塞的诊断方法原理不同，因此分别介绍。

3.2.2.1 离散型局部阻塞检测

用于供水管道离散局部阻塞检测的技术可以分为时域方法和频域方法。时域方法的原理和过程类似用于漏损检测的 TRM 和 ITAM 方法，局部阻塞的位置和大小可以通过时域内的瞬变波与局部阻塞间的交互作用分析进行估算（Stephens 等，2004；Stephens 等，2007；Meniconi 等，2011、2012；Meniconi 等，2016）。频域方法首先推导基于一维瞬变模型的解析解，得出离散局部阻塞对应的瞬变模式，然后将其用于逆向确定潜在的局部阻塞信息（位置和大小）（Wang 等，2005；Mohapatra 等，2006；Lee 等，2008a；Sattar、Chaudhry，2008；Kim，2018）。例如，Lee 等（2008a）推导出的频率响应函数（FRF）为

$$\hat{h}_B = \alpha I_B \cos\left[(2m-1)\pi x_B^*\right] + \beta \tag{3.2.13}$$

式中：$I_B = \Delta H_{B0}/Q_{B0}$ 为局部阻塞的阻抗；ΔH_{B0} 为局部阻塞时的稳态水头损失；Q_{B0} 为经过局部阻塞的稳态流量；x_B^* 为经过无量纲化的距离上游蓄水池的局部阻塞的位置；m 为

第 m 个波峰；a 和 b 为恒定系数。

文献中不同的实验案例（实验室和现场应用）证明，目前已研发的基于瞬变的检测技术对于管道中局部阻塞的位置和大小的预测是准确可行的。

3.2.2.2 延续型局部阻塞检测

Brunone 等（2008）的研究表明，离散型和延续型局部阻塞对系统有显著不同的响应，因而文献中应用于离散型局部阻塞的技术无法适用于延续型局部阻塞。在时域分析中，可以通过局部阻塞的末端反射波来识别延续型局部阻塞的特性（图 3.2.5），由此可提出一种用于延续型局部阻塞检测的时域方法（Tuck 等，2013；Gong 等，2013a、2014b；Massari 等，2014、2015；Gong 等，2016；Zhao 等，2018；Zhang 等，2018；Keramat、Zanganeh，2019），这种方法的原理与用于漏损检测的 TRM 相似。

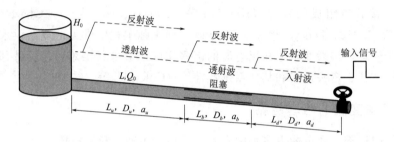

图 3.2.5 存在延续型局部阻塞的管道系统

对于频域分析，Duan 等（2012b）率先提出了基于瞬变的延续型局部阻塞检测方法，该方法基于与局部阻塞属性（位置、大小和长度）对应的瞬变响应的谐振频率偏移模式，并已通过理论证明、灵敏度分析和实验室实测结果的充分验证（Duan 等，2013、2014a；Duan，2016）。具体而言，一个存在均匀分布的延续型局部阻塞的单根管道系统，阻塞引起的谐振频率偏移模式可以表示为

$$(B_u + B_b)(B_b + B_d)\cos\left[(\lambda_u + \lambda_b + \lambda_d)\omega_{rfb}\right] +$$
$$(B_u - B_b)(-B_b - B_d)\cos\left[(\lambda_u - \lambda_b - \lambda_d)\omega_{rfb}\right] -$$
$$(B_u + B_b)(B_b - B_d)\cos\left[(\lambda_u + \lambda_b - \lambda_d)\omega_{rfb}\right] -$$
$$(B_u - B_b)(-B_b + B_d)\cos\left[(\lambda_u - \lambda_b + \lambda_d)\omega_{rfb}\right] = 0 \tag{3.2.14}$$

式中：B 为管道的特性阻抗；λ 为波的传播系数；ω_{rfb} 为阻塞管道系统的谐振频率；下标 u、b、d 表示从上游到下游的管道截面（见图 3.2.5）；$R_f = R_{fs} + R_{fu}$ 为摩擦阻尼因子，其中 R_{fs} 和 R_{fu} 分别代表稳态和瞬变的摩擦分量，具体表达式已在前文中列出。

为了更好地描述由管道中延续型局部阻塞引起的谐振频率偏移模式，式（3.2.14）可进一步简化如下（Duan 等，2014a）：

$$\Delta\omega^* \approx \frac{2}{\pi}\frac{\varepsilon_A}{2 - \varepsilon_A}\left[\sin(2\lambda_u\omega_{rf0}) - \sin(2\lambda_d\omega_{rf0}) - \frac{\varepsilon_A}{2 - \varepsilon_A}\sin(2\varepsilon_L\lambda_0\omega_{rf0})\right] \tag{3.2.15}$$

式中：$\Delta\omega^*$ 为延续型局部阻塞引起的无量纲谐振频率偏移；ω_{rf0} 为完好管道（无漏损无阻塞）系统的基本频率；ε_A 和 ε_L 为管道中阻塞面积和长度的标准化量。

同时，Duan 等（2014a）通过一维波动方程的解析，阐明了延续型局部阻塞引起谐振

频率偏移的内在机制。具体而言，延续型局部阻塞引起的波反射受控于

$$R_\omega = -(1 - e^{-i2\pi\frac{\omega}{\omega_b}})\xi_s \qquad (3.2.16)$$

式中：R_ω 为波反射系数；$\omega_b = 2\pi a_b/2L_b$；a_b 和 L_b 分别为波速和局部阻塞部分的长度（见图 3.2.5）；ξ_s 为沿管道的局部阻塞部分的特性阻抗的相对变化。

式（3.2.16）揭示了波反射（瞬变相位和幅度变化）与延续型局部阻塞特性（长度和大小）的相关性，经过入射波归一化的延续型局部阻塞引起的瞬变波相位和幅度的变化结果如图 3.2.6 所示。

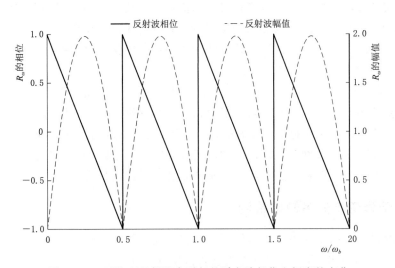

图 3.2.6　延续型局部阻塞引起的瞬变波相位和幅度的变化

为了提高基于瞬变波方法的有效性，Meniconi 等（2013）研发了时域和频域耦合方法，以改进延续型局部阻塞的探测准确性和识别效率。同时，该方法也通过引入智能算法求解方程式（3.2.14），如遗传算法（GA）（Datta 等，2018）以扩展到复杂的管道系统。然而，由式（3.2.14）或式（3.2.15）所研发的基于瞬变的方法仅对均匀的局部阻塞有效，因为这种具有相似阻塞程度的（即规则变化）阻塞段可被视为均匀的小管段。为解决该问题，Che 等（2018a、2019）通过分析推导和能量分析研究了非均匀局部阻塞与瞬变波的相互作用，结果表明：不均匀的局部阻塞相较于均匀分布的局部阻塞，其瞬变波的谐振频率偏移和幅度变化模式均发生了截然不同的改变；对于瞬变波的高次谐波，由不均匀的局部阻塞引起的谐振频率偏移变得不那么明显。这些研究的机理分析和相关成果有望进一步推进和改善供水管网中采用瞬变流方法进行延续型局部阻塞检测的应用和发展。

此外，随着先进的信号处理技术的发展，延续型局部阻塞检测技术也得到了进一步发展，从而可应用于更多的实际工程。例如，Duan 等（2011b、2014b、2017）基于多尺度波扰动分析，推导了由粗糙局部阻塞引起的波散射效应，并进行了检测应用。同时，Jing 等（2018）、Blåsten 等（2019）和 Zouari 等（2019）基于数学变换和线性近似研发了单管和支管系统中用于粗糙局部阻塞检测的管道面积重建方法，随后 Zouari 等（2020）在不同的局部阻塞条件下进行了多种探测方法的实验验证。

3.2.3　基于瞬变流的分支管道检测

除了上述两种常见故障（漏损和局部阻塞）外，未知分支管道是复杂供水管网系统中经常遇到的另一类重要问题，例如非法连接和未记录的分支管道。识别这些未知分支管道对于供水管网的构建、运行、监视和维护非常重要。然而，这些未知的分支管道通常埋设于地下，难以发现，但瞬变流技术可提供检测方法。Duan 和 Lee（2016）首先开发了基于瞬变流的终端分支管道（如图 3.2.4 中的分支管道［3］）检测方法。该研究推导了终端分支管道系统的频域移位模式，该模式可借助优化算法技术以逆向识别潜在分支管道的属性（连接位置、大小和长度）。此后，Meniconi 等（2018）提出了一种基于小波分析技术的分支管道检测时域方法，并证实了该方法的准确性。但是，目前提出的这些方法仅适用于只由较少的简单分支组成的管道系统。

最近，Bohorquez 等（2020）开发了一种基于人工神经网络（ANNs）框架的逆瞬变分析方法来对管道漏损和系统拓扑（可能包括未知分支管道）进行综合诊断。但是该方法需要大量的用于 ANN 训练的先验数据信息，对计算能力的要求也相对较高，因此现阶段还不适用于复杂的供水管网系统。以上初步研究证明，基于瞬变流的分支管道特征分析和检测方法非常有前景，但在未来仍需进一步开发和改进以求提升其适用范围和准确性。

3.2.4　基于瞬变流的多缺陷检测

在实际的供水管网中，系统中可能同时存在不同的管道缺陷，这就造成上述基于瞬变流的缺陷检测（TBDD）方法难以甚至无法投入实际应用。为此，许多研究学者开始致力于发展更全面的 TBDD 方法，以实现管道中的多缺陷检测功能。例如，Stephens 等（2004）应用反向瞬变波分析方法来定位两个现场测试管道系统中的漏损、气穴和离散型局部阻塞。此后，Sun 等（2016）研发了一种时频分析方法用于识别不同类型的管道缺陷，包括漏损、离散型/延续型局部阻塞以及分支连接，并已通过实验室的实验分析得到验证。该成果可对多种管道缺陷的类型、数量和位置提供良好的检测精度，但无法量化系统中所有管道缺陷的尺寸大小。与此同时，Kim（2016）提出了一种基于瞬变阻抗的方法来检测分支管道系统中的漏损和局部阻塞；随后，Kim（2020）针对单管道中的多个局部阻塞检测和管网中的多个漏损检测进行了瞬变流技术研究。最近，Duan（2020）研发了一种可同时进行管道中漏损和局部阻塞检测的 TFRM 方法，该方法采用 TMA 方法推导简单的管道系统中同时存在漏损和局部阻塞的 FRF 特征。该研究结果表明，只要这两种缺陷的阻抗因子远小于 1（由此它们的乘积也远小于 1），就可以将漏损引起的和局部阻塞引起的模式近似地视为独立的事件（即线性叠加）。

3.3　瞬变流研究进展总结和对未来工作的建议

虽然过去的几十年中，瞬变流的研究取得了较大的进步和发展，但是所开发的模型和方法仍无法涵盖实际供水管网中所有可能的工况。也就是说，现实供水管网的高度复杂性可能会导致这些模型和方法无法得到实际应用或精度无法达到预期，尤其是当瞬变流越来越多的应用于系统诊断和管理时。同时，瞬变流是供水管网中的常态（与定常流动一样常见），瞬变流的触发可能是由系统在任何时间、任何地点、由于各种因素（包括系统的规律性的/正常的/意外的操作）所导致，包括（但不限于）供水量的变化、阀门操作、管道破裂、泵切换和电源故障、系统构造和维护等。因此，深入了解管网系统中瞬变演变的细节，对于系统的运行操作和管理变得至关重要，而这可能对瞬变模型及其方法提出相对较高的要求。

为了解决这些问题，并推动瞬变流理论和方法的进一步发展，该领域的许多研究人员和工程师在瞬变流的模拟和应用领域进行了多种前沿专题的研究。通过文献系统分析，目前主要的研究方向如下：

（1）多相瞬变流研究，包括供水管网中的瞬变气水相互作用和气穴分析（Wylie 等，1993；Zhou 等，2002；Zhou 等，2011；Zhou 等，2018；Zhu 等，2018；Alexander 等，2019；Alexander 等，2020）。

（2）基于主动和被动高频波与径向波的瞬变流检测诊断方法（Mitra、Rouleau，1985；Che、Duan，2016；Louati、Ghidaoui，2017a、2017b、2019；Che 等，2018b）。

（3）基于瞬变流检测方法的信号产生技术（特定信号带宽与幅度）（Brunone 等，2008；Lee 等，2008b；Lee 等，2015；Lee 等，2017；Haghighi、Shamloo，2011；Meniconi 等，2011）。

（4）瞬变流模拟与应用中的噪声分析和不确定性分析（Duan 等，2010d；Duan 等，2010e；Dubey 等，2019；Duan，2015、2016）。

（5）基于瞬变流分析的复杂供水管网系统模型简化（Huang 等，2017a、2017b；Huang 等，2019、2020a、2020b）。

（6）瞬变数据测量和传输技术（Brunone 等，2000；Brunone、Berni，2010；Kashima 等，2012、2013；Brito 等，2014；Leontidis 等，2018）。

另外，随着计算机性能的高速发展，高效的多维模拟（如基于 CFD 的二维或三维建模）可逐步进行基础研究和小规模应用（Martins 等，2014；Martins 等，2016；Martins 等，2018；Che 等，2018b）。借助于这些先进的研究方法和仿真工具，有望大大增强对瞬变流相关现象的深入理解，并促进基于瞬变流模拟方法的应用，从而有效推动智慧水务的发展和管理。

参考文献

ALEXANDER J M，LEE P J，DAVIDSON M，et al，2019. Experimental validation of existing numerical models for the interaction of fluid transients with in‐line air pockets [J]. Journal of Fluids Engineering‐ASME，141 (12)，121101.

ALEXANDER J M，LEE P J，DAVIDSON M，et al，2020. Experimental investigation of the interaction of fluid transients with an in-line air pocket [J]. Journal of Hydraulic Engineering‐ASCE，146 (3)，04019067.

AL-KHOMAIRI A，2008. Leak detection in long pipelines using the least squares method [J]. Journal of Hydraulic Research，46 (3)，392‐401.

AYATI A H, HAGHIGHI A, LEE P J, 2019. Statistical review of major standpoints in hydraulic transient-based leak detection [J]. Journal of Hydraulic Structures, 5 (1), 1 – 26.

AZOURY P, BAASIRI M, NAJM H, 1986. Effect of Valve - Closure Schedule on Water Hammer [J]. Journal of Hydraulic Engineering, 112 (10): 890 – 903.

BAKKER M, JUNG D, VREEBURG J, et al, 2014. Detecting pipe bursts using heuristic and CUSUM methods [J]. Procedia Engineering, 70: 85 – 92.

BAZARGAN-LARI M R, KERACHIAN R, AFSHAR H, et al, 2013. Developing an optimal valve closing rule curve for real-time pressure control in pipes [J]. Journal of Mechanical Science and Technology, 27 (1): 215 – 225.

BECK S, CURREN M, SIMS N, et al, 2005. Pipeline network features and leak detection by cross-correlation analysis of reflected waves [J]. Journal of Hydraulic Engineering – ASCE, 131 (8): 715 – 723.

BLÅSTEN E, ZOUARI F, LOUATI M, et al, 2019. Blockage detection in networks: the area reconstruction method [J]. Mathematics in Engineering, 1 (4): 849 – 880.

BOHORQUEZ J, ALEXANDER B, SIMPSON A R, et al, 2020. Leak detection and topology identification in pipelines using fluid transients and artificial neural networks [J]. Journal of Water Resources Planning and Management – ASCE, 146 (6), 04020040.

BRITO M, SANCHES P, FERREIRA R M, et al, 2014. PIV characterization of transient flow in pipe coils [J]. Procedia Engineering, 89: 1358 – 1365.

BRUNONE B, KARNEY B W, MECARELLI, et al, 2000. Velocity profiles and unsteady pipe friction in transient flow [J]. Journal Water Resources Planning and Management – ASCE, 126 (4): 236 – 244.

BRUNONE B, 1999. Transient test-based technique for leak detection in outfall pipes [J]. Journal of Water Resources Planning and Management – ASCE, 125 (5): 302 – 306.

BRUNONE B, FERRANTE M, 2001. Detecting leaks in pressurised pipes by means of transients [J]. Journal of Hydraulic Research – IAHR, 39 (5), 539 – 547.

BRUNONE B, FERRANTE M, MENICONI S, 2008. Discussion of 'detection of partial blockage in single pipelines' by P. K. Mohapatra, M. H. Chaudhry, A. A Kassem, and J. Moloo [J]. Journal of Hydraulic Engineering – ASCE, 134 (6): 872 – 874.

BRUNONE B, BERNI A, 2010. Wall shear stress in transient turbulent pipe flow by local velocity measurement [J]. Journal of Hydraulic Engineering – ASCE, 136 (10): 716 – 726.

BRUNONE B, MENICONI S, CAPPONI C, 2019. Numerical analysis of the transient pressure damping in a single polymeric pipe with a leak [J]. Urban Water Journal, 15 (8): 760 – 768.

BURN S, DESILVA D, EISWIRTH M, et al, 1999. Pipe leakage future challenges and solutions [C]. In Pipes Conference, Wagga Wagga, N. S. W, Australia.

CAPPONI C, FERRANTE M, ZECCHIN A C, et al, 2017. Leak detection in a branched system by inverse transient analysis with the admittance matrix method [J]. Water Resources Management, 31 (13): 4075 – 4089.

CAPPONI C, MENICONI S, LEE P J, et al, 2020. Time-domain analysis of laboratory experiments on the transient pressure damping in a leaky polymeric pipe [J]. Water Resources Management, 34 (2): 501 – 514.

CHAMANI M R, POURSHAHABI S, SHEIKHOLESLAM F, 2013. Fuzzy genetic algorithm approach for optimization of surge tanks [J]. Scientia Iranica, 20 (2): 278 – 285.

CHAUDHRY M H, 2014. Applied Hydraulic Transients. Springer-Verlag, New York, USA.

CHE T C, DUAN H F, 2016. Evaluation of plane wave assumption in transient laminar pipe flow modeling and utilization [J]. Procedia Engineering, 154: 959 – 966.

CHE T C, DUAN H F, LEE P J, et al, 2018a. Transient frequency responses for pressurized water pipelines containing blockages with linearly varying diameters [J]. Journal of Hydraulic Engineering – ASCE, 144 (8), 04018054.

cHE T C, DUAN H F, LEE P J, et al, 2018b. Radial pressure wave behavior in transient laminar pipe flows under different flow perturbations [J]. Journal of Fluids Engineering – ASME, 140 (10), 101203.

CHE T, DUAN H F, PAN B, et al, 2019. Energy analysis of the resonant frequency shift pattern induced by nonuniform blockages in pressurized water pipes [J]. Journal of Hydraulic Engineering – ASCE, 145 (7), 04019027.

COLOMBO A F, LEE P J, KARNEY B W, 2009. A selective literature review of transient based leak detection methods [J]. Journal of Hydro-Environment Research, 2 (4): 212 – 227.

COVAS D, RAMOS H, ALMEIDA A, 2005a. Impulse response method for solving hydraulic transients in viscoelastic pipes [C]. In XXXI IAHR Congress. IAHR Seoul, Korea: 676 – 686.

COVAS D, STOIANOV I, MANO J F, et al, 2005b. The dynamic effect of pipe-wall viscoelasticity in hydraulic transients. Part II – model development, calibration and verification [J]. Journal of Hydraulic Research – IAHR, 43 (1), 56 – 70.

COVAS D, RAMOS H, 2010. Case studies of leak detection and location in water pipe systems by inverse transient analysis [J]. Journal of Water Resources Planning and Management – ASCE, 136 (2): 248 – 257.

DATTA S, GAUTAM N K, SARKAR S, 2018. Pipe network blockage detection by frequency response and genetic algorithm technique [J]. Journal of Water Supply: Research and Technology – AQUA, 67 (6): 543 – 555.

DHANDAYUDHAPANI R, SRINIVASA L, 2014. Neural Network – Derived Heuristic Framework for Sizing Surge Vessels [J]. Journal of Water Resources Planning and Management, 140 (5): 678 – 692.

DI SANTO A R, FRATINO U, IACOBELLIS V, et al, 2002. Effects of free outflow in rising mains with air chamber [J]. Journal of Hydraulic Engineering, 128 (11): 992 – 1001.

DUAN H F, 2011. Investigation of Factors Affecting Transient Pressure Wave Propagation and Implications to Transient Based Leak DetectionMethods in Pipeline Systems [D]. PhD thesis, Hong Kong University of Science and Technology, Hong Kong.

DUAN H F, 2016a. Sensitivity analysis of a transient based frequency domain method for extended blockage detection in water pipeline systems [J]. Journal of Water Resources Planning and Management – ASCE, 142 (4), 04015073.

DUAN H F, 2016b. Uncertainty analysis of transient flow modeling and transient-based leak detection in elastic water pipeline systems [J]. Water Resources Management, 29 (14): 5413 – 5427.

DUAN H F, 2017. Transient frequency response based leak detection in water supply pipeline systems with branched and looped junctions [J]. Journal of Hydroinformatics – IAHR, 19 (1): 17 – 30.

DUAN H F, 2018. Accuracy and sensitivity evaluation of TFR method for leak detection in multiple-pipeline water supply systems [J]. Water Resources Management, 32 (6): 2147 – 2164.

DUAN H F, 2020. Development of a TFR-based method for the simultaneous detection of leakage and partial blockage in water supply pipelines [J]. Journal of Hydraulic Engineering – ASCE, 146 (7), 04020051.

DUAN H F, LEE P J, GHIDAOUI M S, et al, 2010a. Essential system response information for transient-based leak detection methods [J]. Journal of Hydraulic Research – IAHR, 48 (5): 650 – 657.

DUAN H F, TUNG Y-K, GHIDAOUI M S, 2010b. Probabilistic analysis of transient design for water supply systems [J]. Journal of Water Resources Planning and Management – ASCE, 136 (6): 678 – 687.

DUAN H F, GHIDAOUI M S, Tung Y K, 2010c. Uncertainty propagation in pipe fluid transients [C]. In Proceedings of the 17th IAHR-APD Congress, Auckland, New Zealand.

DUAN H F, GHIDAOUI M S, Lee P J, et al, 2010d. Unsteady friction and visco-elasticity in pipe fluid transients [J]. Journal of Hydraulic Research – IAHR, 48 (3): 354 – 362.

DUAN H F, LEE P J, GHIDAOUI M S, et al, 2011a. Leak detection in complex series pipelines by using the system frequency response method [J]. Journal of Hydraulic Research – IAHR, 49 (2): 213 – 221.

DUAN H F, LU J L, KOLYSHKIN A A, et al, 2011b. The effect of random inhomogeneities on wave propagation in pipes [C]. In Proceedings of the 34th IAHR Congress, June 26 – July 2, 2011, Brisbane, Australia.

DUAN H F, LEE P J, GHIDAOUI M S, et al, 2012a. System response function based leak detection in viscoelastic pipelines [J]. Journal of Hydraulic Engineering – ASCE, 138 (2): 143 – 153.

DUAN H F, LEE P J, GHIDAOUI M S, et al, 2012b. Extended blockage detection in pipelines by using the system frequency response analysis [J]. Journal of Water Resources Planning and Management – ASCE, 138 (1): 55 – 62.

DUANH F, LEE P J, GHIDAOUI M S, et al, 2012c. Extended blockage detection in pipelines by using the system frequency response analysis [J]. Journal of Water Resources Planning and Management – ASCE, 138 (1): 55 – 62.

DUAN H F, LEE P J, KASHIMA A, et al, 2013. Extended blockage detection in pipes using the system frequency response: analytical analysis and experimental verification [J]. Journal of Hydraulic Engineering – ASCE, 139 (7): 763 – 771.

DUAN H F, LEE P J, GHIDAOUI M S, et al, 2014a. Transient wave-blockage interaction and extended blockage detection in elastic water pipelines [J]. Journal of Fluids and Structures, 46: 2 – 16.

DUAN H F, LEE P J, TUCK J, 2014b. Experimental investigation of wave scattering effect of pipe blockages on transient analysis [J]. Procedia Engineering, 89: 1314 – 1320.

DUAN H F, LEE P J, 2016. Transient-based frequency domain method for dead-end side branch detection in reservoir pipeline-valve systems [J]. Journal of Hydraulic Engineering – ASCE , 142 (2), 04015042.

DUAN H F, LEE P J, Che T C, et al, 2017. The influence of non uniform blockages on transient wave behavior and blockage detection in pressurized water pipelines [J]. Journal of Hydro-Environment Research , 17: 1 – 7.

DUAN H F, PAN Bin, WANG Manli, et al, 2020. State-of-the-art review on the transient flow modeling and utilization for urban water supply system (UWSS) management [J]. Journal of Water Supply: Research and Technology-Aqua, 69 (8) .

DUBEY A, LI Z, LEE P J, et al, 2019. Measurement and characterization of acoustic noise in water pipeline channels [J]. IEEE Access, 7: 56890 – 56903.

MARTINS N M, CARRICO N J, RAMOS H M, et al, 2014. Velocity-distribution in pressurized pipe flow using CFD: accuracy and mesh analysis [J]. Computers & Fluids, 105: 218 – 230.

MARTINS N M, SOARES A K, RAMOS H M, et al, 2016. CFD modeling of transient flow in pressurized pipes. Computers & Fluids , 126: 129 – 140.

MARTINS N, BRUNONE B, MENICONI S, et al, 2018. Efficient computational fluid dynamics model for transient laminar flow modeling: pressure wave propagation and velocity profile changes [J]. Journal of Fluids Engineering – ASME, 140 (1), 011102.

FERRANTE M, BRUNONE B, 2003a. Pipe system diagnosis and leak detection by unsteady state tests: 1. Harmonic analysis. Advances in Water Resources, 26 (1): 95 – 105.

FERRANTE M, BRUNONE B, 2003b. Pipe system diagnosis and leak detection by unsteady state tests: 2. Wavelet analysis [J]. Advances in Water Resources, 26 (1): 107 – 116.

FERRANTE M, BRUNONE B, MENICONI S, 2007. Wavelets for the analysis of transient pressure signals for leak detection [J]. Journal of Hydraulic Engineering – ASCE, 133 (11): 1274 – 1282.

FERRANTE M, BRUNONE B, MENICONI S, 2009a. Leak-edge detection [J]. Journal of Hydraulic Research – IAHR, 47 (2): 233 – 241.

FERRANTE M, BRUNONE B, MENICONI S, 2009b. Leak detection in branched pipe systems coupling wavelet analysis and a Lagrangian model [J]. Journal of Water Supply: Research and Technology – AQUA , 58 (2): 95 – 106.

FOK A T. 1978. Design charts for air chamber on pump pipe lines [J]. Journal of Hydraulic Engineering, 104 (9): 1289 – 1303.

GHAZALI M, STASZEWSKI W, SHUCKSMITH J, et al, 2011. Instantaneous phase and frequency for the detection of leaks and features in a pipeline system [J]. Structural Health Monitoring, 10 (4): 351 – 360.

GHAZALI M, BECK S, SHUCKSMITH J, et al, 2012. Comparative study of instantaneous frequency based methods for leak detection in pipeline networks [J]. Mechanical Systems and Signal Processing, 29: 187 – 200.

GONG J Z, LAMBERT M F, SIMPSON A R, et al, 2013a. Single-event leak detection in pipeline using first three resonant responses [J]. Journal of Hydraulic Engineering – ASCE, 139 (6): 645 – 655.

GONG J Z, SIMPSON A R, LAMBERT M F, et al, 2013b. Detection of distributed deterioration in single pipes using transient reflections. Journal of Pipeline Systems Engineering and Practice – ASCE, 4 (1): 32 – 40.

GONG J Z, ZECCHIN A C, LAMBERT M F, et al, 2014a. Frequency response diagram for pipeline leak detection: comparing the odd and the even harmonics [J]. Journal of Water Resources Planning and Management – ASCE, 140 (1): 65 – 74.

GONG J Z, LAMBERT M F, SIMPSON A R, et al, 2014b. Detection of localized deterioration distributed along single pipelines by reconstructive MOC analysis [J]. Journal of Hydraulic Engineering – ASCE, 140 (2): 190 – 198.

GONG J Z, ZECCHIN A C, LAMBERT M F, et al, 2016. Determination of the creep function of viscoelastic pipelines using system resonant frequencies with hydraulic transient analysis [J]. Journal of Hydraulic Engineering – ASCE, 142 (9), 04016023.

GRAZE H R, FORREST J A, 1974. New design charts for air chambers [C]. Fifth Australasian Conference on Hydraulics and Fluid Mechanics, Christ Church, New Zealand. 34 – 41.

GOLDBERG D E, KARR C L, 1987. Quick stroking: design of time-optimal valve motions [J]. Journal of Hydraulic Engineering, 113 (6): 780 – 795.

GUPTA A D, KULAT K, 2018. Leakage reduction in water distribution system using efficient pressure management techniques [J]. Case study: Nagpur, India. Water Supply, 18 (6): 2015 – 2027.

HAGHIGHI A, SHAMLOO H, 2011. Transient generation in pipe networks for leak detection [C]. In: Proceedings of the Institution of Civil Engineers-Water Management. Thomas Telford Ltd, London,

UK：311～318.

HUANG Y，DUAN H F，ZHAO M，et al，2017a. Probabilistic analysis and evaluation of nodal demand effect on transient analysis in urban water distribution systems [J]. Journal of Water Resources Planning and Management – ASCE，143（8），04017041.

HUANG Y，DUAN H F，ZHAO M，et al，2017b. Transient influence zone based decomposition of water distribution networks for efficient transient analysis [J]. Water Resources Management，31（6）：1915－1929.

HUANG Y，ZHENG F F，DUAN H F，et al，2019. Skeletonizing pipes in series within urban water distribution systems using a transient-based method [J]. Journal of Hydraulic Engineering – ASCE，145（2），04018084.

HUANG Y，ZHENG F F，DUAN H F，et al，2020a. Multiobjective optimal design of water distribution networks accounting for transient impacts [J]. Water Resources Management，34（4）：1517－1534.

HUANG Y，ZHENG F F，DUAN H F，et al，2020b. Impacts of nodal demand allocations on transient-based skeletonization of water distribution systems [J]. Journal of Hydraulic Engineering – ASCE 146（9）.

IZQUIERDO J，LOPEZ P A，LOPEZ G，et al，2006. Encapsulation of air vessel design in a neural network [J]. Applied mathematical modelling，30（5）：395－405.

JING L，LI Z，WANG W，et al，2018. An approximate inverse scattering technique for reconstructing blockage profiles in water pipelines using acoustic transients [J]. The Journal of the Acoustical Society of America 143（5）：EL322－EL327.

JUNG B S，KARNEY B W，2006. Hydraulic optimization of transient protection devices using GA and PSO approaches [J]. Journal of water resources planning and management，132（1）：44－52.

JUNG B S，KARNEY B W，2009. Systematic surge protection for worst-case transient loadings in water distribution systems [J]. Journal of Hydraulic Engineering，135（3）：218－223.

KAPELAN Z S，SAVIC D A，WALTERS G A，2003. A hybrid inverse transient model for leakage detection and roughness calibration in pipe networks [J]. Journal of Hydraulic Research – IAHR，41（5）：481－492.

KASHIMA A，LEE P J，NOKES R，2012. Numerical errors in discharge measurements using the KDP method [J]. Journal of Hydraulic Research – IAHR，50（1）：98－104.

KASHIMA A，LEE P J，GHIDAOUI M S，et al，2013. Experimental verification of the kinetic differential pressure method for flow measurements [J]. Journal of Hydraulic Research – IAHR，51（6）：634－644.

KERAMAT A，ZANGANEH R，2019. Statistical performance analysis of transient-based extended blockage detection in a water supply pipeline [J]. Journal of Water Supply：Research and Technology – AQUA，68（5）：346－357.

KERAMAT A，WANG X，LOUATI M，et al，2019. Objective functions for transient-based pipeline leakage detection in a noisy environment：least square and matched-filter [J]. Journal of Water Resources Planning and Management – ASCE，145（10），04019042.

KIM S H，2005. Extensive development of leak detection algorithm by impulse response method [J]. Journal of Hydraulic Engineering – ASCE，131（3）：201－208.

KIM S H，2016. Impedance method for abnormality detection of a branched pipeline system [J]. Water Resources Management，30（3）：1101－1115.

KIM S H，2018. Multiple discrete blockage detection function for single pipelines [J]. Proceedings – MDPI

2: 582.

KIM S H, 2020. Multiple leak detection algorithm for pipe network. Mechanical Systems and Signal Processing, 139, 106645.

KREYSZIG E, STROUD K, STEPHENSON G, 2008. Advanced Engineering Mathematics [M]. 7th ed. John Wiley and Sons, Inc, New York, USA.

LAMBERT A O, 2002. International report: water losses management and techniques [J]. Water Science and Technology: Water Supply, 2 (4): 1 – 20.

LEE P J, 2005. Using System Response Functions of Liquid Pipelines for Leak and Blockage Detection [D]. PhD thesis, the University of Adelaide, Adelaide, Australia.

LEE P J, LAMBERT M F, SIMPSON A R, et al, 2006. Experimental verification of the frequency response method for pipeline leak detection [J]. Journal of Hydraulic Research – IAHR, 44 (5): 693 – 707.

LEE P J, VÍTKOVSKÝ J P, LAMBERT M F, et al, 2007. Leak location in pipelines using the impulse response function [J]. Journal of Hydraulic Research – IAHR, 45 (5): 643 – 652.

LEE P J, VÍTKOVSKÝ J P, LAMBERT M F, et al, 2008. Discrete blockage detection in pipelines using the frequency response diagram: numerical study [J]. Journal of Hydraulic Engineering – ASCE, 134 (5): 658 – 663.

LEE P J, DUAN H F, TUCK J, et al, 2015. Numerical and experimental study on the effect of signal bandwidth on pipe assessment using fluid transients [J]. Journal of Hydraulic Engineering – ASCE, 141 (2), 04014074.

LEE P J, TUCK J, DAVIDSON M, et al, 2017. Piezoelectric wave generation system for condition assessment of field water pipelines [J]. Journal of Hydraulic Research – IAHR, 55 (5): 721 – 730.

LEE P J, VÍTKOVSKÝ J P, LAMBERT M F, et al, 2018. Valve design for extracting response functions from hydraulic systems using pseudorandom binary signals [J]. Journal of Hydraulic Engineering – ASCE 134 (6), 858 – 864.

LEONTIDIS V, CUVIER C, CAIGNAERT G, et al, 2018. Experimental validation of an ultrasonic flowmeter for unsteady flows [J]. Measurement Science and Technology, 29 (4), 045303.

LIGGETT J A, CHEN L C, 1994. Inverse transient analysis in pipe networks. Journal of Hydraulic Engineering – ASCE, 120 (8): 934 – 955.

LIOU C P, 1998. Pipeline leak detection by impulse response extraction. Journal of Fluids Engineering – ASME 120 (4), 833 – 838.

LOUATI M, GHIDAOUI M S, 2017a. High-frequency acoustic wave properties in a water-filled pipe. Part 1: dispersion and multipath behaviour [J]. Journal of Hydraulic Research – IAHR, 55 (5): 613 – 631.

LOUATI M, GHIDAOUI M S, 2017b. High-frequency acoustic wave properties in a water-filled pipe. Part 2: range of propagation [J]. Journal of Hydraulic Research – IAHR, 55 (5): 632 – 646.

LOUATI M, GHIDAOUI M S, 2019. The need for high order numerical schemes to model dispersive high frequency acoustic waves in water-filled pipes [J]. Journal of Hydraulic Research – IAHR, 57 (3): 405 – 425.

MASSARI C, YEH T C J, FERRANTE M, et al, 2014. Detection and sizing of extended partial blockages in pipelines by means of a stochastic successive linear estimator [J]. Journal of Hydroinformatics – IAHR, 16 (2): 248 – 258.

MASSARI C, YEH T-C, FERRANTE M, et al, 2015. A stochastic approach for extended partial blockage detection in viscoelastic pipelines: numerical and laboratory experiments [J]. Journal of Water Supply: Research and Technology – AQUA，64 (5)：583 – 595.

MENICONI S, BRUNONE B, FERRANTE M, et al, 2011. Small amplitude sharp pressure waves to diagnose pipe systems [J]. Water Resources Management , 25 (1)：79 – 96.

MENICONI S, BRUNONE B, FERRANTE M, et al, 2012. Transient hydrodynamics of in-line valves in viscoelastic pressurized pipes: long-period analysis [J]. Experiments in Fluids, 53 (1)：265 – 275.

MENICONI S, DUAN H F, LEE P J, et al, 2013. Experimental investigation of coupled frequency and time-domain transient test-based techniques for partial blockage detection in pipelines [J]. Journal of Hydraulic Engineering – ASCE, 139 (10)：1033 – 1040.

MENICONI S, BRUNONE B, FERRANTE M, et al, 2016. Mechanism of interaction of pressure waves at a discrete partial blockage [J]. Journal of Fluids and Structures, 62：33 – 45.

MENICONI S, BRUNONE B, FRISINGHELLI M, 2018. On the role of minor branches, energy dissipation, and small defects in the transient response of transmission mains [J]. Water – MDPI, 10 (2)：187.

MISIUNAS D, VÍTKOVSKÝ J P, OLSSON G, et al, 2005. Pipeline break detection using pressure transient monitoring [J]. Journal of Water Resources Planning and Management – ASCE, 131 (4)：316 – 325.

MITRA A, ROULEAU W, 1985. Radial and axial variations in transient pressure waves transmitted through liquid transmission lines. Journal of Fluids Engineering – ASME, 107 (1)：105 – 111.

MOHAPATRA P, CHAUDHRY M H, KASSEM A, et al, 2006. Detection of partial blockage in single pipelines [J]. Journal of Hydraulic Engineering – ASCE, 132 (2)：200 – 206.

NGUYEN S T N, GONG J Z, LAMBERT M F, et al, 2018. Least squares deconvolution for leak detection with a pseudo random binary sequence excitation. Mechanical Systems and Signal Processing, 99：846 – 858.

NIXON W, GHIDAOUI M S, KOLYSHKIN, A, 2006. Range of validity of the transient damping leakage detection method [J]. Journal of Hydraulic Engineering – ASCE, 132 (9)：944 – 957.

RUUS E, 1977. Charts for water hammer in pipelines with air chambers [J]. Canadian Journal of Civil Engineering, 4 (3)：293 – 313.

SARKAMARYAN S, HAGHIGHI A, ADIB A, 2018. Leakage detection and calibration of pipe networks by the inverse transient analysis modified by Gaussian functions for leakage simulation [J]. Journal of Water Supply: Research and Technology – AQUA, 67 (4)：404 – 413.

SATTAR A M, CHAUDHRY M H, 2008. Leak detection in pipelines by frequency response method [J]. Journal of Hydraulic Research – IAHR, 46 (Suppl 1)：138 – 151.

SHAMLOO H, HAGHIGHI A, 2009. Leak detection in pipelines by inverse backward transient analysis [J]. Journal of Hydraulic Research – IAHR, 47 (3)：311 – 318.

SHAMLOO H, HAGHIGHI A, 2010. Optimum leak detection and calibration of pipe networks by inverse transient analysis. Journal of Hydraulic Research – IAHR, 48 (3)：371 – 376.

SHUCKSMITH J D, BOXALL J B, STASZEWSKI W J, et al, 2012. Onsite leak location in a pipe network by cepstrum analysis of pressure transients [J]. Journal of American Water Works Association, 104 (8)：E457 – E465.

SKULOVICH O, BENT R, JUDI D, et al, 2015. Piece - wise mixed integer programming for optimal sizing of surge control devices in water distribution systems [J]. Water Resources Research, 51 (6)：4391 – 4408.

SKULOVICH O, SELA PERELMAN L, OSTFELD A, 2016. Optimal closure of system actuators for transient control: an analytical approach [J]. Journal of Hydroinformatics, 18 (3): 393 – 408.

STEPHENS M, LAMBERT M F, SIMPSON A R, et al, 2004. Field tests for leakage, air pocket, and discrete blockage detection using inverse transient analysis in water distribution pipes [J]. Critical Transitions in Water and Environmental Resources Management – ASCE: 1 – 10.

STEPHENS M L, SIMPSON A R, LAMBERT M F, 2007. Hydraulic transient analysis and discrete blockage detection on distribution pipelines: Field tests, model calibration, and inverse modeling [C]. In World Environmental and Water Resources Congress 2007: Restoring Our Natural Habitat, Tampa, FL, USA: 1 – 21.

STEPHENS M L, 2008. Transient Response Analysis for Fault Detection and Pipeline Wall Condition Assessment in Field Water Transmission and Distribution Pipelines and Networks [D]. PhD thesis, University of Adelaide, Adelaide, Australia.

SUN J L, WANG R, DUAN H F, 2016. Multiple-fault detection in water pipelines using transient-based time-frequency analysis [J]. Journal of Hydroinformatics – IAHR, 18 (6): 975 – 989.

TAGHVAEI M, BECK S B M, Boxall J, 2010. Leak detection in pipes using induced water hammer pulses and cepstrum analysis [J]. International Journal of COMADEM 13: 19 – 25.

TUCK J, LEE P J, DAVIDSON M, et al, 2013. Analysis of transient signals in simple pipeline systems with anextended blockage [J]. Journal of Hydraulic Research – IAHR, 51 (6): 623 – 633.

VÍTKOVSKÝ J P, SIMPSON A R, LAMBERT M F, 2000. Leak detection and calibration using transients and genetic algorithms [J]. Journal of Water Resources Planning and Management – ASCE, 126 (4): 262 – 265.

VÍTKOVSKÝ J P, LEE P J, STEPHENS M L, et al, 2003. Leak and blockage detection in pipelines via an impulse response method [J]. Pumps, Electromechanical Devices and Systems Applied to Urban Water Management, 1: 423 – 430.

WANG X J, 2002. Leakage and Blockage Detection in Pipelines and Pipe Network Systems Using Fluid Transients [D]. PhD thesis, University of Adelaide, Adelaide, Australia.

WANG X J, LAMBERT M F, SIMPSON A R, 2005. Detection and location of a partial blockage in a pipeline using damping of fluid transients [J]. Journal of Water Resources Planning and Management – ASCE, 131 (3): 244 – 249.

WANG X, GHIDAOUI M S, 2018a. Pipeline leak detection using the matched-field processing method [J]. Journal of Hydraulic Engineering – ASCE, 144 (6): 04018030.

WANG X, GHIDAOUI M S, 2018b. Identification of multiple leaks in pipeline: linearized model, maximum likelihood, and super-resolution localization [J]. Mechanical Systems and Signal Processing , 107: 529 – 548.

WANG X, LIN J, KERAMAT A, et al, 2019. Matched-field processing for leak localization in a viscoelastic pipe: an experimental study [J]. Mechanical Systems and Signal Processing, 124: 459 – 478.

WANG X, GHIDAOUI M S, LEE P J, 2020. Linear model and regularization for transient wave-based pipeline condition assessment [J]. Journal of Water Resources Planning and Management – ASCE, 146 (5), 04020028.

WYLIE E B, STREETER V L, SUO L, 1993. Fluid Transients in Systems [M]. Prentice Hall, Englewood Cliffs, NJ, USA.

XU X G，KARNEY B W，2017. An overview of transient fault detection techniques. In：Modeling and Monitoring of Pipelines and Networks [M]. Springer，Cham，Switzerland：13 – 37.

YUSOP H M，GHAZALI M，YUSOF M，et al，2017. Improvement of cepstrum analysis for the purpose to detect leak，feature and its location in water distribution system based on pressure transient analysis [J]. Journal of Mechanical Engineering 4（4），103 – 122.

ZHANG C，ZECCHIN A C，LAMBERT M F，et al，2018. Multi-stage parameter constraining inverse transient analysis for pipeline condition assessment [J]. Journal of Hydroinformatics，20（2）：281 – 300.

ZHAO M，GHIDAOUI M S，LOUATI M，et al，2018. Numerical study of the blockage length effect on the transient wave in pipe flows [J]. Journal of Hydraulic Research – IAHR，56（2）：245 – 255.

ZHOU F，HICKS F，STEFFLER P，2002. Transient flow in a rapidly filling horizontal pipe containing trapped air [J]. Journal of Hydraulic Engineering – ASCE，128（6）：625 – 634.

ZHOU L，LIU D，KARNEY B，et al，2011. Influence of entrapped air pockets on hydraulic transients in water pipelines [J]. Journal of Hydraulic Engineering – ASCE，137（12）：1686 – 1692.

ZHOU L，WANG H，KARNEY B，et al，2018. Dynamic behavior of entrapped air pocket in a water filling pipeline [J]. Journal of Hydraulic Engineering – ASCE，144（8）：04018045.

ZHU Y，DUAN H F，LI F，et al，2018. Experimental and numerical study on transient air-water mixing flows in viscoelastic pipes [J]. Journal of Hydraulic Research – IAHR，56（6）：877 – 887.

ZOUARI F，BLÅSTEN E，LOUATI M，et al，2019. Internal pipe area reconstruction as a tool for blockage detection [J]. Journal of Hydraulic Engineering – ASCE，145（6）：04019019.

ZOUARI F，LOUATI M，MENICONI S，et al，2020. Experimental verification of the accuracy and robustness of Area Reconstruction Method for Pressurized Water Pipe System [J]. Journal of Hydraulic Engineering – ASCE，146（3），04020004.

第 2 篇

供水管网瞬变流水力
模拟技术

本书第 1 篇内容阐述了供水管网瞬变流理论和应用的研究现状，在此基础上，本篇将具体介绍供水管网瞬变流水力模拟技术。首先，第 4 章介绍如何构建供水管网瞬变水力模型，包括复杂边界条件处理、瞬变流求解和模型校核等。其次，考虑到实际复杂管网进行瞬变流计算时面临过长的计算耗时问题，第 5 章提出了一种新型的基于拉格朗日法的瞬变流模型高效求解技术，以提升瞬变流计算的效率。最后，从供水管网模型简化的角度，第 6 章和第 7 章分别提出了面向瞬变流模拟的供水串联管道简化和节点水量优化分配技术，以降低复杂供水管网瞬变流模型的规模，从而提升其瞬变流模拟效率。

第 4 章

供水管网瞬变水力模型构建技术

构建高精度和高效的供水管网瞬变水力模型是实现瞬变流工程应用的基础。与简单输水管道系统相比，供水管网的瞬变流计算分析往往需要处理错综复杂的管网拓扑结构、种类繁多的系统构件以及复杂多变的水力状态等，导致供水管网瞬变水力模型的构建相对更为复杂。因此，在现有的瞬变流理论（第 2 章）研究基础上，本章将结合供水管网的复杂特征，对管网瞬变水力模型构建的各个环节进行研究和分析，包括复杂边界条件处理方法、瞬变流求解方法、模型校核方法等，形成供水管网瞬变水力建模的系统理论和方法，实现复杂供水管网系统的瞬变流计算分析。

4.1 复杂边界条件辨识分类

拓扑结构复杂的供水管网系统包含了各种各样的连接点、用水点、控制设备等，边界条件种类很多，而且不同的边界条件之间会形成复杂的连接关系。这就导致管网中存在了大量的边界条件组合模式，难于一般化处理，比如管道的串联连接、分叉连接、枝状连接等内边界条件，管道与水泵连接、管道与水池连接、管道与阀门连接等外边界条件，以及水泵与阀门连接、阀门与泄压阀连接、阀门与空气罐连接等组合式复杂边界条件。如何对这些复杂的边界条件进行简化分类和高效求解是供水管网瞬变水力计算需要解决的关键问题之一。

针对边界条件的简化分类问题，本节提出了一种有效的复杂边界条件辨识和分类方法，可以提取不同边界条件之间的相似性以简化边界条件类型，便于相应数值计算模型的建立以及程序编制的开发。与此方法所对应的各类边界条件模型求解方法将在 4.2 节中阐述，以解决管网中复杂边界条件的高效求解问题。

4.1.1 供水管网边界条件类型分析

在供水管网的数学模型中，通常将管网的拓扑结构解构为"节点"和"线段"两种基本元素。本书中瞬变水力模型也使用这种元素标识方法，即节点元素包括管道连接点、用水节点、水库、水池（塔）、消火栓、泄压阀、空气阀、空气罐等；线段元素包括管道、水泵、止回阀、控制阀、减压阀等。由此，供水管网中的边界条件类型可分为三类：

（1）单节点边界条件——节点只与管道连接，其求解只依赖自身的水力特性和连接管道的特征方程。

（2）两节点边界条件——由非管道外的线段元素和其两端连接节点组成，其求解需依赖自身的水力特性和两端连接节点的连接管道的特征方程。

另外，对于结构复杂的供水管网，不可避免地会出现多种类型边界条件连接的情况，如水泵和阀门连接、水泵和水池连接等。这种多种类型边界条件连接的组件中，每个边界元素不能单独求解，而需要将整个连接组件作为一个整体考虑，由此形成了第三种边界条件类型：

（3）组合式边界条件——由至少两种类型的边界条件连接而形成的组件，其求解需要依赖其中各边界条件的水力特性和组件中节点的连接管道的特征方程。

4.1.2　复杂边界条件辨识分类方法

通过上述分析，管网中的边界条件可以分为三种类型——单节点边界条件、两节点边界条件和组合式边界条件。在瞬变水力模型的建立过程中，为了对复杂的边界条件进行辨识和分类，定义了三个新的节点参数：

（1）节点等级（node degree，ND）——与节点相连的管道数目，即特征线法求解时需参与的特征线的数目。该参数将节点所代表的边界条件与特征线法的特征方程相关联，方便了求解模型的建立。

（2）节点复杂度（node complexity，NC）——节点所代表的外边界条件的数目，包括节点本身（管道连接点的初始复杂度为 0，其他节点类型的初始复杂度为 1）和与节点相连的除管道以外的其他线段元素的数目之和。如果 $NC=0$，节点是简单节点；如果 $NC=1$，节点是普通节点；否则，节点是复杂节点。

（3）节点相关数（linked node number，LNN）——节点所代表的外边界条件中相关节点的数目，即该边界条件求解需考虑的节点数目。当 $LNN=1$ 时，该节点为单节点边界条件；当 $LNN=2$ 时，该节点为两节点边界条件或包含 2 个节点的组合式边界条件的两端节点之一；当 $LNN\geqslant3$ 时，该节点为包含 3 个节点以上的组合式边界条件中的节点之一。

通过上述三个参数对节点进行标识，即可明确管网中复杂的边界条件的种类、数目以及各边界条件的具体特征。图 4.1.1 表示了管网中几种常见的边界条件辨识分类方法。由图 4.1.1 可知，该方法可以有效地提取不同边界条件之间的相似性（以 LNN 和 NC 表示）以对管网中边界条件进行自动辨识分类，为建立不同类型边界条件的通用求解模型奠定基础。同时，该方法还可以保留各边界条件的特征（以 ND 和 NC 表示），以在通用求解模型的基础上建立相关的边界条件模型。

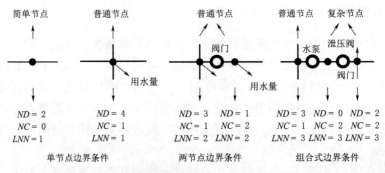

图 4.1.1　管网中几种常见的边界条件辨识分类示例

由此建立了供水管网中复杂边界条件的辨识分类方法，具体见表4.1.1。

表 4.1.1　　　　　　　　供水管网中复杂边界条件的辨识和分类方法

LNN	NC	边界类型	节点类型	边界元素种类
1	0	单节点边界条件	简单节点	管道连接点
	1		普通节点	用水节点、水池（塔）、空气阀、气压罐等
2	1	两节点边界条件	普通节点	水泵、控制阀、减压阀、止回阀等
$\geqslant 2$	$\geqslant 2$	组合式边界条件	复杂节点	水池＋水泵＋控制阀、控制阀＋用水节点等

4.2　瞬变水力模型求解方法

4.2.1　瞬变流基本理论

4.2.1.1　瞬变流基本方程

供水管网瞬变水力模型求解需要从压力管道瞬变流的基本方程出发，见式（4.2.1）和式（4.2.2）。此外，结合供水管网系统特征，压力管道瞬变流基本方程中需要考虑稳态摩阻、瞬变摩阻、管道黏弹性等因素的影响。由于本书已在第2章对这些瞬变流基础理论相关公式作了详细介绍，此处不再赘述。

运动方程：

$$\frac{\partial H}{\partial x} + \frac{1}{g}\frac{\partial U}{\partial t} + h_f = 0 \tag{4.2.1}$$

连续性方程：

$$\frac{\partial H}{\partial t} + \frac{a^2}{g}\frac{\partial U}{\partial x} + \frac{2a^2}{g}\frac{\partial \varepsilon_r}{\partial t} = 0 \tag{4.2.2}$$

式中：x 为沿管轴方向的距离向量，下游方向为正；t 为时间向量；H 为瞬变测压管水头，为时间和距离的函数 $H(x,t)$；U 为管道截面平均流速，为时间和距离的函数 $U(x,t)$；h_f 为管壁剪切应力产生的摩阻损失项，表示单位长度管长的水头损失；ε_r 为管壁的黏弹性延滞应变项，弹性管材该参数取值为 0；a 为瞬变压力波传播速度；g 为重力加速度。

上述瞬变流基本方程式（4.2.1）和式（4.2.2）均是在管流和管壁为弹性的假设条件下成立的，因此又称为弹性水锤理论。对于瞬变流，弹性水锤理论能够获得准确的结果。然而，有时候可以避开考虑流体和管壁的弹性以减少计算的复杂性并获得可以接受的近似结果，即所谓的刚性水锤理论。刚性水锤理论中，假定流体为不可压缩的"刚性柱体"，且不考虑管内水压引起的管壁变形。因此，水锤波速 $a \to \infty$，连续性方程可简化为 $\partial U / \partial t = 0$，表示瞬变流速 $U(x,t)$ 可简化为 $U(t)$。进一步，运动方程式（4.2.1）可表示为

$$\frac{L}{g}\frac{\mathrm{d}U}{\mathrm{d}t} + H_f - H_u + H_d = 0 \tag{4.2.3}$$

式中：L 为管道长度；H_f 为管道摩阻损失；H_u 为管道上游节点的瞬变水头；H_d 为管道下游节点的瞬变水头。

式（4.2.3）即为刚性水锤模型的基本方程。

4.2.1.2 稳态摩阻项

上述运动方程式（4.2.1）中摩阻损失项由稳态下摩阻项和瞬变摩阻附加项两部分组成，即

$$h_f = h_{fs} + h_{fu} \tag{4.2.4}$$

式中：h_{fs} 为稳态下的摩阻项；h_{fu} 为瞬变摩阻附加项。

稳态下的摩阻项 h_{fs} 的计算方法与稳态水力模型中相同，常用的有海曾-威廉公式和达西-韦伯公式。海曾-威廉公式是通过假定一个 C 值代替管道摩阻系数，而没有考虑管道流态对摩擦阻力的影响，因此公式计算较为容易但精度较低，适合用于管流状态稳定或变化较小的情况，如稳态水力计算。达西-韦伯公式中，阻力系数的取值一般由科尔布鲁克-怀特（Colebrook-White）公式计算得到。科尔布鲁克-怀特公式表达了管道阻力系数与管道相对粗糙度、流体雷诺数之间的关系，被很多学者认为是目前理论上最精确的管流水头损失计算方法（Simpson、Elhay，2011）。因此，对于瞬变过程中管道流速发生频繁变化的情况，达西-韦伯公式更为适用。

达西-韦伯公式：

$$h_{fs} = \frac{f}{2gD}U^2 \tag{4.2.5}$$

式中：f 为达西-韦伯摩阻系数。

科尔布鲁克-怀特公式：

$$\frac{1}{\sqrt{f}} = -2\log\left(\frac{K_w}{3.7D} + \frac{2.51}{Re\sqrt{f}}\right) \tag{4.2.6}$$

式中：K_w 为管壁粗糙高度；Re 为流体雷诺数（无量纲），$Re = UD/\nu$，其中 ν 为流体的运动黏度系数。

显然，科尔布鲁克-怀特公式是阻力系数的隐式形式，需要采取其他显式形式来近似求解。目前，文献（Swamee、Jain，1976；Winning、Coole，2013）中有多种方法可供参考，此处选用经典稳态水力计算软件 EPANET（Rossman，2000）的处理方法。

4.2.1.3 瞬变摩阻项

本书第 2 章中已经给出若干瞬变摩阻的计算方法，此处选用形式简单、易于编程的基于实质加速度的一维瞬变摩阻模型，即 Vitkovsky 单系数模型：

$$h_{fu} = \frac{k_3}{g}\left[\frac{\partial U}{\partial t} + \text{sign}(U)a\left|\frac{\partial U}{\partial x}\right|\right] \tag{4.2.7}$$

式中：k_3 为 Brunone 摩阻系数，实验测试的取值范围介于 0.03~0.10 之间；$\text{sign}(U)$ 为流速的符号函数，当流速为正时，其值为 1，否则，其值为 -1。

根据 Brunone 等（1991）的研究成果，系数 k_3 的取值可以通过经验主义的试错法得到，也可以利用 Vardy 提出的剪切应变衰减系数 C^* 计算得到，如下：

$$k_3 = \frac{\sqrt{C^*}}{2} \tag{4.2.8}$$

层流时，$C^* = 0.00476$；湍流时，$C^* = 7.41 / Re^{\log(14.3/Re^{0.05})}$。

4.2.1.4 管道黏弹性项

当管壁遇到瞬时应力时，黏弹性管材的应变反应不完全符合弹性形变特性，而是表现为瞬时弹性形变和黏弹性形变的结合。连续性方程式（4.2.2）中左侧第三项代表了管壁黏滞性所导致的延滞作用，管壁的弹性作用则包含在第一项（瞬时水头对时间的偏导数）和弹性水锤波中。本书第 2 章中已给出塑性管道的黏弹性模拟方法，并重点介绍了广义多参数开尔文-沃伊特（K-V）模型方法。此处选用 K-V 模型进行管道黏弹性模拟计算，见式（4.2.9）。具体推导过程详见第 2 章中式（2.3.1）～式（2.3.4）。

K-V 模型中第 k 组 K-V 元素的延滞应变 $\varepsilon_{rk}(x,t)$ 可通过以下近似方法估算：

$$\varepsilon_{rk}(x,t) = J_k F(x,t) - J_k e^{-\Delta t/\tau_k} F(x,t-\Delta t) + e^{-\Delta t/\tau_k} \varepsilon_{rk}(x,t-\Delta t) -$$

$$J_k \tau_k (1 - e^{-\Delta t/\tau_k}) \frac{F(x,t) - F(x,t-\Delta t)}{\Delta t} \tag{4.2.9}$$

则管壁延滞应力对时间的偏导：

$$\frac{\partial \varepsilon_{rk}(x,t)}{\partial t} = \frac{J_k}{\tau_k} F(x,t) - \frac{\varepsilon_{rk}(x,t)}{\tau_k} \tag{4.2.10}$$

$$F(x,t) = \frac{\psi D}{2e} \gamma [H(x,t) - H_0(x)] \tag{4.2.11}$$

由此，式（4.2.9）～式（4.2.11）形成了管壁延滞应力对时间偏导（$\partial \varepsilon_r / \partial t$）的递归求解方法。蠕变柔量 J_k 和延滞时间 τ_k 可以通过黏弹性管道的力学测试确定，或者作为不确定性参数在模型校核中率定。另外，参考已有的研究成果（Gally 等，1979；Covas 等，2004；Stephens 等，2011），推荐采用 1～3 组 K-V 元素串联的开尔文-沃伊特模型计算管道的黏弹性。

4.2.2 通用特征线法

瞬变流基本方程组为一阶拟线性双曲型偏微分方程组，对其进行直接求解很难实现。目前，已有很多种方法可以用于求解该方程组，其中应用最为广泛的是特征线法（MOC）。特征线法是将双曲型偏微分方程组沿其特征线转化为两组相容性常微分方程——特征方程，然后利用有限差分方法求解常微分方程组。相较于其他求解方法，特征线法具有理论简单、计算精度高、易于编程等优势，尤其适用于处理边界条件复杂的系统。因此，此处选择特征线法作为供水管网瞬变水力模型求解的基本方法。

瞬变流基本方程式（4.2.1）和式（4.2.2）可以沿其特征线（$\mathrm{d}x/\mathrm{d}t = \pm a$）转化为相容性常微分方程：

$$\frac{\mathrm{d}H}{\mathrm{d}t} \pm \frac{a}{gA} \frac{\mathrm{d}Q}{\mathrm{d}t} \pm a h_f + \frac{2a^2}{g} \left(\frac{\partial \varepsilon_r}{\partial t} \right) = 0 \tag{4.2.12}$$

式中：$\pm$ 分别对应特征线 $\mathrm{d}x/\mathrm{d}t = \pm a$。其中，用流量 Q 替代流速 U。

特征线法中，对式（4.2.12）的求解采用有限差分法。首先，将特征线在 $x-t$ 平面

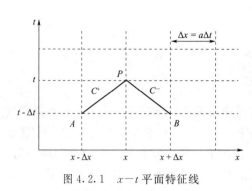

图 4.2.1 $x-t$ 平面特征线

上展开，如图 4.2.1 所示。图 4.2.1 中，正特征线 $C+$ 对应 $dx/dt=+a$，负特征线 $C-$ 对应 $dx/dt=-a$；Δt 和 Δx 分别表示计算的时间和空间间隔，且满足 $\Delta x = a\Delta t$。正负特征线将时间和空间变量划分为整齐的计算网格，网格点 P 在 t 时刻的未知水头和流量可由上一时刻的相邻网格点 A 和 B 处的已知水头和流量得到（此处以常见的矩形网格为例进行说明）。由此，分别沿正负特征线对相容方程式（4.2.12）进行有限差分，得

$$(H_{x,t} - H_{x\mp\Delta x,t-\Delta t}) \pm \frac{a}{gA}(Q_{x,t} - Q_{x\mp\Delta x,t-\Delta t}) \pm a\Delta th_f + \frac{2a^2\Delta t}{g}\left(\frac{\partial \varepsilon_r}{\partial t}\right) = 0 \quad (4.2.13)$$

式中：$\mp$ 分别对应于特征线 $C\pm$。摩阻损失项由稳态摩阻和瞬变摩阻两部分组成，即 $h_f = h_{fs} + h_{fu}$。对于相容性方程组中的稳态摩阻项：

$$C+: \quad a\Delta th_{fs} = RQ_{AP}|Q_{AP}|$$
$$C-: \quad a\Delta th_{fs} = RQ_{BP}|Q_{BP}| \quad (4.2.14)$$

式中：$R = f\Delta x/(2gDA^2)$；Q_{AP} 和 Q_{BP} 分别为在 Δt 时间内沿特征线 $C\pm$ 流动的平均流量，其取值方式有多种。此处介绍工程应用中常用的两种。

（1）一阶近似，取计算点前一时刻，相邻位置的流量为计算流量，即

$$a\Delta th_{fs} = R_{x\mp\Delta x,t-\Delta t}Q_{x\mp\Delta x,t-\Delta t}|Q_{x\mp\Delta x,t-\Delta t}| \quad (4.2.15)$$

（2）二阶近似，同时取计算点当前时刻流量和前一时刻，相邻位置的流量为计算流量，即

$$a\Delta th_{fs} = \frac{1}{2}R_{x,t}Q_{x,t}|Q_{x,t}| + \frac{1}{2}R_{x\mp\Delta x,t-\Delta t}Q_{x\mp\Delta x,t-\Delta t}|Q_{x\mp\Delta x,t-\Delta t}| \quad (4.2.16)$$

对于瞬变摩阻项，式（4.2.7）中的时变加速度 $\partial Q/\partial t$ 和位变加速度 $\partial Q/\partial x$ 可采用如下的差分格式。

时变加速度：

$$\left.\frac{\partial Q}{\partial t}\right|_{C\pm} = \theta\frac{Q_{x,t} - Q_{x,t-\Delta t}}{\Delta t} + (1-\theta)\frac{Q_{x\mp\Delta x,t-\Delta t} - Q_{x\mp\Delta x,t-2\Delta t}}{\Delta t} \quad (4.2.17)$$

位变加速度：

$$\left.\frac{\partial Q}{\partial x}\right|_{C\pm} = \frac{Q_{x,t-\Delta t} - Q_{x\mp\Delta x,t-\Delta t}}{\Delta x} \quad (4.2.18)$$

式中：θ 为松弛系数，取值为 0～1。当 $\theta = 0$ 时，时变加速度与当前时刻无关，结果可能不可靠；当 $\theta > 0$ 时，时变加速度与当前时刻有关，计算结果可靠。为了保证结果可靠性和计算效率，此处取 $\theta = 1$。

由此，对于相容性方程组中的瞬变摩阻项，代入式（4.2.7）后整理可得

$$a\Delta th_{fu} = Bk_3\theta Q_{x,t} + Bk_3[-\theta Q_{x,t-\Delta t} + (1-\theta)(Q_{x\mp\Delta x,t-\Delta t} - Q_{x\mp\Delta x,t-2\Delta t}) +$$
$$SGN(Q_{x\mp\Delta x,t-\Delta t})|Q_{x,t-\Delta t} - Q_{x\mp\Delta x,t-\Delta t}|] \quad (4.2.19)$$

式中：$B = a/(gA)$。

另外，对于相容性方程组中的管道黏弹性项，代入式（4.2.10）后整理可得

$$\frac{2a^2 \Delta t}{g}\left(\frac{\partial \varepsilon_r(x,t)}{\partial t}\right) = \frac{2a^2 C}{g}\Big[\sum_{k=1}^{N} J_k(1-e^{-\Delta t/\tau_k})\Big]H_{x,t} +$$

$$\frac{2a^2 \Delta t}{g}\sum_{k=1}^{N}\Big[\frac{J_k C}{\tau_k}e^{-\frac{\Delta t}{\tau_k}}(H_{x,t-\Delta t} - H_{x,0}) -$$

$$\frac{J_k C}{\Delta t}(1-e^{-\Delta t/\tau_k})H_{x,t-\Delta t} - \frac{e^{-\Delta t/\tau_k}}{\tau_k}\varepsilon_{rk}(x,t-\Delta t)\Big] \qquad (4.2.20)$$

式中：$C = \varphi D\gamma/(2e)$。

综上，将式（4.2.16）、式（4.2.19）和式（4.2.20）代入相容性方程式（4.2.13）中，经整理后可得特征线法的一般形式：

$$\left.\begin{array}{ll} C+: & H_{x,t} = C_P - B_P Q_{x,t} \\ C-: & H_{x,t} = C_M + B_M Q_{x,t} \end{array}\right\} \qquad (4.2.21)$$

系数 C_P、C_M、B_P、B_M 分别定义为：

$$C_P = \frac{H_{x-\Delta x,t-\Delta t} + BQ_{x-\Delta x,t-\Delta t} - C_P' - C_P'' - C_P'''}{1 + B_P''} \qquad (4.2.22)$$

$$C_M = \frac{H_{x+\Delta x,t-\Delta t} - BQ_{x+\Delta x,t-\Delta t} + C_M' + C_M'' - C_M'''}{1 + B_M''} \qquad (4.2.23)$$

$$B_P = \frac{B + B_P' + B_P''}{1 + B_P''} \qquad (4.2.24)$$

$$B_M = \frac{B + B_M' + B_M''}{1 + B_M''} \qquad (4.2.25)$$

式中：系数上标"'""''"和"'''"分别对应于稳态摩阻项、瞬变摩阻项和管道黏弹性项的系数，这些系数的具体定义见表 4.2.1。

由此，可求解任意网格点 P 在 t 时刻的未知水头和流量为

$$\left.\begin{array}{l} Q_{x,t} = \dfrac{C_P - C_M}{B_P + B_M} \\[2mm] H_{x,t} = \dfrac{B_M C_P + B_P C_M}{B_P + B_M} \end{array}\right\} \qquad (4.2.26)$$

式（4.2.21）～式（4.2.26）便是常用特征线法的通用形式，适合编写计算程序，各系数定义见表4.2.1。在瞬变水力模型的求解中将反复多次应用这些公式进行计算。注意，上述特征线法的通用形式只适用于管道的内部分节点。对于管道两端节点（即边界条件）处，需要补充相应的边界条件方程与相容性方程联立求解。供水管网的复杂边界条件求解方法在4.2.4节详细介绍。

表 4.2.1   **特征线法中各系数的定义**

类型	求解方法	各系数求解公式	
稳态摩阻项	无摩阻损失	$C_P' = B_P' = 0$	$C_M' = B_M' = 0$
	一阶近似	$C_P' = R_{x-\Delta x,t-\Delta t}Q_{x-\Delta x,t-\Delta t}\|Q_{x-\Delta x,t-\Delta t}\|$	$C_M' = R_{x+\Delta x,t-\Delta t}Q_{x+\Delta x,t-\Delta t}\|Q_{x+\Delta x,t-\Delta t}\|$
		$B_P' = 0$	$B_M' = 0$
	二阶近似	$C_P' = 0$	$C_M' = 0$
		$B_P' = R\|Q_{x-\Delta x,t-\Delta t}\|$	$B_M' = R\|Q_{x+\Delta x,t-\Delta t}\|$

类型	求解方法	各系数求解公式	
瞬变摩阻项	不考虑瞬变摩阻	$C_P'' = B_P'' = 0$	$C_M'' = B_M'' = 0$
	Vitkovsky 模型	$C_P'' = Bk_3\big[-\theta Q_{x,t-\Delta t} + (1-\theta)(Q_{x-\Delta x,t-\Delta t} - Q_{x-\Delta x,t-2\Delta t}) +$ $SGN(Q_{x-\Delta x,t-\Delta t})\,\lvert Q_{x,t-\Delta t} - Q_{x-\Delta x,t-\Delta t}\rvert\big]$ $C_M'' = Bk_3\big[-\theta Q_{x,t-\Delta t} + (1-\theta)(Q_{x+\Delta x,t-\Delta t} - Q_{x+\Delta x,t-2\Delta t}) +$ $SGN(Q_{x+\Delta x,t-\Delta t})\,\lvert Q_{x,t-\Delta t} - Q_{x+\Delta x,t-\Delta t}\rvert\big]$ $B_P'' = B_M'' = Bk_3\theta$	
管道黏弹性项	不考虑管道黏弹性	$C_P'' = B_P'' = 0$	$C_M'' = B_M'' = 0$
	开尔文-沃伊特模型	$C_P'' = C_M'' = \dfrac{2a^2\Delta t}{g}\sum_{k=1}^{N}\Big[\dfrac{J_k C}{\tau_k}e^{-\frac{\Delta t}{\tau_k}}(H_{x,t-\Delta t} - H_{x,0}) -$ $\dfrac{J_k C}{\Delta t}(1-e^{-\Delta t/\tau_k})H_{x,t-\Delta t} - \dfrac{e^{-\Delta t/\tau_k}}{\tau_k}\varepsilon_{rk}(x,t-\Delta t)\Big]$ $B_P'' = B_M'' = \dfrac{2a^2 C}{g}\Big[\sum_{k=1}^{N}J_k(1-e^{-\Delta t/\tau_k})\Big]$	

注　表中 $B = a/(gA)$，$R = f\Delta x/(2gDA^2)$，$C = \psi D\gamma/(2e)$。

4.2.3　水柱分离计算

如果瞬变过程中发生了水柱分离以及水柱弥合现象，常规的特征线法已不能满足计算需求。此时，需要采用水柱分离模型进行计算。已经发展起来的水柱分离模型主要有三种 (Bergant, 2006)：①离散蒸汽腔模型（discrete vapor cavity model，DVCM）；②离散空气腔模型（discrete gas cavity model，DGCM）；③广义界面蒸汽腔模型（generalized interface vapor cavity model，GIVCM）。其中，离散蒸汽腔模型的理论最为简单且能模拟出水柱分离过程中的重要特征，因而在商用软件中广泛应用。但是，该模型的主要缺陷是计算结果中有时会出现异常的数值"振荡"问题。离散空气腔模型在这方面表现更好且模拟结果更加接近实测结果，因此推荐在结果要求更为精确的情境下使用。广义界面蒸汽腔模型能够得到可靠的结果，但是目前对于模型应用还过于复杂。现结合通用特征线法，对离散蒸汽腔模型进行详细介绍。

离散蒸汽腔模型的基本假设是：当任意计算截面（网格点）的瞬变压力低于汽化压力时，该计算截面处的水体汽化形成蒸汽空腔；蒸汽空腔只在计算截面处生成和溃灭，不同计算截面之间依然充满流体，波速不变。该模型的示意如图 4.2.2 所示。蒸汽腔处的瞬变压力等于汽化压力（H_v），即

$$H_{x,t} = H_v \tag{4.2.27}$$

由此，流入和流出蒸汽腔（即计算截面处）的流量（$Q_{x,t}^{in}$ 和 $Q_{x,t}^{out}$）可以通过特征线法中的相容性方程计算：

$$\left.\begin{array}{l}Q_{x,t}^{in} = (C_P - H_v)/B_P \\ Q_{x,t}^{out} = (C_M - H_v)/B_M\end{array}\right\} \tag{4.2.28}$$

则计算截面处在当前时刻的蒸汽腔体积可由下式计算得到：

$$\forall_{x,t} = \forall_{x,t-\Delta t} + \big[\varphi(Q_{x,t}^{out} - Q_{x,t}^{in}) + (1-\varphi)(Q_{x,t-\Delta t}^{out} - Q_{x,t-\Delta t}^{in})\big]\Delta t \tag{4.2.29}$$

式中：∀ 为蒸汽腔体积。φ 为权重系数，取值范围 0～1，用于控制数值计算过程中可能出现的数值振荡。当 $0<\varphi<0.5$ 时，结果不稳定；当 $\varphi=0.5$ 时，有可能会出现数值振荡，尤其当升压波作用于微小空腔时；当 φ 接近于 1 时，数值振荡现象减小，但会产生更多的余波引起异常的能量耗散。在实际应用中，推荐采用 $\varphi=0.5$。

如果计算截面处在当前时刻的蒸汽腔体积等于或小于 0，则瞬变流计算恢复至常规的特征线法计算进程。

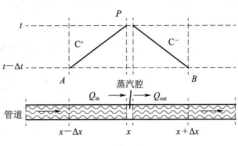

图 4.2.2　离散蒸汽腔模型示意图

4.2.4　边界条件通用求解方法

根据 4.1 节所建立的复杂边界条件辨识分类方法，供水管网中的边界条件可一般化分为三类：单节点边界条件、两节点边界条件和组合式边界条件。这三类边界条件的典型结构如图 4.2.3 所示。结合通用特征线法的求解形式，下面分别对这三类边界条件类型的通用求解模型进行推导。

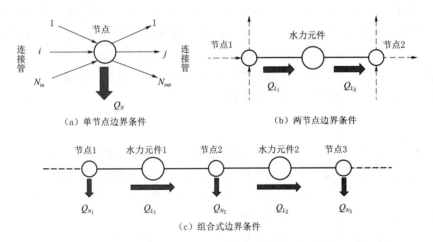

（a）单节点边界条件　　　　　　　（b）两节点边界条件

（c）组合式边界条件

图 4.2.3　供水管网中三类边界条件的典型结构

4.2.4.1　单节点边界条件

供水管网中的单节点边界条件可以用单一的节点元素表示，其类型包括简单节点和普通节点（表 4.1.1）。在管网模型中，单节点边界条件可以一般化表示为多根管道与节点相连的结构，如图 4.2.3（a）所示。其中，编号 $i=1,\cdots,N_{in}$ 表示流量方向为流入节点的连接管道（即节点为连接管道的终止节点），编号 $j=1,\cdots,N_{out}$ 表示流量方向为流出节点的连接管道（即节点为连接管道的起始节点），节点的连接管道总数（即节点等级）为 $ND=N_{in}+N_{out}$；Q_N 代表节点的外部流量，在不同的节点元素类型中表示不同的特征变量，比如节点的用水量、水库或水池的进/出水量等。由此，对于具有任意连接管道数的单节点边界条件的通用求解模型可推导如下。

在特征线法中，流入节点的连接管和流出节点的连接管与节点相连的管节，分别对应与 $C+$ 和 $C-$ 特征线，可分别应用特征方程式（4.2.21）进行计算，即

$$\begin{cases} H_t = C_{Pi} - B_{Pi}Q_{i,t}, & i \in N_{in} \\ H_t = C_{Mj} + B_{Mj}Q_{j,t}, & j \in N_{out} \end{cases} \tag{4.2.30}$$

式中：H_t 为节点在 t 时刻的瞬时水头；$Q_{i,t}$ 和 $Q_{j,t}$ 分别为管道 i 和 j 与节点相连管节在 t 时刻的瞬时边界流量；B_{Pi}、C_{Pi} 和 B_{Mj}、C_{Mj} 分别为相关系数项。

考虑节点处的流量连续性，即节点处的流入流量等于流出流量，则

$$\sum_{i=1}^{N_{in}} Q_{i,t} - \sum_{j=1}^{N_{out}} Q_{j,t} - Q_N = 0 \tag{4.2.31}$$

将特征方程组（4.2.30）代入式（4.2.31）中，整理可得

$$H_t = C_N - B_N Q_N \tag{4.2.32}$$

式中：$\dfrac{1}{B_N} = \sum\limits_{i=1}^{N_{in}} \dfrac{1}{B_{Pi}} + \sum\limits_{j=1}^{N_{out}} \dfrac{1}{B_{Mj}}$；$C_N = B_N \left(\sum\limits_{i=1}^{N_{in}} \dfrac{C_{Pi}}{B_{Pi}} + \sum\limits_{j=1}^{N_{out}} \dfrac{C_{Mj}}{B_{Mj}} \right)$。

式（4.2.32）即是单节点边界条件的通用求解模型。该方程式的形式与特征方程类似，表达了节点处瞬时压力与瞬时外部流量的函数关系。显然，对于简单节点（$NC=0$），$Q_N = 0$，式（4.2.32）变为特征线法的一般形式。对于任何一个特定的普通单节点边界条件（$NC=1$），将其对应的压力与流量的函数关系等式代入式（4.2.32）中即可求解，如用水节点的压力相关水量、水库节点的固定水位等。另外，从式（4.2.32）中可以看出，该通用求解模型适用于具有任意连接管道数目的节点。这极大地减少了边界条件的种类和数目，简化了模型处理和编程开发工作。

4.2.4.2 两节点边界条件

供水管网中的两节点边界条件是由一个线段元素和其两端的节点元素组成。因此，在管网模型中，两节点边界条件可以一般化表示为两个简单单节点边界条件通过一个线段型水力元件相连，如图 4.2.3（b）所示。其中，两端节点作为单节点边界条件，其外部流量为通过水力元件的流量，分别为 Q_{L_1} 和 Q_{L_2}。

根据单节点边界条件的通用求解模型，即式（4.2.21），两节点边界条件的两端节点的求解模型可分别表示为

上游节点：

$$H_{1,t} = C_{N_1} - B_{N_1} Q_{L_1} \tag{4.2.33}$$

下游节点：

$$H_{2,t} = C_{N_2} + B_{N_2} Q_{L_2} \tag{4.2.34}$$

对于两节点边界条件，一般假设上下游节点之间的流量不可压缩，因此通过水力元件的流量相等，即 $Q_L = Q_{L_1} = Q_{L_2}$。联立方程式（4.2.33）和式（4.2.34），可得

$$H_{1,t} - H_{2,t} = C_L - B_L Q_L \tag{4.2.35}$$

式中：$C_L = C_{N_1} - C_{N_2}$；$B_L = B_{N_1} + B_{N_2}$。

式（4.2.35）即是两节点边界条件的通用求解模型，表达了边界条件中两端节点的瞬时水头差异与通过该边界条件的流量的函数关系。此时，只需代入与边界条件中的水力元

件对应的压差与流量的函数关系式即可求解，如控制阀门的阻力损失方程、水泵的流量扬程曲线等。

4.2.4.3 组合式边界条件

供水管网中的组合式边界条件一般是由至少两个单节点或两节点边界条件连接形成，这在管网模型中亦可一般化表示为多个边界条件相连，如图 4.2.3（c）所示（以三个单节点边界条件通过两个两节点边界条件连接为例说明）。其中，该组合式边界条件的节点相关数 $LNN=3$，那么根据单节点边界条件的通用求解模型，即式（4.2.32），该组合式边界条件的求解模型可表示为

$$
\left.
\begin{aligned}
H_{1,t} &= C_{N_1} - B_{N_1}(Q_{N_1} + Q_{L_1}) \\
H_{2,t} &= C_{N_2} - B_{N_2}(Q_{N_2} - Q_{L_1} + Q_{L_2}) \\
H_{3,t} &= C_{N_3} - B_{N_3}(Q_{N_3} - Q_{L_2})
\end{aligned}
\right\}
\tag{4.2.36}
$$

式中：Q_N 和 Q_L 分别为组合式边界条件中单节点和两节点边界条件的外部流量。

注意，每个节点的外部流量不再是单一变量，而是根据外边界条件数目（NC）分为多个外部流量，分别对应于各外边界条件。式（4.2.36）即是该组合式边界条件的通用求解模型，共有 8 个未知变量需要求解。在该方程组的基础上，补充 3 个单节点边界条件的相关边界方程和 2 个两节点边界条件的相关边界方程形成方程组，从而可求解这 8 个未知变量。注意，若节点为普通节点（$NC=1$），可相应地减去未知变量（Q_N）和该节点的相关边界条件方程，联立方程组依然可解。同理，式（4.2.36）可扩展至具有任意节点相关数的组合式边界条件，然后建立相应的边界条件方程组进行求解。组合式边界条件的求解方程组多为多元非线性方程组，可采用 Newton-Raphson 方法进行迭代求解。

4.3 瞬变水力模型计算流程

结合本章上述内容，复杂供水管网瞬变水力模型建立的主要步骤（图 4.3.1）如下：

（1）初始化瞬变水力模型，包括构建稳态水力模型、确定管道波速、输入瞬变流事件参数等。

（2）对管网模型中的复杂边界条件进行辨识分类。

（3）确定计算时间步长 Δt，并据此对各计算管道进行分段。

（4）瞬变流计算初始时刻（$t=0$），初始化所有管段内节点和边界条件的流量 $Q(t)$ 和压力 $H(t)$。

（5）进行当前计算时刻 $t=t+\Delta t$ 的瞬变流计算。首先，将上一时刻的流量 $Q(t-\Delta t)$ 和压力 $H(t-\Delta t)$ 作为当前时刻计算的初始条件，并更新相关的参数项，比如管段内节点的 B_P、B_M、C_P、C_M 和单节点边界条件的 B_N、C_N。然后，进行当前时刻的计算，分为：①计算各管段内节点的流量 $Q(t)$ 和压力 $H(t)$；②计算各边界条件的流量 $Q(t)$ 和压力 $H(t)$；③如果产生了水柱分离现象，则按照水柱分离模型计算流入和流出计算截面的流量 $Q_{in}(t)/Q_{out}(t)$、压力 $H(t)$ 和蒸汽腔体积 $\forall(t)$。

（6）计算时刻不断向前推进，重复执行步骤（5），直至达到最大计算时间 t_{max}。

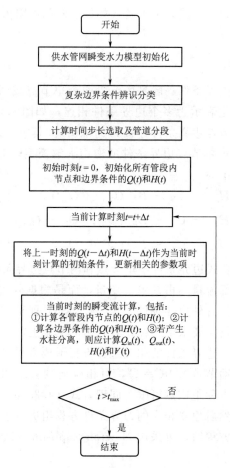

图 4.3.1　复杂供水管网瞬变水力计算流程图

4.4　瞬变水力模型校核方法

4.4.1　模型校核应考虑的问题分析

　　模型校核的过程是调整模型输入参数直至模拟结果接近于真实观测数值的过程。管网模型校核的一般步骤是：①明确模型的预期用途；②确定模型参数的初始估计值；③收集校核数据；④评估模型输出结果；⑤进行宏观层次的校核；⑥进行参数灵敏度分析；⑦进行微观层次的校核。这些步骤已经普遍应用于管网稳态水力模型的校核。然而，对于管网瞬变水力模型，由于其模型理论明显不同于稳态水力模型，这些校核步骤的各个环节不能完全照搬稳态水力模型校核的理论和方法。综合国内外相关研究并参考稳态水力模型校核，瞬变水力模型的校核应考虑如下几个问题：

　　（1）瞬变水力模型校核的必要性，或者准确校核的必要性。这涉及瞬变水力模型的预期用途。在瞬变流的应用领域中，瞬变水力计算多用于系统的安全运行分析和防护设计。这种模型用途中，一般考虑最不利参数选取情况下的极限瞬变流状态（即保守模型分析），不宜或无法进行现场测试。因此，当瞬变水力模型用于系统的安全运行分析和防护设计时，并不要求必须进行模型校核，或准确的模型校核。但要注意的是，即使是保守的参数选取也应尽可能接近真实数值，否则会带来不切实际的计算结果。另外，随着瞬变流反问题的兴起，瞬变水力模型的应用得到了很大的扩展，包括阀门程控、管道漏失/阻塞检测、构件状态识别等（伍悦滨，2004）。这些模型应用中，一般需要对模型输入-输出响应信号进行分析，因此需要进行准确的模型校核。

（2）瞬变现场测试的实施方法，包括监测点的布置位置和数量、数据采样频率、测试瞬变流事件的触发方式和强度等。陈凌（2007）结合稳态水力模型的监测点布置原则和瞬变流事件特点提出了瞬变水力模型的监测点布置方式和原则，可供参考。对于瞬变数据的采样频率，应确保用于校核的数据至少达到毫秒级的精度，以保证得到准确的波形数据，尤其是波峰/谷、波长等信息。在管网中人为触发瞬变流事件要注意系统运行安全，在监测点能够得到明显、清晰的校核数据的情况下，尽量不影响正常供水并确保不会发生安全事故。瞬变现场测试的具体实施方法仍需结合现场条件、模拟分析和实践经验等做进一步的研究。

（3）管网模型构件变化对瞬变水力计算结果的影响，主要是管网简化所导致的拓扑结构变化、节点水量分配以及支线管道删除等。这涉及管网模型在宏观层次的校核精度。适用于稳态水力模型的管网简化操作不会对稳态水力计算有明显影响，但是瞬变水力计算结果可能会出现较大差异。这个问题已经得到国际上很多学者的重视，本书也在后续第 6 章和第 7 章对瞬变管网模型简化问题做单独研究。

（4）瞬变水力模型参数的复杂性和不确定性。稳态水力模型的校核参数一般是管道阻力系数和节点水量，而瞬变水力模型中不确定的参数有很多，包括管径、波速、含气量、阻力系数、瞬变摩阻系数、黏弹性参数等，有些参数之间相互影响，关系比较复杂。瞬变水力模型参数的复杂性和不确定性在 4.4.2 节作详细说明。

（5）瞬变水力模型校核的方法和步骤。由于瞬变水力模型参数的种类和数量众多，各参数的灵敏度不同，如果盲目采用优化方法进行参数校核，可能得到错误的校核结果。同时，瞬变水力模型校核是在稳态水力模型校核的基础上进行的，必须综合考虑稳态水力模型校核的影响。关于瞬变水力模型校核的方法和步骤在 4.4.3 节作详细说明。

4.4.2 模型参数的复杂性和不确定性分析

特征线法求解管网瞬变水力模型的过程涉及众多模型参数的取值，比如节点水量、管道属性（管径、管材、壁厚、轴向约束等）、波速、气体含量、稳态摩阻、瞬变摩阻、边界条件特性等。在真实管网中，这些参数多数存在着时间上或空间上的不确定性，无法准确确定。另外，由于真实系统的复杂性，瞬变水力模型不可能完全模拟真实系统的物理特征，比如传统瞬变流理论中管壁的弹性形变假设用于黏弹性管材的模拟就会产生较大的误差。因此，从参数的不确定性上来说，准确的瞬变水力建模比稳态建模更加困难。

瞬变水力模型校核是在稳态水力模型校核的基础上进行的，因此稳态水力模型校核后的参数一般是作为瞬变水力模型的确定性参数，比如管径、节点水量和稳态摩阻。然而，这种处理方式对于瞬变水力模型可能存在着较大的误差。在稳态水力模型中，一般使用公称直径来表示管道的管径而不考虑管道的真实内径。然而，由于管壁的腐蚀、沉积等现象，管道真实内径通常会随着使用年限而逐渐减小。减小的管道直径会极大地影响管道的水力性能。比如，10％的管道内径缩小会增加接近 40％的水头损失（Walski，2001）。稳态水力模型校核中，通常会通过调整阻力系数来表征这种变化，而不是同时调整阻力系数和管道直径。这种校核方式可以简化校核过程并在一定程度上满足稳态计算精度要求，但是不能代表系统的真实物理特征。由于管道真实内径与系统动态流速和波速计算均紧密相关，稳态摩阻也与瞬变流计算过程相关，如果这两种参数在稳态水力模型校核中与真实数值相差较大，必然会影响瞬变水力模型校核效果。同样，对于节点水量来说，稳态水力模型校核中如果未对节点水量进行校核或校核值与真实数值相差较大，其作为确定性参数也必然会影响瞬变水力模型的校核效果。严重情况下，稳态水力模型校核的不合理参数甚至可能导致瞬变水力模型校核失效。

除了稳态水力模型校核参数对瞬变水力模型校核的复杂性影响，瞬变水力模型校核的不同参数也存在着复杂性和不确定性。管道波速是瞬变流计算中重要的参数之一，也是瞬变水力模型不确定性的主要来源之一。由于波速计算与流体特性（流体的体积弹性模量和质量密度）和管道属性（管径、壁厚、管材、外部约束等）有关，而这些相关参数中的很多存在着不确定性，因此对波速的准确估计一直以来是一个重大的挑战。瞬变水力模型中的一些边界条件也存在着不确定性，比如模型中控制阀门的工作曲线、水泵的全特性曲线等可能与真实系统存在差异，导致出现计算误差。很多情况下，这些边界条件的真实特性又无法获知，因此这种边界条件的不确定性无法有效控制和消减。另外，瞬变流计算中瞬变摩阻项中的摩阻系数和管道黏弹性项中的蠕变柔量和延滞时间也存在着不确定性，参数的准确取值需要在瞬变水力模型中进行率定。瞬变流过程中，虽然管壁摩阻和管材的黏弹性作用机制完全不同，但均是压力波衰减的原因；尤其是对于黏弹性管道，这两种作用相互叠加，共同作用，两类参数之间的复杂关系难以区分和量化。

综上，管网瞬变水力模型的校核过程需要面临稳态水力模型校核参数的可能影响、瞬变水力模型校核参数（波速、边界条件特性、瞬变摩阻系数、黏弹性参数等）的不确定性以及不同参数之间可能的相关关系所导致的复杂性。因此，管网瞬变水力模型校核是一个非常复杂的问题，也是目前管网瞬变流领域尚需解决的挑战之一。

4.4.3　模型校核的方法和步骤

对瞬变水力模型进行校核的初始驱动力来自瞬变流反问题研究的兴起。20 世纪 90 年代开始，该领域内提出了一种对未知参数进行估计的校核方法——逆瞬变分析法（inverse transient analysis，ITA），用于瞬变流反问题分析（James 等，1994；Nash 等，1999；VÍTKOVSKÝ 等，2000）。瞬变水力模型校核也是一种反问题确定未知变量（模型参数）的过程，可以采用逆瞬变分析法进行校核。很多的优化方法可以用于逆瞬变分析法进行参数校核，比如已经在文献中使用的梯度方法（levenberg-marquardt，LM）（Lansey 等，1991；Pudar 等，1992）、遗传算法（genetic algorithm，GA）（Jung 等，2008）、粒子群算法（particle swarm optimization，PSA）（Jung 等，2008）、shuffled complex evolution algorithm-university of arizona（SCE-UA）（Stephens，2008）等。

由 4.4.2 节的分析可知，管网瞬变水力模型参数的种类和数量众多，且模型参数存在着复杂性和不确定性。同时考虑到管网模型中的构件数量和种类，用于模型校核的未知变量的数目可能非常巨大，包括每根管道的波速、瞬变摩阻系数、黏弹性管材的黏弹性参数，一些边界条件的特征参数（如动作阀门的操作类型、时间和阀门工作曲线）。如果盲目采用优化方法进行参数校核，可能得不到令人满意的校核结果。由此，综合国内外的相关研究成果，本书提出了一种分步校核的方法，主要考虑了以下三个方面的因素：

（1）模型参数的灵敏度差异。瞬变水力模型的输出是模型参数叠加作用的结果，模型结果对各参数的灵敏度不同。如果同时校核所有的参数，校核结果倾向于快速收敛于高灵敏度的参数，然后才是其他参数。对于校核参数种类和数量众多的瞬变水力模型，这样可能会得到最小目标函数值下的优化参数，而并非是真实的参数情况。分步校核方法通过将不同类型参数的校核过程分离以减少不同参数之间的相互影响，以此提高瞬变水力模型校核的准确性。

（2）各参数对瞬变流过程的作用机制不同。瞬变流过程中，瞬变压力的波动是多参数叠加作用的结果。从瞬变压力波动变化的不同时期来看，不同参数的作用机制明显不同。瞬变压力波动的初期（即第一个或前几个波形），瞬时峰值和波形主要由波速和边界条件决定，而受管道摩阻和黏弹性作用的影响较小；而随着时间的增长，后续的瞬变压力波动在管道摩阻和黏弹性作用下逐渐衰减直至达到稳态。这种不同参数对瞬变流过程的作用机制说明：在瞬变水力模型校核中，可以优先校核瞬变压力波动初期的波速和边界条件的特征参数，然后再校核整个瞬变流过程的管道瞬变摩阻系数和黏弹性管材的黏弹性参数。

（3）稳态水力模型校核可能引入的误差。上述已经提及，稳态水力模型校核的不合理参数可能导致瞬变水力模型校核存在较大误差。在瞬变水力模型的校核中，如果无法得到合理的校核结果，则说明稳态水力模型校核结果可能存在误差，需要重新调整后再次进行瞬变水力模型校核，直至稳态水力模型和瞬变水力模型的校核结果均满足要求。

结合上述三方面的考虑因素，该分步校核方法的步骤如图 4.4.1 所示。需要说明的是，

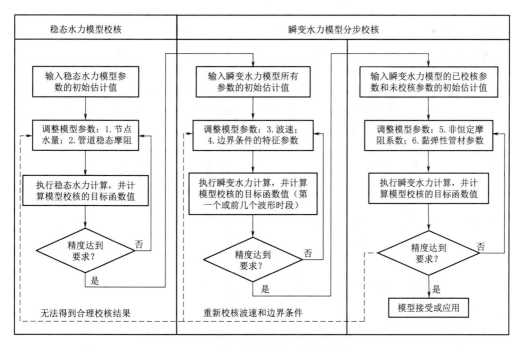

图 4.4.1 瞬变水力模型的分步校核方法

目前该分步校核的方法和步骤仅是从理论分析的角度提出，其具体实施方法还需结合现场试验进行拓展和完善。

4.5 小结

本章通过将瞬变流理论与供水管网的复杂特征相结合，形成了供水管网瞬变水力模型建立的系统理论和方法。主要研究内容和成果如下：

（1）对供水管网进行瞬变流计算分析所需的各个环节进行了深入研究和分析，形成了瞬变水力模型建立的基本流程，用于指导实际供水管网中瞬变流的计算分析。

（2）建立了供水管网复杂边界条件处理方法，包括边界条件的辨识分类和各类边界条件通用求解方法。通过定义三个新的节点参数——节点等级（ND）、节点复杂度（NC）和节点相关数（LNN），实现了复杂边界条件的自动辨识分类；进一步结合通用特征线法的求解形式，建立了三种边界条件类型（单节点边界条件、两节点边界条件和组合式边界条件）的通用求解方法。这种边界条件处理方法简化了模型处理和编程开发工作。

（3）研究和探讨了管网瞬变水力模型校核中应考虑的问题，对其中模型参数的复杂性和不确定性进行了详细分析，并提出了一种适用于管网瞬变水力模型的分步校核方法。

参考文献

陈凌. 2007. 城市供水管网瞬变流态模拟及应用研究 [D]. 上海：同济大学.

伍悦滨. 2004. 给水管网瞬变流正反问题分析及应用 [D]. 上海：同济大学.

BERGANT A，SIMPSON A R，TIJSSELING A S，2006. Water hammer with column separation：A historical review [J]. Journal of Fluids and Structures，22（2）：135 - 171.

BRUNONE B，GOLIA U M，GRECO M，1991. Some remarks on the momentum equation for fast transients [C]. Proc. Int. Conf. on Hydr. Transients with Water Column Separation，201 - 209.

COVAS D，STOIANOV I，RAMOS H，et al，2004. Water hammer in pressurized polyethylene pipes：conceptual model and experimental analysis [J]. Urban Water Journal，1（2）：177 - 197.

GALLY M，GÜNEY M，RIEUTORD E，1979. An Investigation of Pressure Transients in Viscoelastic Pipes [J]. Journal of Fluids Engineering，101（4）：495.

JAMES A L，Li C C，1994. Inverse Transient Analysis in Pipe Networks [J]. Journal of Hydraulic Engineering，120（8）：934 - 955.

JUNG B S，KARNEY B W，2008. Systematic exploration of pipeline network calibration using transients [J]. Journal of Hydraulic Research，46（sup1）：129 - 137.

LANSEY K E，BASNET C，1991. Parameter Estimation for Water Distribution Networks [J]. Journal of Water Resources Planning & Management，117（1）：126 - 144.

NASHG A，KARNEY B W，1999. Efficient Inverse Transient Analysis in Series Pipe Systems [J]. Journal of Hydraulic Engineering，125（125）：761 - 764.

PUDAR R S，LIGGETT J A，1992. Leaks in pipe networks [J]. Journal of Hydraulic Engineering，118（7）：1031 - 1046.

ROSSMAN L A，2000. EPANET 2：users manual [R]. Cincinnati：USEPA.

SIMPSON A R，ELHAY S，2011. Jacobian Matrix for Solving Water Distribution System Equations with the Darcy-Weisbach Head-Loss Model [J]. Journal of Hydraulic Engineering, 138 (6): 696 – 700.

STEPHENS M L, 2008. Transient response analysis for fault detection and pipeline wall condition assessment in field water transmission and distribution pipelines and networks. [D]. University of Adelaide-School of Civil and Environmental Engineering.

STEPHENS M L, Lambert M F, Simpson A R, et al, 2011. Calibrating the Water-Hammer Response of a Field Pipe Network by Using a Mechanical Damping Model [J]. Journal of Hydraulic Engineering, 137 (10): 1225 – 1237.

SWAMEE P K, Jain A K, 1976. Explicit eqations for pipe-flow problems [J]. Journal of the hydraulics division, 102 (5).

V'ITKOVSKÝ J P, SIMPSON A R, LAMBERT M F, 2000. Leak Detection and Calibration Using Transients and Genetic Algorithms [J]. Journal of Water Resources Planning & Management, 5 (6): 262 – 265.

WALSKI T M, CHASE D V, SAVIC D A, 2001. Water distribution modeling [M]. Waterbury, CT, USA: Haestad Press.

WINNING H K, COOLE T, 2013. Explicit Friction Factor Accuracy and Computational Efficiency for Turbulent Flow in Pipes [J]. Flow, Turbulence and Combustion, 90 (1): 1 – 27.

第5章

基于拉格朗日法的瞬变流模型高效求解技术 ——

第 4 章内容介绍了构建供水管网瞬变水力模型的详细过程，然而，很多实际供水管网规模庞大、结构复杂，进行瞬变流计算分析往往需要耗费巨大计算资源和过长的计算耗时（Ebacher 等，2011；Edwards 等，2013；Rathnayaka 等，2016）。以普遍采用的特征线法为例，为了满足准确度和稳定性要求，特征线法需要计算管网中每根管道的内部节点和所有边界条件，这对于拓扑结构复杂的管网来说是一个巨大的计算工作量，尤其是大规模供水管网。据统计，复杂供水管网的单次瞬变流计算耗时可能达到几分钟到几小时不等（Ramalingam 等，2009），当开展供水管网瞬变流分析与优化设计时，需成千上万次瞬变流模拟，因此计算量巨大（Haghighi，2015；Skulovich 等，2016）。在这种背景下，如何实现复杂供水管网瞬变水力模型的高效模拟，一直是瞬变流研究领域内亟须解决的实际问题。

针对瞬变流计算效率问题，可从两个方面考虑：①数值计算方法的完善、增强和开发，以提升瞬变流计算的效率；②管网瞬变水力模型的简化，以减少瞬变流计算的工作量。本书分别从这两个方面开展了相关的研究工作，其中本章建立了一种基于拉格朗日法的高效瞬变流计算方法，后续第 6 章和第 7 章提出了适用于供水管网瞬变水力模型的简化技术。

5.1 欧拉法和拉格朗日法分析

在流体力学领域，欧拉法和拉格朗日法是描述流体运动的两种不同的方法。概念上，欧拉法是以流体质点流经流场中各空间点的运动（即流场）作为描述对象研究流体流动过程的方法，而拉格朗日法是以研究单个流体质点的运动过程作为基础，综合所有质点的运动以构成整个流体的流动过程的方法。对应于瞬变流的数值计算，不同的数值计算方法可以相应地划分为两大类，即基于欧拉法的数值方法和基于拉格朗日法的数值方法。基于欧拉法的数值方法的基本原理是将管网划分为一系列固定的、相互关联的离散网格，随着时间推移更新每一时刻所有网格点处的瞬时水力状态；基于拉格朗日法的数值方法的基本原理是追踪与状态变化相关的压力波在系统中的传播过程，在系统状态真实发生变化时（如压力波传播至边界条件处）更新相应的瞬时水力状态（Wood 等，2005；Ramalingam 等，2009）。基于欧拉法的数值方法的研究较为广泛，常见的有特征线法、有限差分法和有限元法等，其中特征线法是管网瞬变流分析中最为常用和普遍接受的计算方法。基于拉格朗日法的数值方法的研究相对较少，目前已经提出的数值方法有波特征法（WCM）和 lagrangian model（LM）。

对于瞬变流分析的计算效率，基于欧拉法和拉格朗日法的数值方法由于计算机制不同而存在着显著差异。基于欧拉法的数值方法，如特征线法，一般需要随着固定时间间隔（计算时间步长）推移计算所有网格点（包括每根管道的内节点和所有的边界条件）的水力状态。因此，该类方法的计算量庞大，计算耗时一般很长。而基于拉格朗日法的数值方法，如波特征法，一般只需计算在系统状态真实发生变化时的水力状态。这类方法可以极大减少对管道内节点的计算，因此相比于前者具有明显的计算效率优势。然而，基于拉格朗日法的数值方法也存在着不足之处，主要表现在物理模型的不完善。该类方法是基于压力波的传播机制（详见 5.2.1 节）来追踪系统的瞬时水力状态变化，而现阶段压力波的传播机制中很难准确表达一些真实物理系统中的瞬时现象，如瞬变摩阻、管道黏弹性等。这可能会导致计算结果难以完全符合真实系统。相对来说，基于欧拉法的数值方法，一般具有相对明晰的物理模型概念，如对瞬变摩阻、管道黏弹性等的研究较为成熟，因此具有更加准确的计算精度。因此，在进行管网瞬变流分析时，可以结合两类数值方法的优势，利用拉格朗日法的高效性和欧拉法的准确性以提高管网瞬变流分析的计算效率和精度。这也是本章所提出的高效拉格朗日模型方法的应用方向。

5.2 基于拉格朗日法的瞬变流理论

5.2.1 瞬变压力波的传播机制

瞬变流过程中压力波所引起的瞬时流量和压力的变化关系可以用 Frizell-Joukwosky 公式表达，即

$$\Delta H = \pm \frac{a}{gA} \Delta Q \tag{5.2.1}$$

式中：ΔH 和 ΔQ 分别为与压力波相关的压力和流量变化；a 为管道的瞬变波速；g 为重力加速度；A 为管道截面积；"＋"表示压力波向管道下游传播，"－"表示压力波向管道上游传播。

式（5.2.1）表示了瞬变流过程中由于压力波传播引起的系统状态变化的基本原理。通过对系统中压力波的传播过程进行跟踪记录，就可以根据式（5.2.1）更新系统的瞬时水力状态，这即是基于拉格朗日法的数值方法的基本原理。然而，在实际供水管网中，由于其拓扑结构复杂，压力波的传播路径复杂多变，且管网中存在多种多样的边界条件，压力波传播至边界处会产生复杂的叠加转换（即压力波的透射和反射）。这些导致供水管网中压力波的传播过程十分复杂，难以直观理解。下面从供水管网中压力波的产生、传播和衰减过程三个方面对压力波的传播机制进行一般化阐述：

（1）压力波的产生——瞬变流事件。瞬变流事件是由于管道中某位置处的流量发生扰动并以压力波的形式向周围传播引起的。理论上，任何导致系统流量发生快速变化的干扰或动作都会触发瞬变流事件，比如水泵停机或启动、阀门/消火栓动作、爆管/漏失以及水量波动等。从压力波产生的角度考虑，瞬变流事件的触发过程可以看作是外部干扰向系统中输入引起流量和压力变化的压力波，即：对于瞬时的触发过程，相当于输入了单个压力波信号，如瞬时快速关阀动作；对于持续的触发过程，相当于连续输入了一系列压力波信

号，如缓慢关阀动作。

（2）压力波的传播——边界条件处的透射和反射。当瞬变流事件发生时，产生的压力波会沿着管网的拓扑结构传播，从而引起系统中的流量和压力的变化。由于管网中存在着大量的管道连接点、用水节点、漏失点、阀门、水泵等边界条件，压力波在传播至边界条件处时会发生透射和反射现象，导致压力波在边界处发生叠加转换（即相关的流量和压力波动发生变化），并有可能在未产生压力波的连接管道上产生新的压力波。压力波在边界处的叠加转换过程涉及边界条件计算，取决于边界条件的类型和特性（详见 5.2.2 节），可能导致压力波的放大或衰减。这些在边界处发生转换的压力波或新产生的压力波会继续沿管线传播，并在其他的边界条件处发生转换。这样的过程将持续进行，直至瞬变流过程结束或达到最大计算时刻。

（3）压力波的衰减——能量耗散。正如瞬变流的定义，瞬变流过程一般都很短暂，这是因为压力波在传播过程中快速衰减，即能量耗散。供水管网中的很多因素，比如管道摩阻、节点水量、漏失、管壁黏弹性作用等，会导致瞬变流过程的能量耗散，最终导致压力波快速衰减甚至消失，系统恢复至稳态工况。

上述即是供水管网中压力波的传播机制。在该传播机制的基础上，基于拉格朗日法的数值方法一般需要解决三个方面的问题：①压力波的跟踪记录，包括压力波的产生和在管网中的传播情况；②压力波在边界条件处的转换过程，即边界条件计算；③压力波衰减的处理方法，主要是与压力波传播过程中的能量耗散相关的因素，如管道摩阻损失。

5.2.2　基于拉格朗日法的边界条件模型

5.2.2.1　压力波在边界条件处的转换

瞬变流过程中，压力波在边界条件处的叠加转换是压力波传播的基本特征。下面以管网中普遍存在的节点构件为例（见图 5.2.1），推导压力波在边界条件处的转换过程的一般形式。

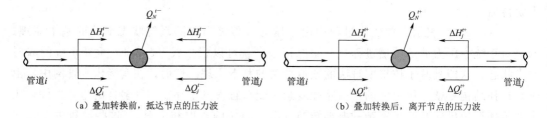

（a）叠加转换前，抵达节点的压力波　　　　　（b）叠加转换后，离开节点的压力波

图 5.2.1　压力波在节点边界处的叠加转换过程

如图 5.2.1 所示，假设该节点边界具有任意连接管道。其中，$i = 1, 2, \cdots, m$ 表示流向节点的连接管道索引（即该节点为连接管道的下游节点），$j = m+1, m+2, \cdots, m+n$ 表示流出节点的连接管道索引（即该节点为连接管道的上游节点），$N = m+n$ 表示连接管道的总数目。为简化起见，不考虑节点处的局部阻力损失。从图 5.2.1 中可以看出，具有相反传播方向的入射压力波（压力波动分别为 ΔH_i^{t-} 和 ΔH_j^{t-}）在时刻 t 时同时传播至节点，然后在节点边界处叠加转换后分别转换为相反方向的压力波（压力波动分别为 ΔH_i^{t+} 和 ΔH_j^{t+}）离开节点。同时，在该过程中，节点处的外部流量由 Q_N^{t-} 转换为 Q_N^{t+}。其中，上

标 $t-$ 和 $t+$ 分别表示压力波到达和离开节点的瞬时时刻。

根据式（5.2.1），节点边界处的流量和压力变化可以表示为

当压力波在瞬时时刻 $t-$ 时到达节点边界，

$$\Delta H_i^{t-} = +\frac{a_i}{gA_i}\Delta Q_i^{t-} , \Delta H_j^{t-} = -\frac{a_j}{gA_j}\Delta Q_j^{t-} \tag{5.2.2}$$

当压力波在时刻 $t+$ 时离开节点边界，

$$\Delta H_i^{t+} = -\frac{a_i}{gA_i}\Delta Q_i^{t+} , \Delta H_j^{t+} = +\frac{a_j}{gA_j}\Delta Q_j^{t+} \tag{5.2.3}$$

则节点边界处在时刻 t 时的压力波动可以表示为

$$\Delta H^t = \Delta H_i^{t-} + \Delta H_i^{t+} = \frac{a_i}{gA_i}(\Delta Q_i^{t-} - \Delta Q_i^{t+}) \tag{5.2.4}$$

$$\Delta H^t = \Delta H_j^{t-} + \Delta H_j^{t+} = \frac{a_j}{gA_j}(\Delta Q_j^{t+} - \Delta Q_j^{t-}) \tag{5.2.5}$$

式（5.2.4）和式（5.2.5）分别代表了流入节点和流出节点的连接管道的表示方式。将节点处的所有连接管道整合，可得节点边界处压力波动的表达式为

$$\begin{aligned}
\Delta H^t &= \frac{\prod_{l=1}^{N}(a_l/gA_l)}{\sum_{l=1}^{N}\left[\prod_{k=1,k\neq l}^{N}(a_k/gA_k)\right]}\left[\sum_{i=1}^{m}(\Delta Q_i^{t-} - \Delta Q_i^{t+}) + \sum_{j=m+1}^{m+n}(\Delta Q_j^{t+} - \Delta Q_j^{t-})\right] \\
&= \frac{1}{\sum_{l=1}^{N}(gA_l/a_l)}\left[\sum_{i=1}^{m}(\Delta Q_i^{t-} - \Delta Q_i^{t+}) + \sum_{j=m+1}^{m+n}(\Delta Q_j^{t+} - \Delta Q_j^{t-})\right]
\end{aligned}$$

$$\tag{5.2.6}$$

同时，考虑节点处的流量连续性方程，如下：

$$\sum_{i=1}^{m}(\Delta Q_i^{t-} + \Delta Q_i^{t+}) - \sum_{j=m+1}^{m+n}(\Delta Q_j^{t-} + \Delta Q_j^{t+}) - \Delta Q_N^t = 0 \tag{5.2.7}$$

式中：$\Delta Q_N = Q_N^+ - Q_N^-$ 表示压力波转换过程中节点的外部流量变化。

将式（5.2.2）和式（5.2.7）代入式（5.2.6）中，整理后可得节点边界处在时刻 t 时的压力波动为

$$\Delta H^t = \sum_{k=1}^{N}\left[\frac{2A_k/a_k}{\sum_{l=1}^{N}(A_l/a_l)}\Delta H_k^{t-}\right] - \frac{1}{g\sum_{l=1}^{N}(A_l/a_l)}\Delta Q_N^t \tag{5.2.8}$$

经过适当的整理后，式（5.2.8）可以进一步表示为

$$\Delta H^t = \sum_{k=1}^{N}T_{vk}\Delta H_k^{t-} - \frac{1}{g\sum_{l=1}^{N}(A_l/a_l)}\Delta Q_N^t \tag{5.2.9}$$

其中

$$T_{vk} = \frac{2A_k/a_k}{\sum_{l=1}^{N}(A_l/a_l)} \tag{5.2.10}$$

式中：T_{vk} 为压力波从第 k 根连接管道传播至节点处的传播系数。

式（5.2.9）即为压力波在节点边界处叠加转换的一般形式。它表达了考虑节点处外部流量变化情况下压力波的传播特征，其中等式右侧第一项表示压力波在节点处的传播和反射作用的影响，第二项表示节点自身特征的影响（包括连接管道特性和外部流量变化）。式（5.2.9）直观的说明了压力波在边界条件处的转换是由连接管道的特性和边界条件自身的特性共同决定的，为基于拉格朗日法的边界条件模型计算奠定了理论基础。

5.2.2.2　各类边界条件的通用求解方法

按照 4.1 节所提出的供水管网复杂边界条件的辨识分类方法，管网中的边界条件可以分为单节点边界条件、两节点边界条件和组合式边界条件。根据上述压力波在边界条件处的转换方程式（5.2.9），各类边界条件的基于拉格朗日法的通用求解方法可以很容易推导得到。各类边界条件的典型结构同样可参照图 4.2.3。

（1）单节点边界条件。上述压力波在节点边界处的转换方程式（5.2.9）即是单节点边界条件的求解方程，其中外部流量 Q_N 在不同的节点元素类型中表示不同的特征变量，比如节点的用水量、水库或水池的进/出水量等。将节点在压力波叠加转换前后的压力变化 $\Delta H^t = H^{t+} - H^{t-}$ 代入式（5.2.9），可得

$$H^{t+} = \bar{C}_N - \bar{B}_N Q_N^{t+} \tag{5.2.11}$$

式中：$\bar{C}_N = H^{t-} + \sum_{k=1}^{N} S_k \Delta H_k^{t-} + \bar{B}_N Q_N^{t-}$；$\bar{B}_N = 1 / \left[g \sum_{l=1}^{N} (A_l / a_l) \right]$。

式（5.2.11）即是基于拉格朗日法的单节点边界条件的通用求解模型。该式的形式与特征线法中单节点边界条件的通用求解方程式（4.2.32）类似，表达了节点边界处在压力波转换后的瞬时水头与瞬时外部流量的函数关系。

（2）两节点边界条件。在管网模型中，两节点边界条件可以一般化表示为两个简单单节点边界条件通过一个线段型水力元件相连。根据上述单节点边界条件的通用求解模型，两节点边界条件的两端节点的求解模型可分别表示如下。

上游节点：

$$H_1^{t+} = \bar{C}_{N_1} - \bar{B}_{N_1} Q_{N_1}^{+} \tag{5.2.12}$$

下游节点：

$$H_2^{t+} = \bar{C}_{N_2} - \bar{B}_{N_2} Q_{N_2}^{+} \tag{5.2.13}$$

一般来说，通过两节点边界条件内部的流量与两端节点的外部流量满足 $Q_L = Q_{N_1} = -Q_{N_2}$。此时，再联立式（5.2.12）和式（5.2.13），可得

$$H_1^{t+} - H_2^{t+} = \bar{C}_L - \bar{B}_L Q_L^{+} \tag{5.2.14}$$

式中：$\bar{C}_L = \bar{C}_{N_1} - \bar{C}_{N_2}$；$\bar{B}_L = \bar{B}_{N_1} + \bar{B}_{N_2}$。

式（5.2.14）即是基于拉格朗日法的两节点边界条件的通用求解模型。该式的形式也与特征线法中两节点边界条件的通用求解方程式（4.2.35）类似，表达了压力波在边界处转换后两端节点的瞬时水头差异与通过该边界条件的流量的函数关系。

（3）组合式边界条件。供水管网中的组合式边界条件一般是由至少两个单节点或两节点边界条件连接形成，这在管网模型中亦可一般化表示为多个边界条件相连。此处同样以图 4.2.3（c）中所示的组合式边界条件为例说明。根据上述单节点边界条件的通用求解模型，即式（5.2.11），该组合式边界条件的求解模型可表示为

$$
\left.
\begin{aligned}
H_1^{t+} &= \bar{C}_{N_1} - \bar{B}_{N_1}\left(Q_{N_1}^{+} + Q_{L_1}^{+}\right) \\
H_2^{t+} &= \bar{C}_{N_2} - \bar{B}_{N_2}\left(Q_{N_2}^{+} - Q_{L_1}^{+} + Q_{L_2}^{+}\right) \\
H_3^{t+} &= \bar{C}_{N_3} - \bar{B}_{N_3}\left(Q_{N_3}^{+} - Q_{L_2}^{+}\right)
\end{aligned}
\right\}
\tag{5.2.15}
$$

式（5.2.15）即是该组合式边界条件的通用求解模型。该式的形式与特征线法中组合式边界条件的通用求解方程式（4.2.36）的形式类似，表达了压力波在该边界处转换后组合式边界条件中的所有节点的瞬时水头与所有瞬时流量的函数关系。

注意，各类边界条件的通用求解模型只是列出了边界条件处瞬时压力与流量的函数关系，对其求解仍需根据边界条件的类型和特征以补充相应的边界方程，形成不同边界条件的具体求解模型，如水量节点、水池、阀门、水泵等。

5.2.3 摩阻损失的近似估计方法

根据管网中压力波的传播机制，压力波在传播过程中的能量耗散是导致瞬变流过程快速衰退的主要原因。在众多能量耗散因素中，很多因素是与边界条件相关的，如节点处泄流（节点水量/漏失）、阀门的阻力损失等，这些已经在边界条件模型的计算过程中考虑到。除此之外，压力波在管道中传播时的衰减也是能量耗散的主要途径，其中管道的摩阻损失是最为普遍的一种压力波衰减途径。前已述及，基于欧拉法的数值方法（如特征线法）已经能够明晰表达管道摩阻的瞬变作用，而基于拉格朗日法的数值方法在该方面还有待发展。由此，本章在压力波传播机制的基础上，提出一种管道摩阻损失的近似估计方法，实现在拉格朗日模型中管道摩阻作用的模拟计算。

在特征线法的计算策略中，由于网格划分，管道的摩阻损失是集中在管道的分节点上进行计算的。类似地，在基于拉格朗日法的数值方法中，也可将管道的摩阻作用集中在分节管段上，如图 5.2.2（a）所示。假设管道分为 n 段，则可将管道整体的摩阻损失分散在 n 个管段的中点处集中考虑。每个摩阻损失点可以看作是一种新的"边界条件"，将其定义为摩阻内点。压力波在摩阻内点处的转换效果等价于压力波在摩阻损失作用下在该管段传播的效果，其数学模型如图 5.2.2（b）所示，其中摩阻内点处的流量表示该分节管段的瞬时流量。因此，摩阻内点的两端处水头差异等价于该管段的稳态摩阻损失，即

$$
H_1^{t+} - H_2^{t+} = \int_i h_{fs}\, \mathrm{d}x
\tag{5.2.16}
$$

式中：h_{fs} 为稳态摩阻损失；H_1、H_2 分别为管段中摩阻内点两端的瞬时水头。

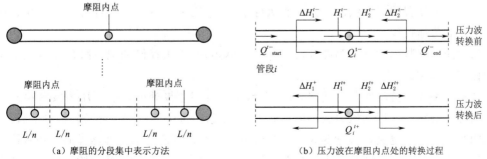

（a）摩阻的分段集中表示方法　　　　　（b）压力波在摩阻内点处的转换过程

图 5.2.2　拉格朗日方法中管道摩阻的近似估计

管道的稳态摩阻损失可采用达西-韦伯公式计算，即式（4.2.5），可表示为二阶近似形式：

$$\int_i h_{fs} dx \approx \frac{f_i^{t+}(L/n)}{2gDA^2} Q_i^{t+} \mid Q_i^{t+} \mid \tag{5.2.17}$$

式中：f 为达西-韦伯摩阻系数，取决于流体雷诺数，由式（4.2.6）计算得到；L 为管道长度；n 为分段数；D 为管道直径；A 为管道截面积；Q_i 为通过管段中摩阻内点的瞬时流量。

摩阻内点在形式上类似于两节点边界条件，可以采用两节点边界条件的计算方法，即式（5.2.14），同时考虑摩阻内点处的连接管道情况，摩阻内点的计算方法可表示为

$$H_1^{t+} - H_2^{t+} = \left[(H_1^{t-} - H_2^{t-}) + 2(\Delta H_1^{t-} - \Delta H_2^{t-}) + 2BQ_i^{t-}\right] - 2BQ_i^{t+} \tag{5.2.18}$$

联立式（5.2.16）、式（5.2.17）和式（5.2.18），可得

$$\frac{f_i^{t+}(L/n)}{2gDA^2} Q_i^{t+} \mid Q_i^{t+} \mid + 2BQ_i^{t+} - \left[(H_1^{t-} - H_2^{t-}) + 2(\Delta H_1^{t-} - \Delta H_2^{t-}) + 2BQ_i^{t-}\right] = 0$$

$$\tag{5.2.19}$$

对式（5.2.19）进行求解即可得到管段 i 的瞬时流量，从而可进一步求解转换后的压力波 ΔH_1^{t+} 和 ΔH_2^{t+}。由此，对于在管段上传播的压力波，可以据此考虑管道稳态摩阻对传播过程的影响。式（5.2.19）可采用 Newton-Raphson 迭代法进行求解。

注意，由于拉格朗日法的基本原理是追踪压力波的传播过程，理论上不需要像特征线法那样对管道进行分段。此处采取分段策略只是为了实现对管道摩阻作用的近似估计。因此，管道分段不需要满足特征线法的 Courant 稳定性条件。在应用中已经发现，一般两个分段左右就可以满足大部分情况下的计算精度要求。关于管道分段数对计算准确性的影响在 5.4.3 节中详细讨论。

5.3　高效拉格朗日模型

在基于拉格朗日法的瞬变流理论基础上，本章开发了一种高效拉格朗日模型方法以实现基于拉格朗日法的瞬变流状态快速估计。

5.3.1　模型方法

本章所提出的高效拉格朗日模型（efficient lagrangian-based model，ELM）的方法框架如图 5.3.1 所示。ELM 的程序步骤可以分为三个主要的部分：

（1）模型流程图（右侧部分，核心执行单元），用来表示瞬变流计算的初始化、压力波的产生和传播过程。

（2）压力波数据库（左侧部分，核心存储单元），用来存储和记录瞬变流过程中所产生的任何压力波。

（3）三种压力波动作（中间部分），表示压力波在边界处的转换（压力波转换）以及前述两部分的相互作用（压力波选取和添加）。注意，每个压力波定位于一根分节管段上，并由四个基本属性定义，如图 5.3.1（i）所示：①所在管段索引，即压力波所在管段的索引；②压力波动幅度，即与压力波相关的压力波动幅度；③预计到达位置，即压力波在传

播方向上预计到达的另一端边界的索引；④预计到达时间，即压力波传播至另一端边界（预计到达位置）的预计时间。

综上，通过上述方法框架，ELM 可以模拟系统中随时间推进的压力波传播过程和相关的边界条件计算。

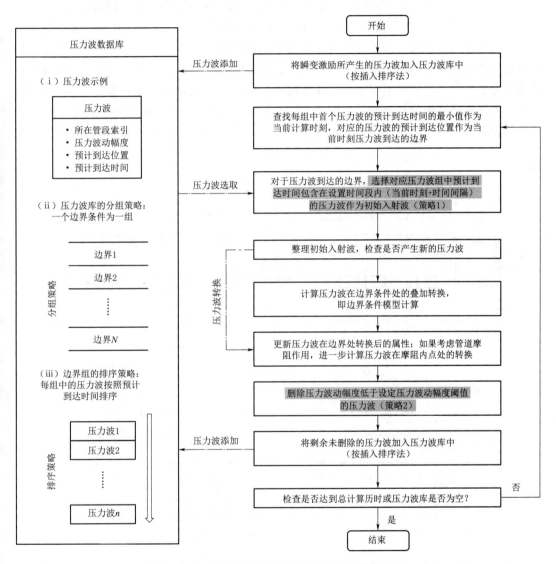

图 5.3.1　高效拉格朗日模型（ELM）的方法框架

5.3.2　效率控制策略

由于压力波数据库旨在数据的存储和操作，考虑到数据存储和输入/输出交互的效率（即压力波选取和添加），采取分组和排序策略。更具体地说，所有的压力波通过预计到达位置进行分组，每一组对应一个边界条件，如图 5.3.1（ii）所示；然后每一组中的压力波通过预计到达时间进行排序，如图 5.3.1（iii）所示。通过这种数据存储和操作策略，压力波在模型中可以逻辑有序的排列，这极大地减少了压力波选取和添加的数据搜索工作。因此对于复杂管网中日益增加的边界数目，这样的方式在数据输入/输出交互方面具有良好的鲁棒性。换句话说，通过这样的策略，管网规模的增加对于压力波数据库的整体计算效率影响很小。

ELM方法中，另一个与效率相关的因素是ELM中随时间推移的计算流程，因为存在这样一个事实：ELM中每个边界条件的计算时刻是离散不均匀的，取决于边界处真实的压力波到达时间情况，这不同于特征线法中离散均匀的时间-空间网格。对于具有大量边界条件的管网系统，压力波信号的数量将会随着时间推移以指数形式增加，导致极高频率的压力波添加操作。这不仅增加了存储需求，而且也极大地增加了计算工作量。因此，为了解决这种潜在的低效问题，采取两种控制策略并整合在ELM的应用步骤中以提升程序运行效率，如图5.3.1中灰色背景标识的程序步骤。图5.3.2中也形象地展示了ELM的方法框架。

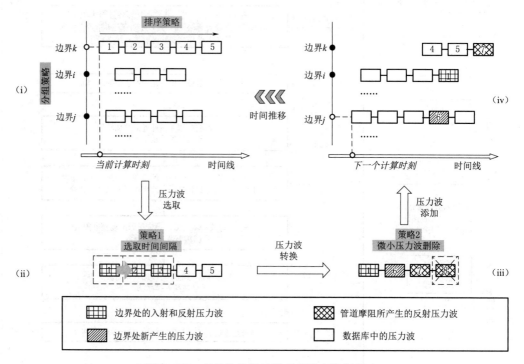

图5.3.2 高效拉格朗日模型的效率控制策略

第一个控制策略（称为策略1）是设置选取时间间隔，即通过设置一个时间间隔使压力波选取从当前边界条件的压力波组的第一个压力波扩展至前几个压力波（预计到达时间在当前时刻和时间间隔之和的范围之内）。这样，由于传播至当前边界的附近时刻的压力波被聚集在一起作为一个时刻处理，减少了微小的时间离散值。同时，由于可能选取了多个不同到达时间的压力波参与计算，应对计算时刻进行适当修改，一种简单的方法是取所有选取压力波的预计到达时间的平均值。由于时间间隔一般很小，这种聚集操作仍然可以得到在时间轮廓上偏移和相对间隔较大的近似结果。

第二个控制策略（称为策略 2）是删除微小压力波，即删除在边界处转换后的压力波动幅度低于特定阈值的压力波。由于该策略直接减少了产生的压力波数目，存储和时间效率都得到了提升。但是，使用这两种效率控制策略不可避免地在 ELM 中引入了计算误差。因此，应该制定这两种策略（选取时间间隔和压力波阈值）的选取规则，以得到计算效率和准确度之间的最佳平衡。ELM 中这两种策略的合理设置将在后续的案例研究中进行说明和分析。

5.4 案例研究

这里通过一个计算示例对高效拉格朗日模型（ELM）的瞬变流计算能力进行展示，并对该方法的计算精度和效率进行详细研究和分析。

5.4.1 瞬变流计算示例

计算示例是一个小规模供水管网，由 9 个节点构件（2 个水源水库、4 个水量节点和 3 个普通连接点）和 11 个线段构件（10 根管道和 1 个阀门）组成。管网的拓扑结构和节点属性如图 5.4.1 所示，管道信息见表 5.4.1，阀门参数为：截止阀，直径 $DN900$ mm，阻力系数为 5.0。瞬变流事件是由阀门快速关闭引起，关阀时间为 2.0 s。分别采用 MOC 和 ELM 进行瞬变流计算：MOC 的计算时步为 0.01 s，只考虑稳态摩阻；ELM 的选取时间间隔为 0.01 s，压力波阈值为 0.1 m，各管道摩阻内点数均为 1。

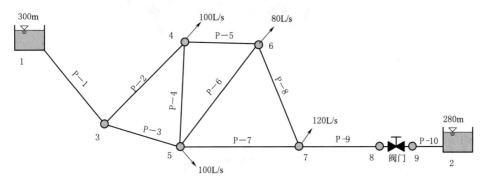

图 5.4.1 示例管网拓扑结构示意图

管网中动作阀门前端节点 8 处的计算结果如图 5.4.2 所示。由图 5.4.2 中 ELM 和 MOC 的对比可以明显看出，ELM 的计算结果几乎完全符合准确的 MOC 计算结果，这说明当前参数设置下的 ELM 的计算精度满足要求。图 5.4.2 中 ELM 的计算数据点的分布形象说明了拉格朗日法的瞬变流计算机制，即追踪系统中压力波的传播过程，在压力波到达边界时进行计算和状态更新。图 5.4.2（b）中标注了关阀动作所产生的初始压力波以及传播至节点 8 处的压力波所引起的瞬时状态变化。另外，ELM 的计算数据点具有高度的离散性，这相比于 MOC 的均匀数据点（计算时步为 0.01 s）来说，计算数据量大大降低。因此，ELM 在瞬变流计算机制上具有明显的效率优势。

表 5.4.1　　　　　　　　　　　示例管网的管道信息

管道编号	长度/m	直径/mm	海曾-威廉系数	波速/（m/s）	流速/（m/s）
P－1	620	900	92	1000	2.53
P－2	910	750	107	1000	1.33
P－3	650	800	98	1000	2.03
P－4	500	450	100	1000	1.03
P－5	400	450	105	1000	2.04
P－6	850	450	140	1000	1.39
P－7	730	750	93	1000	1.96
P－8	460	600	105	1000	1.65
P－9	600	900	105	1000	1.90
P－10	100	900	130	1000	1.90

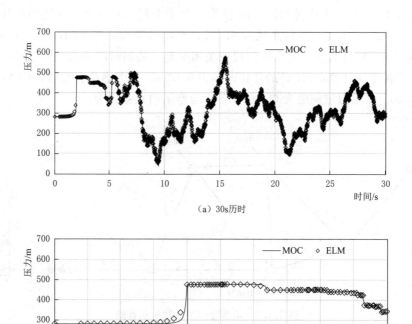

（a）30s历时

（b）前5s的局部放大图

图 5.4.2　节点 8 的瞬时压力变化情况

　　下面结合不同的效率控制参数设置方案（见表 5.4.2），对 ELM 的计算效率和精度做进一步的分析。这些方案中，MOC 的设置和 ELM 的其他相关设置与上述示例相同。其中，方案 1-0 和方案 2-0 表示 ELM 中未设置效率控制策略。

表 5.4.2   ELM 中不同的效率控制参数设置方案

方案	时间间隔/s	压力波阈值/m	方案	时间间隔/s	压力波阈值/m
1-0	0	0	2-0	0	0
1-1	0.01		2-1		0.1
1-2	0.03		2-2		0.5
1-3	0.05		2-3		1.0
1-4	0.08	0.1	2-4	0.01	1.5
1-5	0.10		2-5		2.0
1-6	0.20		2-6		3.0
1-7	0.50		2-7		5.0

5.4.2 计算精度和效率分析

5.4.2.1 计算精度

ELM 的计算精度是以 MOC 的计算结果为基准进行衡量。为了在不同的系统中使用统一衡量方法，首先对变量参数进行无量化处理，一般采用如下方法：

$$\Delta h = \frac{\Delta H}{\Delta H_J} = \frac{H - H_0}{a \Delta v / g} \tag{5.4.1}$$

式中：Δh、ΔH 和 ΔH_J 分别为相对压力波动、压力波动和理论上的 Joukwosky 压力波动；H 和 H_0 分别为瞬时压力和初始稳态压力。此示例中，关阀引起的 ΔH_J 可计算为 $1000 \times 1.9/9.81 = 193.7$ m。

ELM 的计算精度可以通过计算 ELM 和 MOC 的相对压力波动曲线所覆盖面积的差异来评价，即

$$I_{E-M} = \int_{t_0}^{t_e} |\Delta h_E - \Delta h_M| \, \mathrm{d}t \bigg/ \int_{t_0}^{t_e} |\Delta h_M| \, \mathrm{d}t \tag{5.4.2}$$

式中：I_{E-M} 为 ELM 相对于 MOC 的计算误差；$t_0 \sim t_e$ 为衡量计算误差的时间区间；下标 E 和 M 分别为 ELM 和 MOC。根据 I_{E-M} 的定义，其数值越接近于 0，表示计算误差越小。注意，由于 ELM 中计算时间点与 MOC 并非一一对应，在计算中采取线性插值进行近似处理。

图 5.4.3 展示了不同的效率控制参数设置下 ELM 的计算精度结果。从图 5.4.3 中可以看出，随着选取时间间隔和压力波阈值的增大，所有节点的计算误差均逐渐增加。在方案 1-1、方案 1-2 和方案 2-1、方案 2-2 中，ELM 的计算误差低于 0.1，在实际应用的计算精度足以满足要求。进一步，节点 3 处的瞬时压力波动曲线如图 5.4.4 所示。对比效率控制策略 1 的不同方案，ELM 的计算结果相对于 MOC 会发生偏移，并且偏移程度随着选取时间间隔的增大而增大，导致了压力波动的相位和幅度均产生误差。这种时间上

的偏移是由于压力波选取导致的，即压力波选取从第一个压力波扩展至前几个压力波。然而，对于合理的时间间隔设置（如方案1-1），ELM的计算结果与MOC几乎完全一致，满足计算精度要求。对比效率控制策略2的不同方案，ELM的计算压力波动变化趋势与MOC相同，但由于对微小压力波的删除操作导致压力波动衰减过快（如方案2-6），使压力波动在后续时间段产生较大差异。然而，这种策略对于压力波动的前几个波形的影响较小，仍可得到较为准确的计算结果。

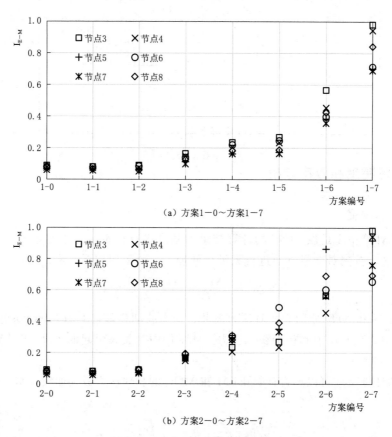

图5.4.3 不同参数设置方案下的所有节点的计算精度结果

综上，计算精度的分析结果说明，在合理的效率控制策略下，ELM可以得到与MOC（只考虑稳态摩阻）相近的结果；两种效率控制策略对ELM计算精度的影响特征不同，可以在实际应用中指导ELM的参数设置。

5.4.2.2　计算效率

ELM的计算效率可以从两个角度进行衡量：①ELM与其他数值方法（如MOC）进行瞬变流计算的耗时对比，表示ELM相对于其他数值方法的效率优势；②设置效率控制策略与不设置任何效率控制措施的ELM的计算耗时对比，表示ELM数值方法本身的效率提升能力。图5.4.5汇总了不同方案下两种衡量方法的计算时间效率结果。其中，ELM/MOC表示ELM与MOC的计算耗时对比，对应于第一种衡量方法；ELM/ELM_0对应于第二种衡量方法。

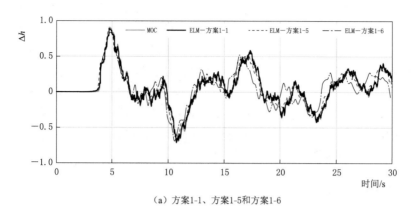

（a）方案1-1、方案1-5和方案1-6

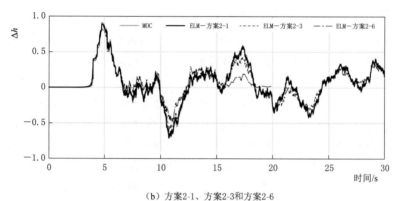

（b）方案2-1、方案2-3和方案2-6

图 5.4.4　不同方案下节点 3 处的瞬时压力波动曲线

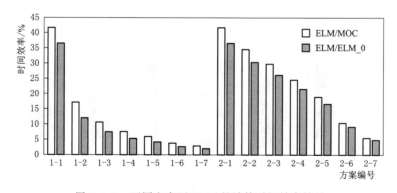

图 5.4.5　不同方案下 ELM 的计算时间效率结果

从图 5.4.5 中可以看出，随着效率控制参数的增大，ELM 的计算效率均逐渐增加。对于该计算示例而言，未设置效率控制策略的 ELM 比 MOC 的计算耗时稍长，而设置了效率控制策略的 ELM 的计算效率明显提升，低于 MOC 的计算耗时，如方案 1－1 的 ELM 相比于 ELM ＿ 0 的计算效率提升了近 65％，相比于 MOC 的计算耗时节省了近

60％。这说明 ELM 中的效率控制策略具有明显的效率提升作用，内在原因是设置选取时间间隔和压力波阈值减少了压力波数目和相应的边界条件计算数量。对比两种效率控制策略的时间效率变化趋势可以发现，策略 1（选取时间间隔）的变化可以带来明显的效率提升，而策略 2（微小压力波删除）所带来的效率提升相对平稳。再结合两种效率控制策略对计算精度的影响特征的不同（即策略 1 可能导致压力波动的相位和幅度发生偏移，策略 2 对压力波动前期的影响较小而后期的影响较大），在选择两种效率控制策略的参数取值时，建议对选取时间间隔的取值应谨慎保守，而对压力波阈值的取值可适当宽松。

综上，计算效率的结果说明，ELM 相对于 MOC 具有明显的效率优势，且两种效率控制策略的设置可以明显提升 ELM 的计算效率。

5.4.3 其他分析和讨论

5.4.3.1 管道分段数对计算精度的影响

上述分析中，计算示例中所有管道的分段数为 1（每根管道考虑一个摩阻内点）。这里通过增加管道分段数进一步考察管道分段数对计算精度的影响。

图 5.4.6 表示对方案 1-1（或方案 2-1）采取四种管道分段数时所有节点的计算误差。从图 5.4.6 中可以看出，虽然管道分段数增多会使 ELM 的计算精度略有提升（但并不明显），但在整体变化趋势上并非随着管道分段数的增多而持续提升，而是在管道分段数为 2 时的计算精度最好。这可能是由于管道分段数过多，导致压力波的传播过程过于复杂（可能导致过分考虑摩阻作用使压力波衰减过快）。结果不仅导致计算精度低于管道分段数较小的情况，而且使计算资源耗费量大大增加。根据这一变化特点，可以提出关于 ELM 中管道分段数选取的经验法则：一般采取 1～2 个管道分段数就可得到足够的计算精度。

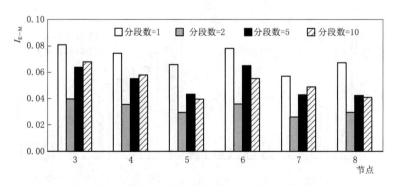

图 5.4.6 不同管道分段数的计算精度结果

5.4.3.2 不考虑管道摩阻时的计算精度和效率分析

在瞬变流分析中，有时会忽略管道的摩阻作用以简化计算过程。这样的处理方式通常会使瞬变流计算更加简便，但准确度稍差，因此一般用于对瞬变流过程中水力状态变化的快速估计。这里对 ELM 在不考虑管道摩阻时的计算精度和效率进行分析。选取方案 1-1

（或方案 2-1）作为分析样本。对于计算效率来说，不考虑管道摩阻时的计算时间效率分别为 29.1%（41.7%）和 25.5%（36.6%），分别对应于 ELM/MOC 和 ELM/ELM_0（括号内为方案 1-1 的对应结果）。显然，相对于方案 1-1，不考虑管道摩阻时 ELM 的计算效率得到了进一步的提升。对于计算精度来说，不考虑管道摩阻时各节点的计算误差 I_{E-M} 分别为 0.24（0.08）、0.21（0.07）、0.19（0.06）、0.20（0.08）、0.20（0.06）和 0.22（0.07），分别对应于节点 3、4、5、6、7 和 8（括号内为方案 1-1 的对应结果）。显然，相对于方案 1-1，不考虑管道摩阻时 ELM 的计算精度下降。

图 5.4.7 展示了不考虑管道摩阻时节点 3 处的瞬时压力波动曲线与方案 1-1 的对比情况。从图 5.4.7 中可以看出，虽然不考虑管道摩阻时的计算误差明显大于考虑管道摩阻的情况，但是在瞬时压力波动的前期（前几个波形）的计算准确度仍较高，计算误差随着时间增长呈现逐渐增大的趋势。这是由于管道摩阻作用随时间推移逐渐占据主导地位。计算误差的这种变化趋势可以指导不考虑管道摩阻的 ELM 在实践中的应用。比如，在瞬变流事件中瞬时压力波动的极值一般是由前几个明显波形产生，这通常是工程师比较关心的时间区域。不考虑管道摩阻的 ELM 虽不能准确模拟整个瞬变流过程的水力状态变化，但却可以快速准确地得到瞬变流前期的水力状态变化情况，比如节点压力波动极值的快速估计。因此，ELM 在实践中具有良好的应用前景。

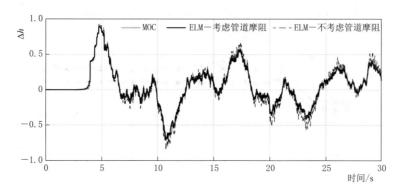

图 5.4.7　不同管道摩阻设置下节点 3 处的瞬时压力波动曲线

5.4.3.3　计算效率在时间轮廓上的变化情况

ELM 的瞬变流计算机制是通过追踪压力波的传播过程而更新边界条件处的水力状态，参与计算的数据点是高度离散不均匀的，因此每秒计算耗时应是非均匀的；而基于 MOC 的数值方法需要在每个计算时步更新所有边界条件（包括管段内点）的水力状态，参与计算的数据点是密集均匀分布的，因此每秒计算耗时应是均匀的。显然，理论上 ELM 在计算资源耗费量方面具有明显的优势，计算应更加高效。

图 5.4.8 详细展示了 ELM 和 MOC 在每秒计算进程的计算耗时上的对比结果，所有数据均以 MOC 的每秒计算耗时作为基准参考。从图 5.4.8 中 ELM 的每秒计算耗时的变化曲线可以看出该方法的计算效率的非均匀分布特性，并且呈现逐渐增大至基本平稳的变化趋势。这种变化趋势形象反映了压力波的传播过程：压力波从瞬变流触发源向外传播，

逐渐扩散至全管网。方案 1 - 0（未设置效率控制策略）中，ELM 的每秒计算耗时会逐渐增大超过 MOC，导致计算效率低于 MOC。这是由压力波传播过程中频繁的压力波动作（压力波选取、转换和添加）造成的。通过简单地设置效率控制策略（如方案 1 - 1），ELM 的计算效率就可以大大提高，整体水平明显低于 MOC。进一步，如果不考虑管道摩阻的影响，ELM 的整体计算效率可以进一步提升。

ELM 的这种非均匀的计算方式本质上是一种按需分配的计算资源配置方法，对计算资源的利用更加合理、高效。对于供水管网，瞬变流事件的影响范围是随时间扩张的，并可能只局限于管网中某一特定区域（尤其是对于大规模供水管网而言），因此理论上只需按照随时间的扩张情况和瞬变流影响的特定区域分配计算资源即可。ELM 的计算机制可以完美的解决这一需求，而 MOC 的计算机制要求所有边界条件在所有时刻都需参与计算，从而占用过多的无效计算资源。从这一点上来说，ELM 相对于 MOC 的计算效率优势将随着管网规模的扩大而越来越明显。

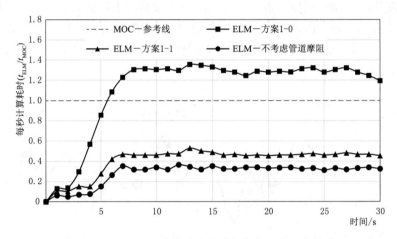

图 5.4.8　ELM 的计算效率在时间轮廓上的变化情况

5.5　小结

基于供水管网瞬变水力模型高效计算分析的需求，本章开发了基于拉格朗日法的瞬变流状态快速估计方法，详细研究了该方法的瞬变流理论和具体模型方法。主要研究结论如下：

（1）形成了基于拉格朗日法的瞬变流理论，为基于拉格朗日法的具体模型方法建立奠定了理论基础。具体包括：提出了瞬变压力波的传播机制以从压力波传播角度表达瞬变流过程；建立了基于拉格朗日法的边界条件模型以实现各类边界条件求解；建立了管道摩阻损失的近似估计方法，以分段摩阻内点来近似估计管道稳态摩阻损失。

（2）在基于拉格朗日法的瞬变流理论基础上，建立了高效拉格朗日模型（ELM）方法以实现瞬变流状态的快速估计，并开发了两种适用的效率控制策略。选取时间间隔策略（策略 1）可一次选取多个到达边界的压力波，微小压力波删除策略（策略 2）可删除强度过小的压力波，以提高 ELM 方法的计算效率。

通过案例研究展示了 ELM 的瞬变流状态快速估计能力，结果表明，在合理的效率控制策略下，ELM 的计算效率明显优于传统的特征线法，且只考虑稳态摩阻的计算精度在可接受的范围内。例如，示例中选取时间间隔数值与特征线法的计算时步相近时（即 0.01 s），计算误差很小，但计算效率提升了 60％左右。

参考文献

EBACHER G，BESNER M C，LAVOIE J，et al，2011. Transient Modeling of a Full-Scale Distribution System：Comparison with Field Data [J]. Journal of Water Resources Planning and Management，137 (2)：173 - 182.

EDWARDS J，COLLINS R，2013. The Effect of Demand Uncertainty on Transient Propagation in Water Distribution Systems [J]. Procedia Engineering，70：592 - 601.

HAGHIGHI A，2015. Analysis of Transient Flow Caused by Fluctuating Consumptions in Pipe Networks：A Many-Objective Genetic Algorithm Approach [J]. Water Resources Management，7 (29)：2233 - 2248.

RAMALINGAM D，LINGIREDDY S，WOOD D，2009. Using the WCM for transient modeling of water distribution networks [J]. Jour. AWWA，101 (2)：75.

RATHNAYAKA S，SHANNON B，RAJEEV P，et al，2016. Monitoring of Pressure Transients in Water Supply Networks [J]. Water Resources Management，30 (2)：471 - 485.

SKULOVICH O，SELA PERELMAN L，OSTFELD A，2016. Optimal closure of system actuators for transient control：an analytical approach [J]. Journal of Hydroinformatics，18 (3)：393 - 408.

WOOD D J，LINGIREDDY S，BOULOS P F，et al，2005. Numerical methods for modeling transient flow in distribution systems [J]. Journal (American Water Works Association)，104 - 115.

第 6 章

面向瞬变流模拟的供水串联管道简化技术

  复杂供水管网瞬变流模型的计算效率是实现其工程应用的关键前提。第 5 章内容介绍了一种高效拉格朗日模型方法，以提升瞬变流计算的效率。本章从模型简化角度研究适用于供水管网瞬变水力模型的简化方法，以保证管网瞬变流数值计算的准确性和高效性。

  在供水管网瞬变水力模型的简化方面，国内外学者也进行了一定的探讨。传统模型简化方法通常是基于稳态水力条件实现的，适用于基于稳态水力计算的应用场景，比如运行状态分析、管网规划、能耗分析等（Walski 等，2004）。然而，这类基于稳态水力条件的简化方法可能会对供水管网的动态水力特性产生不利影响（Bahadur 等，2006；Davis、Janke，2015；Gong 等，2014；Grayman 等，1991；Grayman、Rhee，2000；McInnis、Karney，1995）。例如，Martin（2000）在其研究中发现过于简化的管网模型可能会导致其水力瞬变计算结果失真。Walski 等（2004）分析了不同程度的传统简化模型对瞬变流模拟结果的影响发现，基于稳态水力条件建立的简化模型增加了最大和最小瞬变压力的严重程度。通过很多学者的调查研究，产生这种现象的主要原因是传统的基于稳态的简化方法忽略了对系统中瞬变压力波相互作用的模拟（Gad、Mohammed，2014；Jung 等，2007；Meniconi 等，2014）。这突出了在简化操作中明确考虑动态水力特性（即瞬变响应）的必要性和重要性，从而实现准确的管网建模和分析。从这一点来说，目前还缺乏能够保持复杂管网整体瞬变特征的简化方法。为此，本章内容将结合瞬变流过程中的压力波传播机制，提出面向瞬变流模拟的供水管网模型简化技术。

6.1 面向瞬变流模拟的模型简化分析

6.1.1 基于稳态水力条件的常规简化方法分析

  基于稳态水力模型的常规简化方法是通过利用数据处理方法和水力等价理论减少过多的管道数和节点数以简化模型，并同时保持初始复杂模型的水力性能。常规的模型简化方法一般包括三类操作：①管道合并（细分为串联合并和并联合并），将多根管道合并为一根水力等价的管道；②管道移除，直接移除满足特定条件的管道，如管径小于 $DN100$ mm；③枝状管修剪，删除末端枝状管线。其中，管线移除和枝状管修剪是对管网拓扑结构的直接操作，而管道合并则需要考虑到水力等价理论以确保简化后的管道仍然满足相应的水力性能要求。理论上，管道移除由于可能会破坏原有的输水性能而带来明显的简化误差；枝状管修剪通常对于标准的稳态水力模型结果没有影响；管道合并由于遵循水力等价理论一般简化误差很小。因此，在管网模型简化中，通常多使用管道合并和枝状管修剪操作，而较少使用管道移除操作，除非简化操作无法进行时才考虑使用。另外，在管道合并和枝状管修剪操作中常常伴随着被简化节点水量的重新分配，如串联合并时多采用两端节点均分的方法，枝状管修剪时一般将被简化节点的水量分配至保留节点。

然而，上述文献研究已经表明，传统简化操作直接用于瞬变水力模型的简化是有问题的。最直接的原因是这种简化方法只是考虑到了稳态时的水力等价理论，而忽略了瞬变流过程中压力波在不同的管道属性之间的复杂传播过程。由此得到的简化模型可能导致无效的设计防护方案，使系统不能真正有效地预测瞬变流事件的水力过渡过程以及防护突发灾害性事故。下面对这三类常规简化操作在瞬变水力模型简化中的缺陷进行详细分析，以明晰这些方法在瞬变流分析中可能带来的误导。

管道移除操作是直接移除满足特定条件的管道，由此带来的管网拓扑结构变化可能导致水力状态发生较大偏差。对于瞬变水力模型来说，管道移除更改了压力波在该处的传播路径，进而影响到整个瞬变流分析过程。因此，这种模型简化操作不仅会影响到稳态水力模型的计算准确度，而且对瞬变水力模型的影响作用会更加严重。在瞬变水力模型的简化中，不推荐采用管道移除操作，除非是在可预知简化后果的情况下谨慎使用。

管道合并操作是将多根串联或并联的管道通过水力等价理论转换为一根具有相同输水性能的等价管道。进行合并的管道可能是属性相同或相近的连接管道。这对于稳态水力模型是可接受的，其对计算精度的影响一般很小并且可控。然而对于瞬变水力模型而言，管道合并的影响比较复杂，必须进行仔细评估。不同管道的尺寸、材质、壁厚以及阀门、水泵、漏失点等边界条件都具有独特的瞬时特性。这些特性会产生压力波的透射和反射，极大地影响瞬变流过程中水力状态的变化。水力等价理论忽视了这种复杂的压力波传播过程，会使系统的瞬时响应偏离原始结果。例如，截面积减小的串联管道可以明显增强压力波的幅度（即传播系数大于1），但是水力等价的管道不能表示这种变化。同样地，并联简化后的水力等价管道也不能表示原始的压力波传播特性。有学者（Walski 等，2004）研究表明，环状系统中的瞬时响应可能比单根管道更加严重。另外，管道合并操作中涉及的节点水量重分配应该在瞬变水力模型中慎重考虑，因为节点水量的大小和位置会影响压力波的透射、反射和衰减。

枝状管修剪操作被广泛应用于大规模管网的简化，其理论依据是末端枝状管线在稳态水力模型中的作用很小，并且枝状管的输送水量被分配到保留节点作为节点水量。尽管这种简化操作对稳态流量和压力没有任何影响，却会严重影响瞬变流分析结果。首先，枝状管修剪忽略了这部分管线的弹性性能，相应的压力波传播过程也被忽略。其次，末端节点会产生与入射压力波同值的反射压力波，即末端节点的瞬时压力会成倍变化。例如，幅度为 100 m 的压力波到达末端节点后，将会产生一个 100 m 的反射压力波，导致节点处出现 200 m 的压力增值。因此，末端节点是管网中最易于产生异常压力波动的位置，应该在瞬变流分析中仔细考虑。另外，删除末端节点忽视了节点处的高程影响，而高程足够高的末端节点容易在瞬变流事件中产生负压甚至气穴现象。

6.1.2 适用于瞬变水力模型的管网简化方法

综合上述分析可以发现，常规简化方法不能适用于瞬变水力模型的主要原因是其忽视了瞬变流过程中压力波在不同的管道属性之间的复杂传播特性。结合瞬变流过程中压力波的传播机制，在常规的简化方法中增加对压力波传播过程的考虑，即可得到适用于瞬变水力模型的管网简化方法。根据瞬变流过程中压力波的传播机制，只有简化过程对压力波的传播过程影响很小，才能保证简化前后瞬变流计算结果大致相同。由此提出适用于瞬变水力模型简化的瞬变准则，包括波相准则和波幅准则。具体来说，简化后管网瞬变压力波通过简化后管道的相位（通常由波的传播时间来表示）和幅值都应该接近在简化前原系统中的瞬变压力波。这在数学上可表示如下。

（1）波相准则：

$$\Delta t_s \rightarrow \Delta t_0 \tag{6.1.1}$$

式中：Δt 为瞬变压力波通过管道的传播时间；下标 s 和 0 分别表示简化后的简化管道系统和原始管道系统。

（2）波幅准则：

$$\Delta h_s \rightarrow \Delta h_0 \tag{6.1.2}$$

式中：Δh 为瞬变压力波通过管道后的幅值。

6.2　面向瞬变流模拟的供水串联管道简化方法

式（6.1.1）和式（6.1.2）可以应用于多种不同的简化类型，包括串联/并联管道合并、管道移除等。本章主要开发供水串联管道的瞬变简化方法，因为这类管道的简化是供水管网简化中最常见的操作之一（Walski 等，2004；Martínez-Solano 等，2017）。该方法同时将水力等效理论和基于瞬变压力波传播机理的瞬变准则结合到串联管道简化过程的水力分析中。提出三个评价指标来定量评估模型简化对系统瞬变特征的影响。通过两个不同复杂度的供水管网案例研究，验证了该方法的有效性。注意，本章所提方法用于简化不包含中间节点水量的串联管道。这是由于很多供水管网模型（尤其是管网内的主干管道）存在很多虚拟节点（即没有用水量的节点），这些节点用于表示不同管径和结构之间的连接，以及不同水力设施之间的连接。当供水管网模型是从地理信息系统（GIS）生成时这种情况尤其明显，而且这种模型开发方式现在正成为主流（Deuerlein，2008；Huang 等，2019）。为使所提出方法得到更广泛的应用，第 7 章将继续开展研究，以明确考虑简化中节点水量的瞬变影响，实现供水管网流量的优化分配。

6.2.1　串联管道瞬变简化方法

对于供水串联管道，简化后瞬变压力波的传播时间可以完全等于简化前，即波相准则可以完全满足。然而，由于简化过程中串联管道的中间节点被移除，只能考虑瞬变压力波在串联管道两端边界节点处的传播过程，因此波幅准则无法完全满足。由于没有考虑中间节点的瞬变动力特性，简化串联管道不可避免地产生了潜在误差。在实际应用中，可指定一个阈值以确保简化引起的瞬变误差在可接受的范围内。串联管道瞬变简化准则可以用数学方法描述为

$$\Delta t_s = \Delta t_0 \tag{6.2.1}$$

$$|| \Delta h_s - \Delta h_0 || = E \leqslant E_{tol} \tag{6.2.2}$$

式中：E 为误差指标，表示串联管道简化引起的瞬变压力波幅值的误差；E_{tol} 为指定的最

大允许误差。另外需注意，简化过程中通常不移除具有局部高海拔的节点，因为这些节点可能会在瞬变流事件中产生负压甚至是水柱分离现象（Jung 等，2007）。

首先，采用图 6.2.1 所示的简单串联管道系统来说明所提出的瞬变简化方法。该串联管道系统包括串联管道 P_1 和 P_2、外部连接管道 P_3 和 P_4、两端边界节点 N_1 和 N_2、中间节点 N_3。在传统的基于稳态水力条件的简化方法中，根据水力等效理论，串联管道 P_1 和 P_2 可以被简化为一根等效管道 P_e，如图 6.2.1（b）所示。更具体地说，两根原始串联管道 P_1 和 P_2 引起的水头损失应与简化后的等效管道 P_e 相同（Walski 等，2003）。如果使用海曾-威廉（Hazen-Williams，H-W）公式来计算水头损失，水力等价可表示为

$$\frac{L_e}{C_e^{1.852} D_e^{4.87}} = \frac{L_1}{C_1^{1.852} D_1^{4.87}} + \frac{L_2}{C_2^{1.852} D_2^{4.87}} \tag{6.2.3}$$

式中：L、D 和 C 分别为管长、管径和海曾-威廉系数；下标 1、2 和 e 分别代表管道 P_1、P_2 和 P_e。使用达西-韦伯（Darcy-Weisbach）公式也可以推导出相似的形式，即 $f_e L_e / D_e^5 = f_1 L_1 / D_1^5 + f_2 L_2 / D_2^5$，其中 f 是达西-韦伯摩阻系数。在实际应用中，工程师们通常假定 $L_e = L_1 + L_2$，并为等效管道 P_e 选用一种标准商用管径尺寸，由此基于式（6.2.3）确定相应的管道海曾-威廉系数数值（Walski 等，2003）。

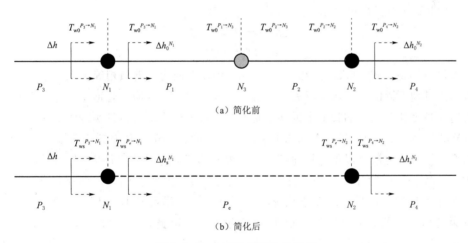

（a）简化前

（b）简化后

图 6.2.1　串联管道简化示意图

显然，由式（6.2.3）表示的传统简化方法没有考虑到简化引起的瞬变流影响。为了解决这个问题，除了基本的水力等效准则外，还应明确考虑所提出的考虑瞬变流影响的瞬变准则〔式（6.2.1）和式（6.2.2）〕。根据式（6.2.1），瞬变压力波通过等效管道 P_e 的传播时间（即 $\Delta t_s = L_e / a_e$）应等于其通过原始串联管道 P_1 和 P_2 的总传播时间（即 $\Delta t_0 = L_1 / a_1 + L_2 / a_2$），即

$$\frac{L_e}{a_e} = \frac{L_1}{a_1} + \frac{L_2}{a_2} \tag{6.2.4}$$

式中：a_1 和 a_2 是原始管道的瞬变波速，可根据管道特性（如材质、直径和壁厚等）确定；a_e 是待确定的等效管道的瞬变波速。

式（6.2.2）中的波幅准则可以通过瞬变压力波的传播机制来实现。在瞬变流领域，通常定义反射系数（R）和压力波在节点处的传播系数（T_w）来表示波在边界处的传播特

性（Chaudhry，2014），此处也采用这种定义来驱动瞬变简化方法。图 6.2.1 中，假设具有幅值为 Δh 的压力波从管道 P_3 传播至管道 P_4。对于原始串联管道，第一次传播至节点 N_1 和 N_2 处的压力波的幅值可以根据节点边界处压力波转换方程计算得到（Huang 等，2017；Wood 等，2005），即

$$\Delta h_0^{N_1} = T_{w0}^{P_3 \to N_1} \Delta h \tag{6.2.5}$$

$$\Delta h_0^{N_2} \approx T_{w0}^{P_3 \to N_1} T_{w0}^{P_1 \to N_3} T_{w0}^{P_2 \to N_2} \Delta h \tag{6.2.6}$$

其中

$$T_w^{P_j \to N_i} = (2A_j/a_j) \Big/ \sum_{m=1}^{M} A_m/a_m$$

式中：$\Delta h_0^{N_1}$ 和 $\Delta h_0^{N_2}$ 为压力波传播通过节点 N_1 和 N_2 后的幅值；下标 0 表示简化前瞬变流状态；$T_w^{P_j \to N_i}$ 为入射波从管道 P_j 通过节点 N_i 时压力波在节点处的传播系数；A 为管道截面积；M 为节点处连接管道总数（Chaudhry，2014）。

对于图 6.2.1 中的示例，从管道 P_3 通过节点 N_1 传播至管道 P_1 的传播系数为 $T_w^{P_3 \to N_1} = (2A_3/a_3)/(A_3/a_3 + A_1/a_1)$。相反方向，从管道 P_1 通过节点 N_1 传播至管道 P_3 的传播系数为 $T_w^{P_1 \to N_1} = (2A_1/a_1)/(A_3/a_3 + A_1/a_1)$。同理，简化后（以下标 s 表示），节点 N_1 和 N_2 处的瞬变动力特性可表示为

$$\Delta h_s^{N_1} = T_{ws}^{P_3 \to N_1} \Delta h \tag{6.2.7}$$

$$\Delta h_s^{N_2} \approx T_{ws}^{P_3 \to N_1} T_{ws}^{P_e \to N_2} \Delta h \tag{6.2.8}$$

需要注意的是，式（6.2.6）和式（6.2.8）中左右两边是近似相等关系，这是由于本研究中未考虑其他不同的外部影响因素，如管壁摩擦、黏弹性效应、管道振动等。这些外部影响因素对于长度相对较小的管道来说并不重要，而长度较小的管道是实践中简化的主要考虑对象（Walski 等，2003）。虽然图 6.2.1 中仅考虑了两根外部连接管道来计算节点 N_1 和 N_2 处的瞬变特性，该方法可以很容易地扩展到多根外部管道与所考虑节点连接的情况。

图 6.2.1 假设瞬变压力波的传播方向是从管道 P_3 至管道 P_4，以演示所提出的方法。然而，为了保证简化前后串联管道系统的瞬变特性差异尽可能小，还需要考虑来自另一个方向的瞬变压力波的影响（即从管道 P_4 至管道 P_3）。因此，本研究定义了一个加权最小二乘（weighted least square，WLS）优化公式（Arsene、Gabrys，2014），以明确考虑来自两个方向的瞬变流影响。具体来说，在简化前后的串联管道系统中，瞬变压力波从两个不同方向传播至两个边界节点处的波幅变换的差异同时最小化，以实现全局最优化。也就是说，式（6.2.2）中的简化误差指标 E 用一个 WLS 问题表示，即

$$\text{Min:} E = w_1 \{ (T_{w0}^{P_3 \to N_1} - T_{ws}^{P_1 \to N_1})^2 + (T_{w0}^{P_4 \to N_2} T_{w0}^{P_2 \to N_3} T_{w0}^{P_1 \to N_1} - T_{ws}^{P_4 \to N_2} T_{ws}^{P_e \to N_1}) \} +$$
$$w_2 \{ (T_{w0}^{P_4 \to N_2} - T_{ws}^{P_4 \to N_2})^2 + (T_{w0}^{P_3 \to N_1} T_{w0}^{P_1 \to N_3} T_{w0}^{P_2 \to N_2} - T_{ws}^{P_3 \to N_1} T_{ws}^{P_e \to N_2})^2 \}$$
$$\tag{6.2.9}$$

式中：右侧第一项表示两个传播方向上简化前后瞬变压力波在节点 N_1 处传播后的波幅差值的加权平方和；右侧第二项表示两个传播方向上简化前后瞬变压力波在节点 N_2 处传播后的波幅差值的加权平方和；w_1 和 w_2 为两根被简化的串联管道的相对重要性的权重值，可以通过初始稳态时两根串联管道的流体惯性能量差异来量化表示，即

$$w_1 = (L_1/A_1)/(L_1/A_1 + L_2/A_2) \tag{6.2.10}$$

$$w_2 = (L_2/A_2)/(L_1/A_1 + L_2/A_2) \tag{6.2.11}$$

权重值越大，说明串联管道具有较大的流体惯性（即具有较大的初始能量，表示更多的流体质量或更快的流体速度），因此在瞬变流过程中更有可能产生较大压力波动。结合式（6.2.2），式（6.2.9）中最小化的 E 值不应大于指定的容许误差 E_{tol}。

注意，式（6.2.9）中未知变量都与 A_e/a_e 相关，如 $T_{ws}^{P_3 \to N_1} = (2A_3/a_3)/(A_3/a_3 + A_e/a_e)$ 和 $T_{ws}^{P_e \to N_1} = (2A_e/a_e)/(A_3/a_3 + A_e/a_e)$，因此该公式中真正的决策变量是 A_e/a_e。为了确保简化结果的合理性，本研究限定 A_e/a_e 的取值范围为 A_1/a_1 和 A_2/a_2 之间。

综上所述，式（6.2.3）、式（6.2.4）和式（6.2.9）中包含了四个未知变量，即简化后等效管道的属性（L_e，a_e，D_e，C_e）。因此，需要确定这些未知属性值以最小化简化引起的瞬变流影响。由于这四个变量只有三个求解方程，因此无法得到其解析解。针对这个问题，在该方法中采用 $L_e = L_1 + L_2$ 以从式（6.2.4）中确定 a_e。紧接着，D_e 和 C_e 可分别由式（6.2.9）和式（6.2.3）求解得到。

6.2.2　实施步骤

真实的供水管网中往往会存在多根（两根以上）串联管道连接的情况，如图 6.2.2 所示。本研究提出的瞬变简化方法会合并这些串联管道中的一部分，从而在不对瞬变流动态特性产生显著影响的情况下实现高效的模型仿真和管理。为此，本研究提出一种分步实施的简化过程，如图 6.2.2 所示。

步骤 1：识别供水管网中的串联管道系统，形成集合 $\mathbf{S} = \{S_1, S_2, \cdots, S_N\}$，其中 $\mathbf{S}$ 表示一个串联管道系统，包括两根串联管道、两个边界节点、一个中间节点和多根外部连接管道；N 是串联管道系统的数量。对于图 6.2.2（a）的示例管网，可以识别出三个串联管道系统，即 $\mathbf{S} = \{S_1, S_2, S_3\}$。其中包括串联管道 P_1 和 P_2、边界节点 N_1 和 N_3、中间节点 N_2 和外部连接管道 P_3、P_5 和 P_6，即 $S_1 = \{(P_1, P_2), (N_1, N_3), N_2, (P_3, P_5, P_6)\}$；相似地，$S_2 = \{(P_2, P_3), (N_2, N_4), N_3, (P_1, P_4)\}$ 和 $S_3 = \{(P_3, P_4), (N_3, N_5), N_4, (P_2, P_7, P_8)\}$。

步骤 2：根据系统运行和管理需求，指定可容许简化误差阈值 E_{tol} ［式（6.2.2）］，表示简化系统与原系统在瞬变动力特性方面的最大允许差异。

步骤 3：根据式（6.2.9）计算串联管道系统集合 $\mathbf{S}$ 的简化误差指标 E 的最小值。对于图 6.2.2 中的情况，可以得到三个 E 值，即 $\mathbf{E} = \{E_1, E_2, E_3\}$。

步骤 4：找到集合 $\mathbf{E}$ 中的最小值，即 $E_{min} = \min(E)$，然后判断 $E_{min} < E_{tol}$ 是否成立。如果 $E_{min} < E_{tol}$ 成立，则说明不需要再进行简化（简化过程终止）；否则，对与 E_{min} 对应的串联管道系统执行简化操作，即根据式（6.2.3）、式（6.2.4）和式（6.2.9）确定简化后的等效管道属性（L_e，a_e，D_e，C_e）。对于图 6.2.2（a）中的示例，如果 $E_{min} = E_3 < E_{tol}$，则选择串联管道系统 S_3 进行简化，简化后的等效管道 P_{34}（用来替代串联管道 P_3 和 P_4）的属性由式（6.2.3）、式（6.2.4）和式（6.2.9）确定。结果是，将原系统的串联管道 P_3 和 P_4 替换为等效管道 P_{34}，如图 6.2.2（b）所示。

步骤 5：分别从集合 $\mathbf{E}$ 和集合 $\mathbf{S}$ 中移除最小值 E_{min} 和相应的串联管道系统。如图 6.2.2（b）所示，分别移除最小值 E_3 和串联管道系统 S_3，即 $\mathbf{E} = \{E_1, E_2\}$ 和 $\mathbf{S} = \{S_1, S_2\}$。

步骤 6：更新集合 $\mathbf{S}$ 和 $\mathbf{E}$ 中受简化影响的元素（管道和节点），因为在步骤 4 中使用等效管道替换了串联管道和中间节点。对于图 6.2.2 中的示例，简化过程中移除的管道 P_3 也是串联管道系统 S_1 中的元素，因此必须对 S_1 进行更新，以等效管道 P_{34} 替换管道 P_3，即 $S_1 = \{(P_1, P_2),$ $(N_1, N_3), N_2, (P_{34}, P_5, P_6)\}$。管道 P_3、P_4 和节点 N_4 也是 S_2 的元素，因此对其进行更新，以管道 P_{34} 替换 P_3，节点 N_5 替换 N_4，管道 P_7 和 P_8 替换 P_4，即 $S_2 = \{(P_2, P_{34}), (N_2, N_5), N_3, (P_1,$ $P_7, P_8)\}$。相应地，利用式（6.2.9）分别更新 S_1 和 S_2 的 E_1 和 E_2 值。

步骤 7：返回步骤 4，直至 $E_{\min} \geqslant E_{tol}$ 或 $\mathbf{S} = \mathbf{\Phi}$（所有串联管道都已被简化）。

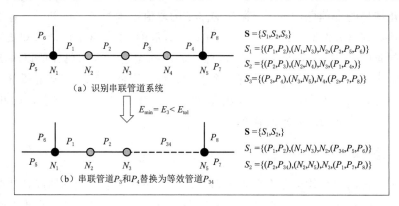

图 6.2.2　瞬变简化方法的实施过程

6.2.3　简化精度评价指标

提出三种不同的评价指标来评价简化管网在瞬变动力特性方面的性能。第一个评价指标是节点 i 处的最大压力升高（$err_{\max}$），可表达为

$$err_{\max} = \left| \frac{\max[\Delta H_s^i(t)] - \max[\Delta H_0^i(t)]}{\max[\Delta H_0^i(t)]} \right| \tag{6.2.12}$$

式中：$\Delta H_s^i(t)$ 和 $\Delta H_0^i(t)$ 分别为简化管网和原始管网系统中节点 i 处在任意模拟时刻 t 时的瞬变压力变化（相对于初始稳态压力）。该指标数值越小，表明简化模型能够越好地捕捉到原系统中瞬变流过程中产生的最大压力上升。此外，评价简化模型在重现瞬变流过程中原系统的最大压力下降也是很有意义的，这可以定义为 $err_{\min}$，即

$$err_{\min} = \left| \frac{\min[\Delta H_s^i(t)] - \min[\Delta H_0^i(t)]}{\min[\Delta H_0^i(t)]} \right| \tag{6.2.13}$$

上述两个评价指标侧重于评价简化模型在极端情况下的性能，因为此类场景往往对供水管网的安全构成严重威胁。为了进行更全面的评估，本研究还考虑了简化模型和原始模型在模拟瞬变流响应过程中的累计误差（err_{cum}），可表示为

$$err_{\text{cum}} = \frac{\int_0^{t_{\max}} |\Delta H_s^i(t) - \Delta H_0^i(t)| \, \mathrm{d}t}{\int_0^{t_{\max}} |\Delta H_0^i(t)| \, \mathrm{d}t} \tag{6.2.14}$$

式中：$t_{\max}$ 是最大模拟时刻。

6.3　案例研究

采用两个不同复杂程度的假设案例（一个简单的输水管道系统和一个环状管网系统）

来论证所提方法的可行性。所有的案例研究中瞬变流计算模型均采用经典的一维水锤模型，瞬变流模拟采用特征线法（MOC）耦合准稳态摩擦项和离散空腔模型（进行水柱分离模拟）。这些模型和方法的细节可参考很多经典文献（Chaudhry，2014；Meniconi 等，2013；Wylie 等，1993）。此外，为了在两个案例研究中进行公平的比较分析，所有基于 MOC 的瞬变流模拟的计算时步均满足 Courant 条件（即 $C_r \leqslant 1$）。具体来说，通过初步分析，案例 1 和案例 2 的计算时步分别设为 0.1 s 和 0.01 s。

6.3.1 案例描述

案例 1 [图 6.3.1（a）] 是一个假设的供水管线系统，该系统有三根连续的串联管道，即串联管道 [2]、[3] 和 [4]，用来说明本研究所开发的瞬变简化方法的可行性和准确性。案例 2 [图 6.3.1（b）] 是一个具有多个串联管道和不同波速管道的环状管网，用来说明所开发方法对复杂系统的适用性。两个案例均为恒定水头水库供水系统，其中所有节点的高程均为零，案例 1 中节点 5 的水量为 100 L/s，案例 2 中节点水量均为 300 L/s，详细的管道和流量信息见表 6.3.1。案例 1 的瞬变流事件是由下游管道末端（节点 5）突然关闭引起的，即其水量由 100 L/s 降为零。而对于复杂的案例 2，则应用表 6.3.2 所列的 10 个不同位置的水量波动和阀门动作产生的瞬变流事件，对所开发的基于瞬变的简化方法在各种瞬变条件下的适用性进行综合考察。

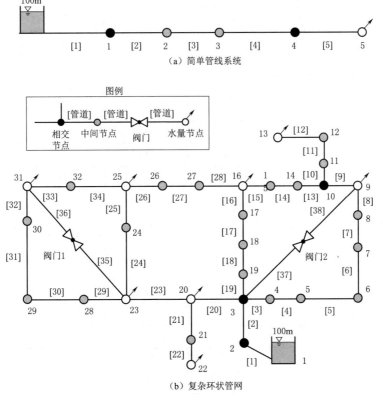

图 6.3.1 案例管网图

表 6.3.1　　　　　　　　　　　　　两个案例的系统信息

案例	管道	长度/m	直径/mm	海曾-威廉系数	波速/（m/s）	流速/（m/s）
1	1	1500	800	120	1000	0.20
	2	500	700	115	1000	0.26
	3	300	600	118	1000	0.35
	4	700	500	122	1000	0.51
	5	1500	400	120	1000	0.80
2	1	100	1200	115	1100	2.12
	2	1350	1200	117	1100	2.12
	3	900	700	121	1100	0.85
	4	1150	600	110	1100	1.16
	5	1450	600	112	1100	1.16
	6	450	500	116	1200	1.66
	7	850	500	114	1200	1.66
	8	850	400	118	1200	2.60
	9	800	600	116	1100	1.28
	10	950	600	117	1100	1.06
	11	1200	500	120	1200	1.53
	12	3500	500	121	1200	1.53
	13	800	500	119	1200	0.32
	14	500	400	117	1200	0.49
	15	550	300	113	1300	0.88
	16	2730	400	115	1200	1.93
	17	1750	500	118	1200	1.23
	18	800	600	114	1100	0.86
	19	400	800	119	1100	0.48
	20	2200	900	113	1100	2.35
	21	1500	500	124	1200	1.53
	22	500	300	119	1300	4.24
	23	2650	800	118	1100	1.78
	24	1230	600	115	1100	1.47
	25	1300	500	121	1200	2.11
	26	850	100	116	1300	0.52
	27	300	200	112	1300	0.13
	28	750	300	117	1300	0.06

续表

案例	管道	长度/m	直径/mm	海曾-威廉系数	波速/（m/s）	流速/（m/s）
2	29	1500	500	122	1200	0.52
	30	2000	400	116	1200	0.82
	31	1600	300	115	1300	1.46
	32	150	200	121	1300	3.27
	33	860	300	120	1300	1.68
	34	950	400	118	1200	0.94
	35	2500	300	112	1300	1.11
	36	2500	300	112	1300	1.11
	37	2500	500	118	1200	1.71
	38	2500	500	118	1200	1.71

表 6.3.2 　　　　　　　　　　　　　案例 2 的瞬变流事件

瞬变流事件	触发源	事件描述	瞬变流事件	触发源	事件描述
E1	节点 13	节点水量突然降为 0	E6	节点 23	节点水量突然降为 0
E2	节点 31	节点水量突然降为 0	E7	节点 20	节点水量突然降为 0
E3	节点 25	节点水量突然降为 0	E8	节点 22	节点水量突然降为 0
E4	节点 16	节点水量突然降为 0	E9	阀门 1	阀门瞬间关闭
E5	节点 9	节点水量突然降为 0	E10	阀门 2	阀门瞬间关闭

6.3.2　简化方法应用

所提出的简化方法分别应用于图 6.3.1 中的两个案例研究。为了全面展示所提方法的实用性，尝试了几种不同的可容忍误差 E_{tol} 值（$E_{tol}=0.01$、0.02、0.03 和 1.00）和不同的管道瞬变参数（管道波速）。为了能够进行性能比较，未考虑瞬变流影响的传统简化方法也分别应用于两个案例研究中。所提出的简化方法的实施细节已在 6.2 节中给出。对于传统的简化方法，首先简化管道的等效长度取串联管道的长度总和，然后将两个串联管道中直径较大的管道直径数值分配给等效管道，再根据式（6.2.3）和式（6.2.4）可相应确定简化后等效管道的另外两个属性（即海曾-威廉系数和波速）。

6.3.3　案例 1 结果

对于图 6.3.1（a）所示的案例，采用所提出的方法可识别出两个串联管道系统。传统方法和提出的基于瞬变流的方法所产生的简化结果如图 6.3.2 所示，其中给出了简化管道的（L_e，a_e，D_e，C_e）值。从图 6.3.2 中可以看出，这两种不同的简化方法得到的简化水平不同，导致简化管道的属性存在差异。更具体地说，传统方法确定的（D_e，C_e）的参数与提出的基于瞬变方法估计的参数有显著不同，即使是对于具有相同简化水平的简化模型，如图 6.3.2（a）和（c）所示。

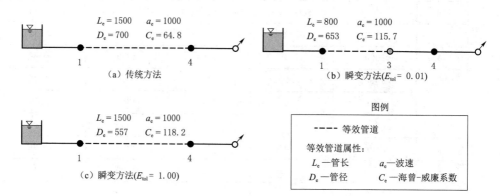

图 6.3.2　案例 1 的简化结果

图 6.3.2（b）和（c）中的简化结果是由所提出的方法在不同的可容忍误差 E_{tol} 下产生的，前者为 $E_{tol}=0.01$，后者为 $E_{tol}=1.00$。显然，E_{tol} 值越大，简化水平越高，代表供水管网模型越简化。另外，传统方法和所提方法得出的简化系统的波速是相同的，这是因为图 6.3.1（a）中原系统中所有管道的波速初始设置是相同的。对于传统方法和所提方法，等效管道的长度等于合并为简化的系列管道的总长度。

为了评估三个简化系统（图 6.3.2）在估计原始系统的瞬变动力特性方面的性能，在图 6.3.1（a）中节点 5 的水量从 100 L/s 突然减少到零的情况下进行瞬变流模拟。使用所提出的三个评价指标对节点 1、节点 4 和节点 5 的瞬变引起的压力变化进行评估，结果见表 6.3.3。显然，所提出的基于瞬变的方法在重现原系统的瞬变特性方面明显优于传统方法。有趣的是，虽然在 $E_{tol}=1.00$ 的情况下，所提出的方法产生的简化系统与传统方法提供的简化系统完全相同，但前者的性能明显更好。

表 6.3.3　案例 1 的不同简化模型中节点处的评价指标结果

简化方法		err_{max}			err_{min}			err_{cum}		
		1	4	5	1	4	5	1	4	5
传统方法		0.194	0.464	0.268	0.344	0.506	0.153	0.975	0.766	0.989
瞬变方法	$E_{tol}=0.01$	0.031	0.162	0.130	0.200	0.108	0	0.274	0.288	0.282
	$E_{tol}=1.00$	0.144	0.261	0.256	0.343	0.283	0.121	0.919	0.638	0.826

表 6.3.3 为图 6.3.2 中不同简化系统的瞬变特性的总体结果。为了进一步说明它们在模拟瞬变动力学方面的性能差异，图 6.3.3 显示了这三种简化系统以及原管道系统在边界节点 1 和节点 4 处的瞬变压力痕迹［图 6.3.1（a）］。可以看出，在 $E_{tol}=0.01$ 的情况下，所提出的方法产生的简化模型的瞬变压力轨迹，无论是瞬变振幅还是相位，都能与原系统的压力轨迹很好地匹配。然而，传统方法产生的简化模型在重现原系统的瞬变轨迹方面表现出明显的劣势。虽然较大的 E_{tol} 值（$E_{tol}=1.00$）能够在更大程度上对原系统进行简化，但在保持原系统的瞬变特性方面却更容易出现性能下降，如表 6.3.3 和图 6.3.3 所示。需

要注意的是，即使对于 E_{tol} 数值很低的情况，所提出的方法也无法捕捉到一些瞬变压力峰值，如图 6.3.3 所示。这是因为模型简化将不可避免地导致一些瞬变特性的损失。

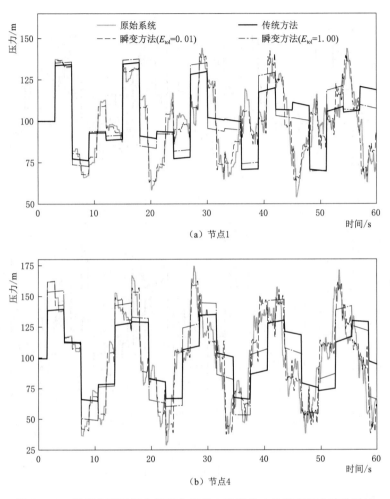

图 6.3.3　案例 1 不同简化模型中节点 1 和节点 4 的瞬变压力波动对比

　　如前所述，图 6.3.1（a）中假设所有管道的波速相同，以实现简化分析。然而，在实践中，由于管道材料和环境条件的变化，这些管道极有可能拥有不同的波速（Duan 等，2017；Wylie，1993）。为了研究所提出的方法在处理不同管道波速的供水管网模型时的性能，将图 6.3.1（a）中管道［4］的波速改为 600 m/s（表示塑料材质管道），其他参数保持不变。对于这个新的管道系统，传统方法［由式（6.2.4）确定的等效管道的波速为762.7 m/s］和采用 $E_{tol}=0.01$ 的瞬变简化方法都要重新应用。两种方法应用于图 6.3.1（a）确定的不同波速的简化系统与图 6.3.2（a）和图 6.3.2（c）中的简化系统相同，但等效管道的属性值不同，结果如图 6.3.4 所示。

　　如图 6.3.4 所示，所提出的方法生成的简化模型能基本重现原系统中节点 1 和节点 4处的瞬变压力痕迹，明显优于传统方法。这说明所提出的基于瞬变的简化方法对管网中不同波速的管道进行简化是有效的。

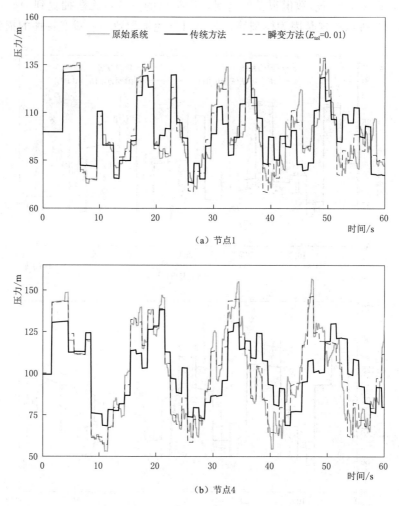

（a）节点1

（b）节点4

图 6.3.4　案例 1 不同管道波速情况下不同简化模型中节点 1 和节点 4 的瞬变压力波动对比

6.3.4　案例 2 结果

对于案例 2 ［图 6.3.1（b）］，采用所提出的基于瞬变的简化方法，共识别了 20 个串联管道系统。图 6.3.5 中给出了所提出的方法在不同容许误差 E_{tol} 值情况下生成的最终简化系统。从图 6.3.5 中可以看出，不同的 E_{tol} 值与不同的模型简化水平有关，数值越大，对应的简化水平越高。可见，在 $E_{tol}=0.01$ 时，应用所提出的方法后，有 16.1% 的节点（图 6.3.5 中虚线圆圈代表）被删除，但当 $E_{tol}=1.00$ 时，这一数值可高达 64.5%，如图 6.3.5 所示，其中简化水平表示从原模型中删除的节点占原模型总节点数的比例。

如表 6.3.2 所述，对于案例 2 的每个简化系统，使用了 10 个不同的瞬变流事件进行模拟分析，如图 6.3.5 所示。为了能够进行公平的比较，也将传统的简化方法应用于案例 2 的供水管网简化，以产生图 6.3.5 中所提出的方法所产生的相同的简化系统（但管道属性不同），然后使用表 6.3.2 中列出的瞬变流事件进行瞬变分析。由于每个简化系统对应

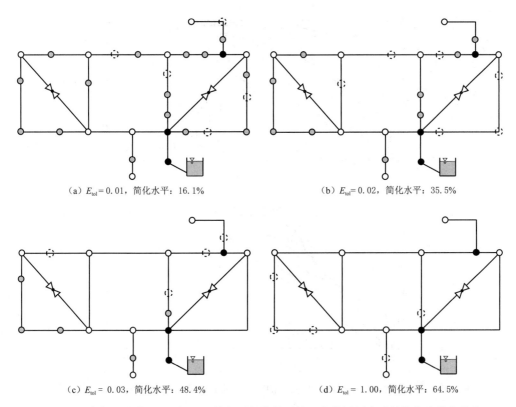

（a）$E_{tol} = 0.01$，简化水平：16.1%　　　（b）$E_{tol} = 0.02$，简化水平：35.5%

（c）$E_{tol} = 0.03$，简化水平：48.4%　　　（d）$E_{tol} = 1.00$，简化水平：64.5%

图 6.3.5　案例 2 中使用不同的 E_{tol} 值得到的简化系统（虚线圆圈表示被简化移除的节点）

许多不同的瞬变事件和许多节点，这里对所有瞬变事件和所有节点的评价指标数值进行统计分析。更具体地说，图 6.3.6 中列出了每个简化系统的每个评价指标的累积概率密度函数（CDF）的分布（即基于 11 个公共节点和 10 个瞬变事件的所有组合的 110 个数值）。

如图 6.3.6 所示，所提方法产生的简化系统（实线）在重现原系统的瞬变动力特性方面始终优于传统方法（虚线），因为其评价指标值在统计上的 CDF 曲线始终低于传统方法。与案例 1 的研究发现一样，E_{tol} 的值越大表示系统的简化程度越高，但代价是在保持原系统瞬变特性方面的性能降低（图 6.3.6）。在对真实供水管网进行简化时，应该考虑这样的权衡。

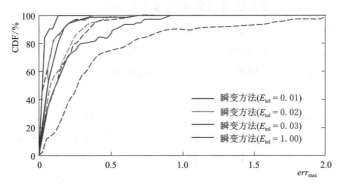

瞬变方法（$E_{tol} = 0.01$）
瞬变方法（$E_{tol} = 0.02$）
瞬变方法（$E_{tol} = 0.03$）
瞬变方法（$E_{tol} = 1.00$）

图 6.3.6（一）　案例 2 中不同简化模型的各评价指标的累计概率密度分布（彩图附后）

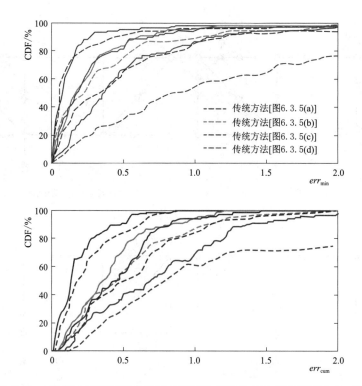

图 6.3.6（二）　案例 2 中不同简化模型的各评价指标的累计概率密度分布（彩图附后）

6.4　小结

本章开发了一种基于瞬变的串联管道简化方法，以实现高效的瞬变流水力模拟和分析。该方法同时考虑了水力等效理论和考虑瞬变流影响的简化准则，提出了三种评价指标来定量评价模型简化对系统瞬变动力特性的影响。两个不同复杂程度的供水管网案例被用来验证所提方法的有效性。为了进行性能比较，传统的基于稳态的简化方法也被应用到两个案例研究中。本章研究得到主要结论如下：

（1）所提基于瞬变的简化方法得到的简化模型在瞬变动力特性方面可以与原系统很好地匹配，尤其是设定容许误差 $E_{tol}=0.01$ 时。

（2）简化模型并不能捕捉到所有真实的瞬变特性，因为简化过程不可避免地忽略了一些管网系统的细节。然而，就相对性能而言，所提的基于瞬变的简化方法在估计系统的瞬变特性方面都明显优于传统的基于稳态的简化方法。

综上，本章提出的基于瞬变的串联管道简化方法可以有效地简化供水管网，同时可以保持管网的整体瞬变特性。需要注意的是，所提简化方法将不可避免地改变原始管网的物理属性（如管径等）。处理这种问题的一种有效方法是，简化管网模型只在需要进行高效瞬变流分析时使用，而原始的全尺寸管网模型可以用于很多其他活动，如作为数据库进行系统管理。此外，还需注意，本章所提方法主要用于不包含中间节点水量的串联管道简化，以减少供水管网中节点和管道数目。在下一章内容中将明确考虑简化过程中流量分配对瞬变流模拟的影响。

参考文献

ARSENE C T C, GABRYS B, 2014. Mixed simulation-state estimation of water distribution systems based on a least squares loop flows state estimator [J]. Applied Mathematical Modelling, 38 (2): 599 – 619.

BAHADUR R, JOHNSON J, JANKE R, et al, 2006. Impact of model skeletonization on water distribution model parameters as related to water quality and contaminant consequence assessment [C]. Proc., Water Distribution Systems Analysis Symposium, 1 – 10.

CHAUDHRY M H, 2014. Applied Hydraulic Transients [M]. Springer-Verlag, New York, USA.

DAVIS M J, JANKE R, 2015. Influence of Network Model Detail on Estimated Health Effects of Drinking Water Contamination Events [J]. Journal of Water Resources Planning and Management, 141 (1), 04014044.

DEUERLEIN J W, 2008. Decomposition Model of a General Water Supply Network Graph [J]. Journal of Hydraulic Engineering, 134 (6): 822 – 832.

DUAN H F, MENICONI S, LEE P J, et al, 2017. Local and Integral Energy-Based Evaluation for the Unsteady Friction Relevance in Transient Pipe Flows [J]. Journal of Hydraulic Engineering, 143 (7), 04017015.

GAD A A M, MOHAMMED H I, 2014. Impact of pipes networks simplification on water hammer phenomenon [J]. Sadhana, 39 (5): 1227 – 1244.

GONG J, LAMBERT M F, SIMPSON A R, et al, 2014. Detection of localized deterioration distributed along single pipelines by reconstructive MOC analysis [J]. Journal of Hydraulic Engineering, 140 (2), 190 – 198.

GRAYMAN W, MALES R, CLARK R, 1991. The effects of skeletonization in distribution system modeling [C]. Proc. AWWA Seminar on Computers in the Water Industry, Houston.

GRAYMAN W M, RHEE H, 2000. Assessment of skeletonization in network models [J]. Building Partnerships, 1 – 10.

HUANG Y, DUAN H-F, ZHAO M, et al, 2017. Probabilistic Analysis and Evaluation of Nodal Demand Effect on Transient Analysis in Urban Water Distribution Systems [J]. Journal of Water Resources Planning and Management, 143 (8), 04017041.

HUANG Y, ZHENG F, DUAN H F, et al, 2019. Skeletonizing Pipes in Series within Urban Water Distribution Systems Using a Transient-Based Method [J]. J. Hydraul. Eng., 145 (2), 04018084.

JUNG B S, BOULOS P F, Wood D J, 2007. Pitfalls of water distribution model skeletonization for surge analysis [J]. Journal of American Water Works Association, 87 – 98.

MARTIN C S, 2000. Hydraulic transient design for pipeline systems [M]. McGraw-Hill, New York.

MARTÍNEZ-SOLANO F J, IGLESIAS-REY P L, MORA-MELIÁ D, et al, 2017. Exact Skeletonization Method in Water Distribution Systems for Hydraulic and Quality Models [J]. Procedia Engineering, 186: 286 – 293.

MCINNIS D, KARNEY B W, 1995. Transients in distribution networks: Field tests and demand models [J]. Journal of Hydraulic Engineering, 121 (3), 218 – 231.

MENICONI S, DUAN H F, Lee P J, et al, 2013. Experimental investigation of coupled frequency and time-domain transient test – based techniques for partial blockage detection in pipelines [J]. Journal of hydraulic engineering，139（10）：1033 – 1040.

MENICONI S，BRUNONE B，FERRANTE M，et al，2014. The skeletonization of Milan WDS on transients due to pumping switching off：Preliminary results [J]. Procedia Engineering，70：1131 – 1136.

WALSKI T M，DAVIAU J L，CORAN S，2004. Effect of skeletonization on transient analysis results [C]. In Proc.，ASCE EWRI Conf. Reston，VA：ASCE.

WALSKI T M，CHASE D V，SAVIC D A，et al，2003. Advanced water distribution modeling and management [M]. Haestead Press，Waterbury，CT.

WOOD D J，LINGIREDDY S，BOULOS P F，et al，2005. Numerical methods for modeling transient flow in distribution systems [J]. Journal（American Water Works Association），97（7）：104 – 115.

WYLIE E B，STREETER V L，SUO L，1993. Fluid Transients in Systems [M]. Prentice Hall，Englewood Cliffs，NJ，USA.

第7章

面向瞬变流模拟的供水管网节点水量优化分配技术

　　针对传统的基于稳态条件的供水管网简化方法不能有效保留原系统瞬变特征的问题，第6章提出了一种面向瞬变流模拟分析的供水串联管道简化方法，旨在简化供水管网中无节点水量的串联管道。该方法在重现原系统的瞬变行为方面明显优于传统的基于稳态的方法，然而不能应用于包含中间水量的串联管道系统。这一限制极大地阻碍了该方法在许多实际管网中的广泛应用。这是因为实际管网模型中存在大量的含节点用水量（代表用户的用水量）的串联管道结构单元。

　　包含中间水量的串联管道系统简化涉及对中间节点水量的分配。为解决该问题，McInnis 和 Karney（1995）首先提出了节点水量的分配方法对瞬变流分析准确性的影响。接着，Karney 和 Filion（2003）确认了节点水量的准确分配对于瞬变流过程的重要性；Edwards 等（2013）认为任何节点水量的准确位置和大小都会影响和更改瞬时压力波的幅度和形状。然后，Huang 等（2017）从概率的角度研究了简化过程中节点水量的转移对管网瞬变响应的影响，结果表明，在简化过程中水量节点对瞬变压力波的传播有重要影响，不应被任意忽略。然而，据文献查阅，目前还没有一种方法在串联管道简化中明确考虑到中间节点水量的影响。此外，简化过程中不同水量大小和不同水量分配策略对管网瞬变特征的影响还缺乏了解。为此，本章旨在：①研发一种通用的基于瞬变的串联管道简化方法，能够处理中间节点包含水量的工况；②对管网简化过程中水量分配引起的瞬变行为特征进行研究和分析。同时，所研发的基于瞬变流简化技术与传统简化方法进行比较分析，以阐释前者的优势和特点（Huang 等，2020）。

7.1　考虑节点水量优化分配的供水串联管道瞬变简化方法

　　对于基于瞬变的简化，通常采用两个精度控制准则（即波相准则和波幅准则），以确保压力波通过简化系统的传播时间和波幅与原管网系统中的传播时间和波幅接近，即式（6.1.1）和式（6.1.2）。针对包含中间水量的串联管道系统的简化，在遵循这两个准则的基础上，本章提出了一种两步简化方法，在第一步实现中间水量优化分配，在第二步实现串联管道合并。其中，在中间水量分配中，提出一种概率估计方法，量化节点水量对瞬变特征的影响。所提两步简化方法中提出了两个优化目标，以分别最小化中间水量分配和串联管道合并引起的简化误差。更具体地说，在第一步中，借助所提出的概率估计方法，将一个串联管道系统的中间节点水量以最优的分配系数分配给两个边界节点。随后在第二步中将中间水量分配后的串联管道合并成一根具有最优等效属性（即管道的长度、波速、直径和摩阻系数）的等效管道。

图 7.1.1（a）是一个典型的串联管道系统，用来说明所提出的方法。这个简单系统是由四根管道（P_1，P_2，P_3，P_4）、两个边界节点（N_1，N_2）和一个内部节点 N_3 组成，其中这三个节点 N_1、N_2 和 N_3 都有水量［图 7.1.1（a）中的 DM_1、DM_2 和 DM_3］。在步骤一中，通过最小化内部水量分配引起的简化误差，将 N_3 的水量以分配系数 r（即权重系数）优化分配给两个边界节点 N_1 和 N_2，使 N_1 和 N_2 的水量分别增加至 $DM_1 + rDM_3$ 和 $DM_2 + (1-r)DM_3$ ［图 7.1.1（b）］。在步骤二中，将管道 P_1 和 P_2 合并成等效管道 P_e ［图 7.1.1（c）］，在保持稳态水力等效的前提下，将串联管道合并引起的简化误差最小化。对提出的两步简化方法和采用的概率估计方法详细阐述如下。

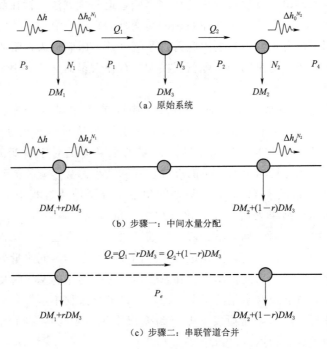

（a）原始系统

（b）步骤一：中间水量分配

（c）步骤二：串联管道合并

图 7.1.1　包含中间水量的串联管道简化示意图

7.1.1　节点水量影响的概率评估方法

为评估节点水量对瞬变流的影响作用，本节开发了一种描述和量化节点水量对瞬变流影响作用的概率评估方法。首先，采用 Huang 等（2017）所提出的节点水量影响因子作为该概率评估方法的关键参数。然后，采用基于蒙特卡洛随机模拟（monte carlo simulation，MCS）的概率评估方法，实现对节点水量影响的评估。

假设原系统中一个波幅为 Δh 的瞬变压力波从管道 P_3 传播至节点 N_1 ［图 7.1.1（a）］，根据节点边界处的压力波转换公式（Huang 等，2017；Wood 等，2005），可以计算出节点处的压力变化（或压力波传播后的波幅）为

$$\Delta h^{P_3 \to N_1} = \Delta h_p^{P_3 \to N_1} - \Delta h_{DM}^{P_3 \to N_1} = (1 - \Psi^{P_3 \to N_1})\Delta h_p^{P_3 \to N_1} \qquad (7.1.1)$$

其中

$$\Delta h_{DM} = \Delta DM \Big/ \sum_{m=1}^{M} (1/B_m)$$

$$\Delta h_p^{P_3 \rightarrow N_1} = T_w^{P_3 \rightarrow N_1} \Delta h$$

$$T_w^{P_3 \rightarrow N_1} = (2/B_3) \Big/ \sum_{m=1}^{M} (1/B_m)$$

式中：$\Delta h_p^{P_3 \rightarrow N_1}$ 为不考虑节点水量影响的情况下入射波从 P_3 经过 N_1 时转化引起的瞬时压力变化，定义为伪压力波动；$T_w^{P_3 \rightarrow N_1}$ 为入射波从 P_3 经过 N_1 时压力波在节点处的传播系数（Chaudhry，2014）；M 为 N_1 处连接管道的总数；$B = a/(gA)$ 为管道的特性阻抗（Gong等，2018）；a 为管道的瞬变波速；A 为管道横截面积；g 为重力加速度；Δh_{DM} 为节点水量变化引起的压力变化，定义为节点水量扰动；ΔDM 为节点水量在瞬变压力波转换过程中由于瞬时水头变化引起的节点水量变化；$\Psi = \Delta h_{DM}/\Delta h_p$ 为节点水量扰动与伪压力波动的比值，用来表示节点水量的影响。

节点水量和瞬时压力水头的关系可表示为（Jung 等，2007；Ebacher 等，2011）

$$DM = C_q H^{\alpha} \tag{7.1.2}$$

式中：DM 为节点水量；H 为节点的测压管水头，由总水头减去节点高程得到；C_{DM} 为节点水量的等效孔口喷射系数；α 为指数（通常采用 $\alpha = 0.5$）。系数 C_{DM} 由初始稳态条件确定，即 $C_{DM} = DM_0/H_0^{\alpha}$，其中 DM_0 和 H_0 分别为初始节点水量和压力水头。将该压力驱动水量代入式（7.1.1），节点水量影响可定义为

$$\Psi^{P_3 \rightarrow N_1} = S^{N_1} \frac{(H^{N_1} + \Delta h^{P_3 \rightarrow N_1})^{\alpha} - (H^{N_1})^{\alpha}}{\Delta h_p^{P_3 \rightarrow N_1}} \tag{7.1.3}$$

其中

$$S^{N_1} = C_{DM}^{N_1} \Big/ \sum_{m=1}^{M} (1/B_m)$$

式中：S^{N_1} 为与初始稳态条件和 N_1 处连接管道属性相关的综合项，相对于动态瞬变流状态而言，该项参数都是静态的，因此定义为静态属性；H^{N_1} 为入射波转变前 N_1 处的瞬变测压管水头，因此定义为前时刻压力。

式（7.1.3）表明，在瞬变流过程中，由于两个相关参数（即前时刻压力 H 和伪压力波动 Δh_p）在瞬变事件随时间演进过程中具有很强的动态性，节点水量对瞬变流动态的影响（即 Ψ）是与时间和事件相关的，因此无法明确量化。为了解决这一问题，本研究提出了一种基于蒙特卡洛模拟（MCS）的概率估计方法，从概率角度明确评价节点水量对瞬变流动态的影响。

在所提出的概率估计方法中，对每个不同的静态属性（S），共进行了 10 万次 MCS 运行，随机两个动态参数（即伪压力变化 Δh_p 和前时刻测压管水头 H）的数值，以获得足够的统计分析结果（Duan 等，2011）。为便于说明，图 7.1.2（a）绘制了 3 种不同静态属性值（S）的节点水量影响（Ψ）的概率密度函数（PDF）。从图 7.1.2（a）中可以看出，Ψ 的分布集中在一个相对有限的范围内，总体上较大的数值与较大的静态属性值相关。这说明两个动态参数（H 和 Δh_p）对 Ψ 的影响有限，这与 Huang 等（2017）研究的结果高度一致。图 7.1.2（b）给出了不同静态属性（S）的 PDF 的最大概率和期望值。从图 7.1.2（b）中可

以观察出，统计参数（最大概率和期望值）和节点的静态属性之间存在单调递增关系。这意味着，节点水量影响的程度可以利用 Ψ 和节点静态属性之间的推导关系进行近似估计，如图 7.1.2（b）所示。相应地，在式（7.1.3）中，可以用一个与 N_1 处静态属性（S^{N_1}）相关的基于概率估计的参数（$\widetilde{\Psi}^{N_1}$）来表示动态的节点水量影响（$\Psi^{P_3 \to N_1}$）。

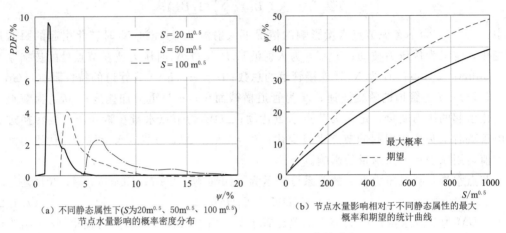

(a) 不同静态属性下(S为20m$^{0.5}$、50m$^{0.5}$、100 m$^{0.5}$) （b）节点水量影响相对于不同静态属性的最大
节点水量影响的概率密度分布　　　　　　　　　概率和期望的统计曲线

图 7.1.2　节点水量影响的概率估计

7.1.2　步骤一：中间水量分配

在所提方法的步骤一内，遵循波幅准则，将节点 N_3 的水量优化分配给两端节点 N_1 和 N_2，以最小化由简化引入的瞬变模拟误差。也就是说，简化系统［图 7.1.1（b）］中两个边界节点 N_1 和 N_2 处的瞬变压力波变换应与原系统［图 7.1.1（a）］接近。假设一个波幅为 Δh 的压力波从管道 P_3 传播到管道 P_4，那么压力波第一次传播至这两个节点处所产生瞬变压力变化可以分别估计如下。

（1）水量分配前的压力波转换［图 7.1.1（a）］：

$$\Delta h_0^{P_3 \to N_1} \approx (1 - \widetilde{\Psi}_0^{N_1}) T_{w0}^{P_3 \to N_1} \Delta h \tag{7.1.4}$$

$$\Delta h_0^{P_3 \to N_2} \approx \Delta h_0^{P_3 \to N_1} \Delta h_0^{P_1 \to N_3} \Delta h_0^{P_2 \to N_2}$$

$$\approx (1 - \widetilde{\Psi}_0^{N_1})(1 - \widetilde{\Psi}_0^{N_3})(1 - \widetilde{\Psi}_0^{N_2}) T_{w0}^{P_3 \to N_1} T_{w0}^{P_1 \to N_3} T_{w0}^{P_2 \to N_2} \Delta h \tag{7.1.5}$$

（2）水量分配后的压力波转换［图 7.1.1（b）］：

$$\Delta h_d^{P_3 \to N_1} \approx (1 - \widetilde{\Psi}_d^{N_1}) T_{wd}^{P_3 \to N_1} \Delta h \tag{7.1.6}$$

$$\Delta h_d^{P_3 \to N_2} \approx \Delta h_d^{P_3 \to N_1} \Delta h_d^{P_1 \to N_3} \Delta h_d^{P_2 \to N_2}$$

$$\approx (1 - \widetilde{\Psi}_d^{N_1})(1 - \widetilde{\Psi}_d^{N_2}) T_{wd}^{P_3 \to N_1} T_{wd}^{P_1 \to N_3} T_{wd}^{P_2 \to N_2} \Delta h \tag{7.1.7}$$

式中：下标 0 和 d 分别为原系统和水量分配后的简化系统的瞬变流状态。由于水量分配后管道的特性阻抗不变（即 $B_d = B_0$），所有压力波在节点处的传播系数与原系统中压力波在节点处的传播系数相同，即每个节点的 $T_{wd} = T_{w0}$。这些方程中的近似符号是由于：①对节点水量影响的概率估计；②影响压力波传播的其他因素，如管道的摩擦力、黏弹性和振动的影响，一般认为这些因素对于长度相对较小的管道来说并不重要，而这些管道是实际管网简化考虑的主要对象（Walski 等，2003）。

同样，对于从 P_4 传播至 P_3（即反方向）的压力波，两个边界节点 N_1 和 N_2 的压力波转换也可以用类似的形式推导出来。因此，根据波幅准则可以构建一个加权最小二乘优化问题来实现简化误差的最小化，即同时将原系统和简化系统［即图 7.1.1（a）和（b）］两个传播方向的两端节点处的压力波转换结果的差异最小化，以实现全局最优。该最优化问题可以表达如下（消除 Δh）：

$$
\begin{aligned}
\text{Min：} \quad E_d = & w_1 \{ [(1-\widetilde{\Psi}_0^{N_1}) T_{w0}^{P_3 \to N_1} - (1-\widetilde{\Psi}_d^{N_1}) T_{w0}^{P_3 \to N_1}]^2 + \\
& [(1-\widetilde{\Psi}_0^{N_2})(1-\widetilde{\Psi}_0^{N_3})(1-\widetilde{\Psi}_0^{N_1}) T_{w0}^{P_4 \to N_2} T_{w0}^{P_2 \to N_3} T_{w0}^{P_1 \to N_1} - \\
& (1-\widetilde{\Psi}_d^{N_2})(1-\widetilde{\Psi}_d^{N_1}) T_{w0}^{P_4 \to N_2} T_{w0}^{P_2 \to N_3} T_{w0}^{P_1 \to N_1}]^2 \} + \\
& w_2 \{ [(1-\widetilde{\Psi}_0^{N_2}) T_{w0}^{P_4 \to N_2} - (1-\widetilde{\Psi}_d^{N_2}) T_{w0}^{P_4 \to N_2}]^2 + \\
& [(1-\widetilde{\Psi}_0^{N_1})(1-\widetilde{\Psi}_0^{N_3})(1-\widetilde{\Psi}_0^{N_2}) T_{w0}^{P_3 \to N_1} T_{w0}^{P_1 \to N_3} T_{w0}^{P_2 \to N_2} - \\
& (1-\widetilde{\Psi}_d^{N_1})(1-\widetilde{\Psi}_d^{N_2}) T_{w0}^{P_3 \to N_1} T_{w0}^{P_1 \to N_3} T_{w0}^{P_2 \to N_2}]^2 \}
\end{aligned}
\tag{7.1.8}
$$

式中：E_d 为加权平方残差之和，E_d 的值越小（即接近于零），表示原系统和简化系统之间的压力波转换差异越小，因此本研究将其视为中间水量分配引入的简化误差指标；右侧第一项代表原系统和简化系统在 N_1 处的瞬变压力变化差异的加权和；右侧第二项代表 N_2 处的这种差异；权重 $w_1 = (L_1/A_1)/(L_1/A_1 + L_2/A_2)$ 和 $w_2 = 1 - w_1$ 代表两个串联管道之间初始流体惯性的相对差异，用来表示两个边界节点处简化误差的相对重要性（Huang 等，2019）。因此，通过对式（7.1.8）的求解，可以得到中间水量分配的优化 r 值和相应的简化误差 E_d 值。

7.1.3 步骤二：串联管道合并

利用上述水量分配策略，节点 N_3 的水量已被移至边界节点［即图 7.1.1（b）中 N_3 无水量］。因此，可以采用第 6 章所提出的基于瞬变的方法对无中间水量的串联管道进行简化。即对于串联管道合并的第二步［图 7.1.1（c）］，遵循两个精度控制准则（即瞬变的波相和波幅准则）和传统的水力等效理论来实现管网简化，即采用以下公式：

$$
\frac{L_e}{a_e} = \frac{L_1}{a_1} + \frac{L_2}{a_2}
\tag{7.1.9}
$$

$$
\begin{aligned}
\text{Min：} \quad E_s = & [w_1 (T_{w0}^{P_3 \to N_1} - T_{ws}^{P_3 \to N_1})^2 + \\
& (T_{w0}^{P_4 \to N_2} T_{w0}^{P_2 \to N_3} T_{w0}^{P_1 \to N_1} - T_{ws}^{P_4 \to N_2} T_{ws}^{P_e \to N_1})^2] + \\
& w_2 [(T_{w0}^{P_4 \to N_2} - T_{ws}^{P_4 \to N_2})^2 + \\
& (T_{w0}^{P_3 \to N_1} T_{w0}^{P_1 \to N_3} T_{w0}^{P_2 \to N_2} - T_{ws}^{P_3 \to N_1} T_{ws}^{P_e \to N_2})^2]
\end{aligned}
\tag{7.1.10}
$$

$$
\frac{L_e Q_e^{1.852}}{C_e^{1.852} D_e^{4.87}} = \frac{L_1 Q_1^{1.852}}{C_1^{1.852} D_1^{4.87}} + \frac{L_2 Q_2^{1.852}}{C_2^{1.852} D_2^{4.87}}
\tag{7.1.11}
$$

式中：L、a、D、C 和 Q 分别为管道的长度、瞬变波速、直径、海曾-威廉系数和管道流量；下标 1、2 和 e 分别代表管道 P_1、P_2 和 P_e；式（7.1.10）中，E_s 为串联管道合并前后边界节点处压力波转换差异的加权平方和，因此，本研究将其作为管道合并后的简化误差指标，下标 s 表示串联管道合并后简化系统的瞬时状态；右侧第一项表示水量分配后简化系统和串联管道合并后简化系统在 N_1 处瞬变压力变化差值的加权和；右侧第二项表示 N_2 处的这种差值。

通常情况下，原系统中串联管道的总长度作为简化后等效管道的长度，即 $L_e = L_1 + L_2$（Walski 等，2003）。由此，等效管道的波速（即 a_e）可由式（7.1.9）求解。式（7.1.10）中的未知变量是压力波在节点处的传播系数 $T_{ws}^{P_3 \to N_1}$ 和 $T_{ws}^{P_3 \to N_2}$，它们都与等效管的特性阻抗［即 $B_e = a_e/(gA_e)$］有关。因此，通过求解式（7.1.10）可以得到优化后的 B_e，然后由 B_e 和之前在式（7.1.9）中得到的 a_e 计算出等效管道的直径（即 D_e）。根据水量连续性，通过等效管道的流量可以计算为 $Q_e = Q_1 - rDM_3 = Q_2 + (1-r)DM_3$。因此，海曾-威廉系数（$C_e$）可由式（7.1.11）得到。

综上，对包含中间水量的串联管道进行基于瞬变的简化，可以通过求解式（7.1.8）～式（7.1.11）得到优化的水量分配系数（r）和等效管道的属性（即 L_e、a_e、D_e 和 C_e）。所提方法同样适用于不包含中间水量的管道情况，即 $DM_3 = 0$。此外，通过在步骤一中使用水量分配系数 r（用于质量平衡）和在步骤二中使用式（7.1.11）中的 C_e（用于能量守恒），基于稳态的水力等效性也已同时实现。从这个角度来看，所提方法对于考虑瞬变流影响的串联管道简化是通用的。

7.1.4 方法实施

在所提出的两步简化方法中，水量分配和串联管道合并都会引入简化误差，分别用式（7.1.8）和式（7.1.10）中的指标 E_d 和 E_s 表示。在实际应用中，可将所提方法的简化误差指标规定在一个可接受的范围内，即

$$E = \max(E_d, E_s) \leqslant E_{tol}$$

$$(7.1.12)$$

式中：E 为简化引起的最大误差；E_{tol} 为用户指定的最大可容许误差。参照式（7.1.8）和式（7.1.10）中 E_d 和 E_s 的定义，E_{tol} 的值越小，越接近于零，则简化系统的精度越高。换句话说，根据管网建模和应用的具体要求，可以预先有效地控制模型简化的精度（即简化水平由 E_{tol} 决定）。因此，将 E_{tol} 作为基于瞬变的简化精度控制指标。需要注意的是，由于复杂的瞬变机理（包括瞬变压力波在边界节点处和通过管道的叠加、反射和能量耗散），实际的简化误差可能大于 E_{tol} 指标值。然而，该指标可以作为一个有意义的替代指标，用来间接代表到目前为止还很难表征的真实简化误差。所提方法的应用程序如图 7.1.3 所示。

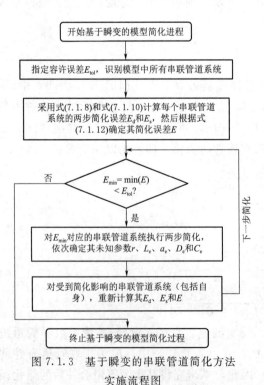

图 7.1.3　基于瞬变的串联管道简化方法
实施流程图

7.2 节点水量分配对瞬变流动态特性的影响调查

为了研究不同水量分配策略对串联管道简化的瞬变特征的影响，本研究采用了四种不同水量分配策略的简化方法，以便进行性能比较。这四种简化方法分别是：①本研究提出的基于瞬变的通用简化方法（TBM）；②基于稳态的水量平均分配的方法（SBM－EA）；③基于稳态的水量根据管道长度按比例分配的方法（SBM－PA）；④基于瞬变的水量平均分配的方法（TBM－EA）。这些方法中，SBM－EA 和 SBM－PA 通常在稳态相关研究中应用，而不考虑瞬变特征（Cesario，1995；Walski 等，2003）。

对于 SBM－EA 来说，中间节点水量平均分配，且简化后的等效管道直径（D_e）取两个串联管中直径较大者。其次，等效管道的长度（L_e）取串联管道长度之和，等效管道的波速（a_e）按照式（7.1.9）确定。最后，根据式（7.1.10）确定等效管道的海曾-威廉系数（C_e）。SBM－PA 的实现与 SBM－EA 类似，只是 SBM－PA 中的中间节点水量是根据串联管道长度按比例分配的。对于 TBM－EA，中间节点水量平均分配到两个边界节点（$r=0.5$），其他实施程序与所提 TBM 方法相同。

此外，本研究也设计并进行了大量的数值实验，以探讨串联管道的不同内部水量值和不同的水量分配策略对瞬变特征的影响。具体来说，考虑了大量不同的中间节点水量场景，范围从小水量（如 2 L/s）到大水量（如 20 L/s）。对于每个水量场景，在固定管道属性的条件下，采用 r 从 0 到 1 的不同水量分配策略，研究不同水量分配策略所引起的瞬变影响。此外，对于固定的 r，采用一系列不同的管道属性值来研究简化过程中管道属性的调整所引起的瞬变影响。

7.3 简化精度评价指标

为了评估不同简化方法产生的简化系统的性能，提出了两个精度评估指标。第一个指标是节点处的瞬时压力波动相对平均误差（即 err_{mean}），定义为

$$err_{mean} = \frac{\sum_{t=t_1}^{t_2} |H_0(t) - H_s(t)|}{N \Delta H_{fluc}} \times 100\% \tag{7.3.1}$$

式中：$H_0(t)$ 和 $H_s(t)$ 分别为原系统和简化系统在任意给定时刻 t 所产生的瞬变测压管水头；t_1 和 t_2 分别为瞬变流状态开始和终止到最终稳定状态的时刻，N 为 t_1 和 t_2 之间的总时步数；$\Delta H_{fluc} = \max(H_0) - \min(H_0)$ 为原系统在瞬变过程中的最大压力波动，作为相对误差评估时的参考。

此外，一般来说，人们更关注简化系统在重现原系统中的极端状态下的性能，因为这种状态往往会对供水管网的安全造成严重威胁。为了解决这一问题，提出了另一个评估节点瞬变过程中极端压力相对差异的指标（即 err_{ext}），具体如下：

$$err_{ext} = \frac{\Delta H_{ext}}{\Delta H_{fluc}} \times 100\% \tag{7.3.2}$$

式中：$\Delta H_{\text{ext}} = \max\big[\,|\max(H_0)-\max(H_s)|,\quad |\min(H_0)-\min(H_s)|\,\big]$ 为简化前后系统中极端瞬变压力的绝对差值，取以下两种中的较大值：①原始系统和简化系统之间的最大瞬变压力之差；②原始系统和简化系统之间的最小瞬变压力之差。

7.4　案例研究

7.4.1　案例描述

采用一个输水管道系统案例和一个真实供水管网案例来证明所提出的基于瞬变的简化方法的可行性，并研究简化过程中节点水量分配对瞬变特征的影响。案例 1 ［图 7.4.1 (a)］由两个水库、两个控制阀、串联管道和水量节点组成。其中，串联管道 ［2］、［3］ 和 ［4］ 是进行简化的管道，简化过程中节点 2 和节点 3 的内部水量分配给边界节点。案例 1 中考虑了两个不同的子案例，分别为串联管道的特性阻抗相同和不同的情况（即管道 ［2］、［3］ 和 ［4］ 的特性阻抗分别为 B_2、B_3 和 B_4，见表 7.4.1）。案例 1 的其他信息也见表 7.4.1。案例 2 ［图 7.4.1 (b)］采用文献中的基准管网 MOD（Bragalli 等，2012），它由 4 个水库、317 根管道和 268 个节点组成。在这个模型中，可以识别出 182 个串联管道系统。案例 2 的管网中所有管道的波速采用 1000 m/s。

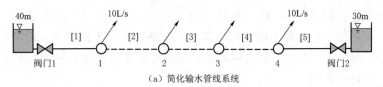

（a）简化输水管线系统

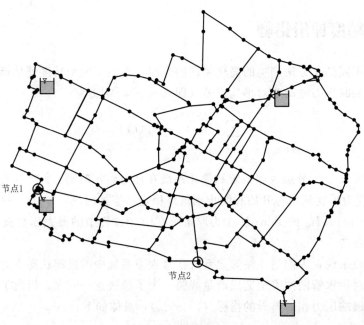

（b）真实供水管网 MOD

图 7.4.1　案例管网拓扑图

表 7.4.1　　　　　　　　　　　　　　案例 1 管网中管道信息

管道	海曾-威廉系数	波速/ (m/s)	子案例 1			子案例 2		
			长度/m	直径/mm	特性阻抗/ (s/m²)	长度/m	直径/mm	特性阻抗/ (s/m²)
[1]	115	1000	900	300	1442.1	900	300	1442.1
[2]	123	1000	700	250	2076.6	300	300	1442.1
[3]	113	1000	500	250	2076.6	500	250	2076.6
[4]	110	1000	300	250	2076.6	700	200	3244.7
[5]	117	1000	1000	200	3244.7	1000	200	3244.7

　　两个案例研究的瞬变流模拟均采用经典的一维水锤模型，其中求解方法采用特性法（MOC）耦合离散蒸汽腔模型（DVCM）。瞬变流模型和求解方法的细节可以参考很多经典文献（Chaudhry，2014；Zhu 等，2018）。两个案例中瞬变流模拟的计算时间步长设置为足够小（即案例 1 为 0.1 s，案例 2 为 0.01 s），然后采用波速调整法进行管道离散化，以满足 $C_r = 1$ 的 Courant 条件。注意，案例研究中采用的波速调整是微不足道的（案例 1 没有使用波速调整，案例 2 的平均调整量小于 2.5%），因此波速调整对瞬变流分析的影响可以忽略不计。

7.4.2　实验方案

　　两个案例研究中采用了四种简化方法（即 TBM‐Max、SBM‐EA、SBM‐PA 和 TBM‐EA）。注意，通过这两个案例研究已验证使用最大概率（TBM‐Max）和使用图 7.1.2（b）中期望值的 TBM 方法表现出相似的性能，这意味着使用最大概率或期望值对结果没有显著影响。因此，后续结果展示和分析均采用最大概率的 TBM 方法，即 TBM‐Max。对于案例 1 中的两个子案例，使用 10 种不同强度的瞬变事件（见表 7.4.2）来分析四种不同简化方法产生的简化系统的性能。另外，节点 2 和节点 3 的水量相同，并考虑了不同的水量情况（从 2 L/s 增加至 10 L/s，间隔为 2 L/s）来进行分析。对不同方法产生的简化系统的精度评估指标 err_{mean} 和 err_{ext} 进行统计分析，包括指标值的排序和累积概率函数（CDF）的分布。

表 7.4.2　　　　　　　　　　　　　　案例 1 的瞬变流事件

事件编号	触发源	事 件 描 述
1	阀门 1	两阶段关阀：先 5 s 关闭 80%，再 15 s 关闭 20%
2	阀门 1	两阶段关阀：先 5 s 关闭 80%，再 30 s 关闭 20%
3	阀门 2	15 s 全关阀门
4	阀门 2	30 s 全关阀门
5	阀门 2	两阶段关阀：先 5 s 关闭 80%，再 15 s 关闭 20%
6	阀门 2	两阶段关阀：先 5 s 关闭 80%，再 30 s 关闭 20%

续表

事件编号	触发源	事　件　描　述
7	阀门 1	先 5 s 关闭 90%，再 5 s 全开阀门
8	阀门 1	先 30 s 关闭 90%，再 5 s 全开阀门
9	阀门 2	先 5 s 关闭 90%，再 5 s 全开阀门
10	阀门 2	先 30 s 关闭 90%，再 5 s 全开阀门

此外，对于案例 1，本研究也设计了大量的仿真实验来探讨不同水量分配策略对简化系统瞬变特征的潜在影响。对于案例 1 中的两个子案例，考虑了 10 种不同的水量方案，以研究不同的水量分配策略对瞬变动态的影响，其中节点 2 和节点 3 的水量从 2 L/s 同步增加到 20 L/s，间隔为 2 L/s。针对每种水量方案设计了三个实验（即 E1、E2 和 E3），详细情况见表 7.4.3。对于每个实验（E1、E2 和 E3），表 7.4.2 中的所有瞬变事件都应用于原始系统和简化系统。包括 err_{mean}、err_{ext} 和 ΔH_{ext}［见式（7.3.1）和式（7.3.2）］在内的三个评估指标被用来表征简化误差，并使用所有评估指标的最大值和平均值的箱型图来进行性能对比分析。

表 7.4.3　　　　　　　　　　　　案 例 1 的 实 验 设 计

试验编号	试　验　描　述	试　验　目　的
E1	对子案例 1 的每一个水量方案，设置 $B_e = 2076.6\ \mathrm{s/m^2}$［由式（7.1.9）确定］，节点 2 和节点 3 的 r 取值为 0~1（间隔为 0.1）	调查当串联管道的 B 值相同时，不同水量分配策略的瞬变流影响
E2	对子案例 2 的每一个水量方案，设置 $B_e = 2645.4\ \mathrm{s/m^2}$［由式（7.1.9）确定］，节点 2 和节点 3 的 r 取值为 0~1（间隔为 0.1）	调查当串联管道的 B 值不同时，不同水量分配策略的瞬变流影响
E3	对子案例 2 的每一个水量方案，设置节点 2 和节点 3 的 $r = 0.5$，B_e 取值为 3244.7~1442.1 $\mathrm{s/m^2}$，相应的 D_e 取值为 200~300 mm（间隔为 10 mm）	调查管道属性变化引起的瞬变流影响，同时探索水量分配和管道属性引起的瞬变流影响的相对重要性

对于案例 2，在所提方法中应用不同的可容许误差 E_{tol} 值（如 0.001、0.01 和 1.00）来产生具有不同简化水平的简化系统。为了系统地比较这些简化系统的性能，在整个简化过程中，通过在 61 个未被简化的管道上分别放置阀门并进行操作，由此共产生 61 个不同的瞬变事件。在这 61 个瞬变事件中，每个事件都是通过由 10 s 内完全关闭阀门触发，且系统中流体通过阀门的初始速度从 0.01 m/s 到 1.99 m/s 不等。对于所有模拟结果，统计其精度评估指标值进行分析，包括指标值的排序和 CDF 的分布。

7.4.3　案例 1 结果和分析

对于案例 1 中 SBM - EA 和 TBM - EA 方法的应用，始终采用 $r_1 = r_2 = 0.5$，以简化三根串联管道为一根等效管道。对于 SBM - PA，根据管道长度比例，子案例 1 采用 $r_1 = 0.58$ 和 $r_2 = 0.80$，子案例 2 采用 $r_1 = 0.38$ 和 $r_2 = 0.53$。在所提出的 TBM - Max 中，通过式（7.1.8）对各水量情况下的水量分配系数进行优化，结果见表 7.4.4。从表 7.4.4

中结果可知，所提出的 TBM‐Max 的最优水量分配系数随节点水量值的变化而变化，与传统方法的预设值（如 $r_1 = r_2 = 0.5$）均有较大差异。

表 7.4.4　案例 1 中不同水量方案下 TBM‐Max 所得到的优化水量分配系数

节点 2 和节点 3 的水量 / (L/s)	子案例 1		子案例 2	
	r_1	r_2	r_1	r_2
2	0.47	0.18	0.78	0.69
4	0.46	0.18	0.78	0.71
6	0.44	0.17	0.78	0.72
8	0.42	0.16	0.77	0.72
10	0.40	0.15	0.76	0.73

注　r_1 和 r_2 依次表示串联管道 [2]、[3] 和 [4] 的两次简化的优化水量分配系数。

图 7.4.2 和图 7.4.3 分别给出了 4 种简化方法的精度评估指标值的排名（即排名值从 1 到 4 表示指标值从小到大，代表瞬变流结果的精度依次降低）和 CFD 分布情况。注意，由于 SBM‐EA 和 TBM‐EA 这两种方法的预设水量分配系数（r）相同（即水量均匀分配至两端节点），以及串联管道的直径（即串联管道的特性阻抗）相同，因此它们在子案例 1 中的简化结果完全相同。从图 7.4.2 和图 7.4.3 可以清楚看到，所提出的 TBM‐Max 方法在重现原系统的瞬变动态方面表现出整体上最佳的性能，其他方法的性能表现依次为 TBM‐EA > SBM‐EA > SBM‐PA。更具体地说，如图 7.4.2（a）和图 7.4.3（a）所示，应用于案例 1 的两个子案例的 TBM‐Max 的排名第一的概率分别高于 95% 和 75%，而 TBM‐EA 的这些数值则低于 5% 和 25%。图 7.4.2（c）、(d）和图 7.4.3（c）、(d）中的精度评估误差的 CDF 曲线也可以证明所提出的 TBM‐Max 相对于三种传统简化方法的优越性能。

对于两种基于瞬变的简化方法（TBM‐Max 和 TBM‐EA），从图 7.4.2 和图 7.4.3 可以观察出，TBM‐Max 表现出更好的性能。这是因为 TBM‐Max 既考虑了内部水量分配引起的简化误差的最小化，又考虑了不同属性的串联管道合并引起的简化误差的最小化，而 TBM‐EA 只考虑了后者。由此可见，不同的水量分配策略会显著影响简化系统的瞬变性能。因此，在简化过程中考虑水量分配是非常重要和必要的。

图 7.4.4 和图 7.4.5 展示了表 7.4.3 给出的仿真实验得到的精度评估指标的最大值和平均值的统计结果。图 7.4.4（a）~（c）和图 7.4.5（a）~（c）给出了实验 E1 的结果，图 7.4.4（d）~（f）和图 7.4.5（d）~（f）给出了 E2 的结果，图 7.4.4（g）~（i）和图 7.4.5（g）~（i）给出了 E3 的结果。图中各箱体的最小值与最大值的差异代表了由于水量分配策略不同或等效管道特性阻抗不同而导致的精度评估指标的变化范围。

从图 7.4.4（a）~（f）和图 7.4.5（a）~（f）可以看出，在串联管道直径相同或不同的 E1 和 E2 两个实验中，随着节点水量的增加，err_{mean}、err_{ext} 和 ΔH_{ext} 的变化范围普遍增大。例如，图 7.4.4（c）中 ΔH_{ext} 变化范围在节点水量为 2 L/s 时只有 1.5 m 左右，但在 12 L/s 时却增加到 8.7 m 左右。这说明水量分配策略引起的瞬变流影响程度随水量的变化而变化，总体上节点水量值越大影响越大。总而言之，简化过程中的水量分配对瞬变

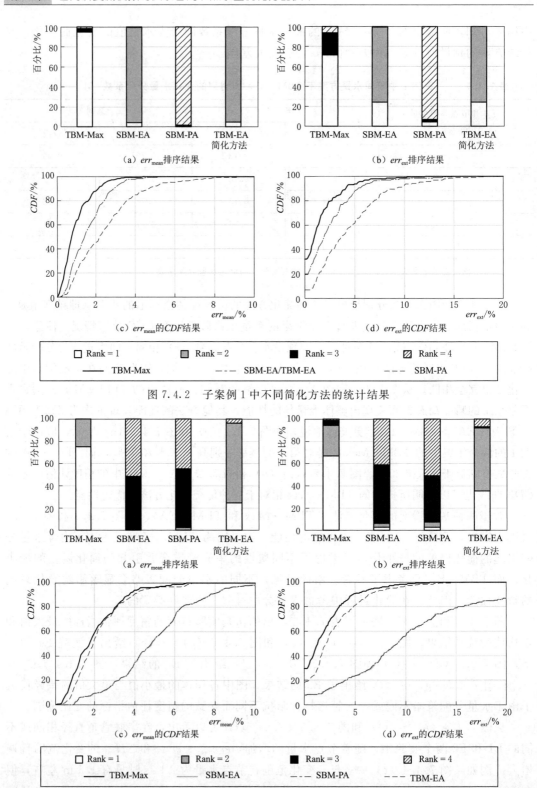

（a）err_{mean}排序结果　　　　　　　　　（b）err_{ext}排序结果

（c）err_{mean}的CDF结果　　　　　　　　　（d）err_{ext}的CDF结果

图 7.4.2　子案例 1 中不同简化方法的统计结果

（a）err_{mean}排序结果　　　　　　　　　（b）err_{ext}排序结果

（c）err_{mean}的CDF结果　　　　　　　　　（d）err_{ext}的CDF结果

图 7.4.3　子案例 2 中不同简化方法的统计结果

动态影响显著，尤其是当节点水量中等偏大时。

图 7.4.4（d）～（i）和图 7.4.5（d）～（i）展示了不同水量分配引起的瞬变影响与不同水量情况下管道特性阻抗变化引起的瞬变影响之间的相对重要性。如图 7.4.4（d）～（i）和图 7.4.5（d）～（i）所示，当节点水量相对较小时（如 2 L/s），不同水量分配引起的三个精度评估指标值（err_{mean}、err_{ext} 和 ΔH_{ext}）的变化总体上是有限的。但如果内部水量为中等或偏大，则水量分配引起的瞬变影响程度可能与管道特性阻抗变化引起的影响程度相当，甚至更大。例如，在 10 L/s 的水量情况下，图 7.4.5（e）、（f）中不同水量分配策略引起的 err_{ext} 和 ΔH_{ext} 的变化范围分别为 8.3% 和 2.2 m，与管道特性引起的变化范围相似［图 7.4.5（h）、（i）］。当节点 2 和节点 3 的内部水量增加到 16 L/s 时，图 7.4.5（d）、（e）、（f）中 3 个精度评估指标值的变化范围大于图 7.4.5（g）、（h）、（i）。这些研究结果表明，在基于瞬变的供水管网简化过程中，应全面考虑内部水量分配和不同属性串联管道合并的影响，尤其是在节点水量中等偏大的情况下。

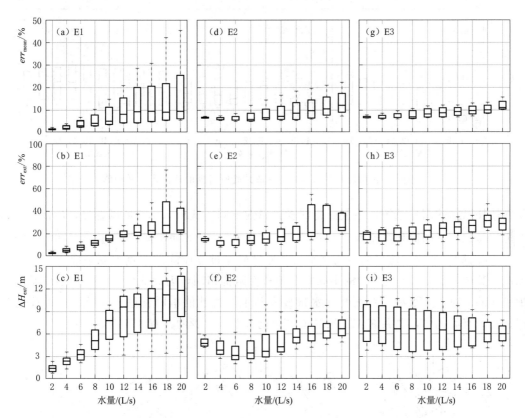

图 7.4.4 不同水量方案下表 7.4.3 中数值试验所得到的评价指标最大值的箱型图

7.4.4 案例 2 结果和分析

对于案例 2，在 TBM - Max 方法中使用三种不同的可容忍误差 E_{tol} 值（即 0.001、0.01 和 1.00）来进行管网简化，所得的简化系统如图 7.4.6 所示。为了能够进行公平的比较，还使用其他三种方法（SBM - EA、SBM - PA 和 TBM - EA）产生与图 7.4.6 所示

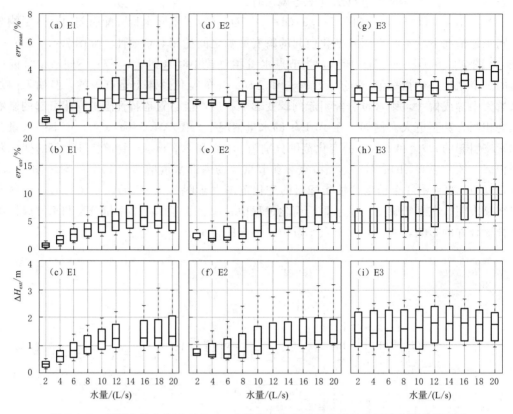

图 7.4.5 不同水量方案下表 7.4.3 中数值试验所得到的评价指标平均值的箱型图

相同拓扑结构的简化系统，但被简化的管道属性不同。从图 7.4.6 可以看出，E_{tol} 值越大，产生的简化系统的简化水平越高，即 1 级、2 级和 3 级分别对应于 E_{tol} 值为 0.001、0.01 和 1.00 的简化系统。这里的简化水平是指通过简化过程删除的节点占原系统所有节点的比例。其中，1 级简化过程中的串联管道的特性阻抗相同，因此简化误差主要是由水量分配引起的。对于 2 级和 3 级简化，水量分配和不同属性的串联管道合并都参与了简化过程。在 3 级简化中，总共有 182 根管道被简化（案例 2 管网共有 317 根管道）。

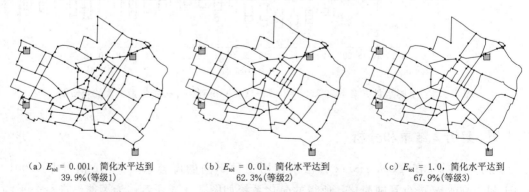

(a) E_{tol} = 0.001，简化水平达到 39.9%（等级1）　　(b) E_{tol} = 0.01，简化水平达到 62.3%（等级2）　　(c) E_{tol} = 1.0，简化水平达到 67.9%（等级3）

图 7.4.6 案例 2 中由所提 TBM – Max 方法所产生的简化模型拓扑图

图 7.4.7 显示了使用 TBM-Max 方法（$E_{tol}=1.0$）进行简化得到 3 级简化系统的情况下，水量分配系数（即 182 个优化的 r 值）的整体分布情况。从图 7.4.7 中可以看出，水量分配系数在整个变化域中（即 0～1）表现出非均匀分布，这与传统方法中常用的水量平均分配（即 $r=0.5$）有显著不同。这一发现再次证明，不同的水量分配策略可以显著影响简化过程中供水管网的瞬变动态，且传统方法中采用 $r=0.5$ 并不一定是最优的水量分配策略。

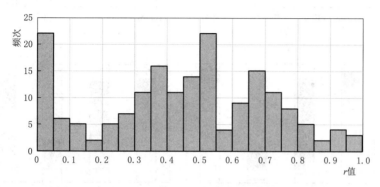

图 7.4.7　采用 TBM-Max 得到等级 3 简化模型的水量分配系数的频数直方图

如前所述，为了能够对不同方法得到的简化系统进行整体性能比较，案例 2 中应用了 61 个瞬变事件。图 7.4.8 和图 7.4.9 分别给出了不同简化方法和不同等级的简化系统的两个精度评估指标的排序和 CDF 结果。从这些结果可以看出，TBM-Max 始终表现出最好的性能，其次是 TBM-EA、SBM-EA 和 SBM-PA。例如，如图 7.4.8（a）、（c）、（e）所示，对于所提出的 TBM-Max 来说，三种简化系统中，指标 err_{mean} 排名第一的概率分别约为 80%、60% 和 55%。这些数值始终显著高于 TBM-EA、SBM-EA 和 SBM-PA 的数值。在图 7.4.9 中也可以观察到类似的结果，即 TBM-Max 的 CDF 曲线高于其他三种传统方法。图 7.4.8 还显示，当简化水平降低时（如从 3 级到 1 级），TBM-Max 的排名第一概率依次增加。这意味着，当简化过程只涉及中间水量分配时，TBM-Max 的优越性更加突出，这通常是串联管道具有相同属性（如直径）的情况。

7.4.5　不同简化模型的瞬变压力波动曲线调查分析

从所研究的两个案例中，分别取原系统和不同简化方法产生的不同简化系统的节点瞬变压力波动结果做进一步研究，如图 7.4.10 所示。选取所提方法（TBM-Max）和传统方法之一（即 SBM-EA）进行比较。图 7.4.10（a）和（b）展示了发生水柱分离情况下节点瞬变压力波动结果，以考察简化系统在模拟普遍关注的极端瞬变事件（如气穴）时的表现。具体来说，图 7.4.10（a）表示了在 10 L/s 的水量场景下，简化系统在案例 1 的子案例 1 中阀门 1 下游的瞬变结果，图 7.4.10（b）是案例 2 的 3 级简化系统中节点 1［见图 7.4.1（b）］的瞬变结果。此外，图 7.4.10（c）和（d）分别展示了案例 2 的 1 级和 3 级简化系统中同一节点 2［见图 7.4.1（b）］的瞬变结果，以证明不同简化等级的简化系统的不同瞬变响应。

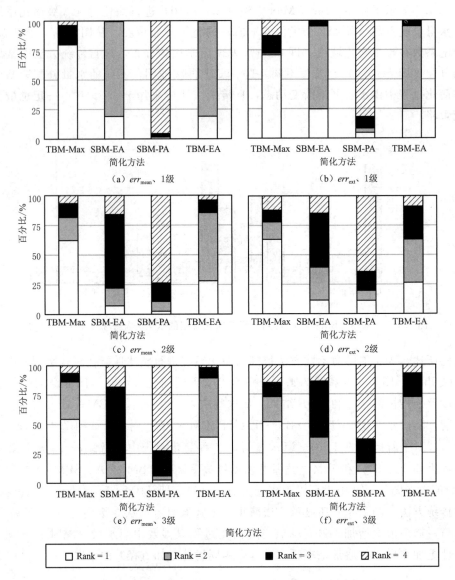

图 7.4.8 不同简化方法的评价指标 err_{mean} 和 err_{ext} 的排序结果，
以及对应于等级 1、等级 2 和等级 3 的简化模型

如图 7.4.10 所示，可以普遍观察到，所提出的 TBM－Max 在捕捉原系统的整体瞬变动态方面比传统的 SBM－EA 表现更好。具体来说，图 7.4.10（a）和（b）表明，TBM－Max 在瞬变振幅和相位方面都显著优于 SBM－EA，尤其是在模拟水柱分离和弥合的过程方面。然而，也应该注意到，所提出的基于瞬变的方法仍然不能准确地捕捉到瞬变演化过程中的所有状态（如水柱弥合的时间和产生的瞬变压力），这一点应该为从业人员所注意。图 7.4.10（c）和（d）的比较表明，对于较高的简化水平，其中涉及中等偏大水量的分配（如案例 1 中的 4～10 L/s）和不同属性的串联管道合并，TBM－Max 的优越性变得更加突出。然而，对于只涉及相对较小水量分配的情况〔见图 7.4.10

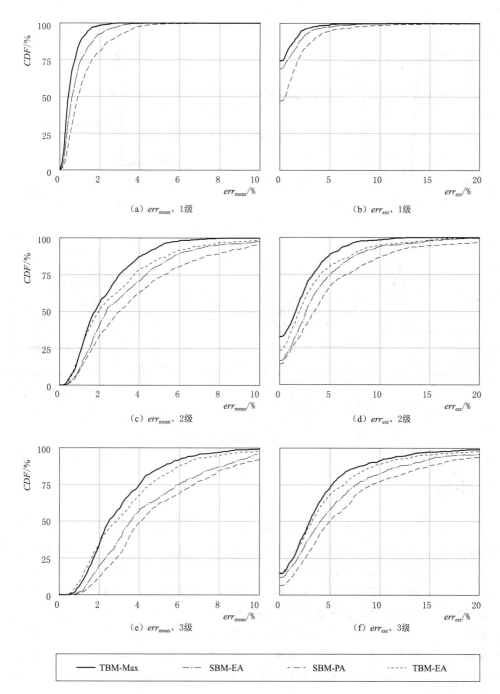

图 7.4.9　不同简化方法的评价指标 err_{mean} 和 err_{ext} 的 CDF 结果，
以及对应于等级 1、等级 2 和等级 3 的简化模型

（c）]，所提出方法得到的简化系统和传统方法得到的简化系统在瞬变动态方面总体上可以与原系统相匹配。从其他节点处的瞬变压力以及其他瞬变事件中也可以观察到类似的现象。

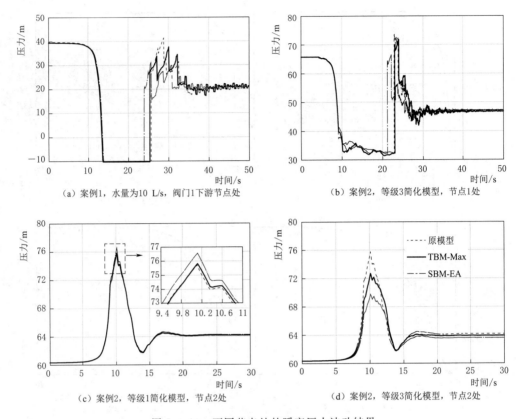

图 7.4.10　不同节点处的瞬变压力波动结果

7.5　小结

　　本章提出了一种考虑节点水量影响的供水管网瞬变简化方法，以简化包含中间节点水量的串联管道，并首次探索简化过程中节点水量分配对瞬变特征的影响。所提简化方法分两步执行，首先将中间节点水量分配至两端节点，然后将串联管道合并为等效管道。对于这两步操作，分别开发了最小化方法，通过耦合基于稳态和瞬变响应的精度控制准则来最小化简化误差。在中间水量分配过程中，该方法整合了一种基于 MCS 的概率方法以评估节点水量对瞬变特征的影响。所提方法的有效性是通过两个案例研究来验证，其中一个案例是简单的输水管线系统，另一个案例是一个真实的供水管网。同时，研究了不同水量方案下（即 2～20 L/s），节点水量分配策略对瞬变流的影响。通过案例研究可得到如下主要结论：

　　（1）节点水量分配对瞬变特征的影响程度与水量大小呈正相关关系。

　　（2）当节点水量相对较小时（如案例中小于 2 L/s），节点水量分配对瞬变特征的影响很小，所提基于瞬变的简化方法（TBM）的性能仅比传统方法略好。这意味着在这种情况下，传统简化方法通常足以准确地捕捉原系统的瞬变特征。

（3）当节点水量相对较大时（如大于 2 L/s），节点水量分配的瞬变特征也会相对较大，这种影响程度可以媲美甚至超过不同属性的串联管道合并所引起的影响。在这种情况下，所提基于瞬变的简化方法（TBM）的性能明显优于传统方法。

综上，与传统简化方法相比，本章所提出的考虑节点水量优化分配的瞬变简化方法所生成的简化管网，能够更好地表征原管网系统的瞬变特征，尤其是对于水量较大的节点，因而该方法具有很好的实用价值。

参考文献

BRAGALLI C, D'AMBROSIO C, LEE J, et al, 2012. On the optimal design of water distribution networks: A practical MINLP approach [J]. Optim. Eng., 13 (2): 219 – 246.

CESARID L, 1995. Modeling, Analysis, and Design of Water Distribution Systems [M]. Ed. AWWA. Denver, USA.

CHAUDHRY M H, 2014. Applied Hydraulic Transients [M]. Springer-Verlag, New York, USA.

Duan H F, Lee P J, Ghidaoui M S, et al, 2011. Leak detection in complex series pipelines by using the system frequency response method [J]. Journal of Hydraulic Research – IAHR, 49 (2): 213 – 221.

EDWARDS J, COLLINS R, 2013. The Effect of Demand Uncertainty on Transient Propagation in Water Distribution Systems [J]. Procedia Engineering, 70: 592 – 601.

EBACHER G, BESNER M C, LAVOIE J, et al, 2011. Transient Modeling of a Full-Scale Distribution System: Comparison with Field Data [J]. Journal of Water Resources Planning and Management, 137 (2): 173 – 182.

GONG J, LAMBER M F, NGUYER S T N, et al, 2018. Detecting thinner-walled pipe sections using a spark transient pressure wave generator [J]. J. Hydraul. Eng., 144 (2): 06017027.

HUANG Y, DUAN H-F, ZHAO M, et al, 2017. Probabilistic Analysis and Evaluation of Nodal Demand Effect on Transient Analysis in Urban Water Distribution Systems [J]. Journal of Water Resources Planning and Management, 143 (8), 04017041.

HUANG Y, ZHENG F, DUAN H F, et al, 2019. Skeletonizing Pipes in Series within Urban Water Distribution Systems Using a Transient-Based Method [J]. J. Hydraul. Eng., 145 (2), 04018084.

HUANG Y, ZHENG F, Duan H-F, et al, 2020. Impacts of Nodal Demand Allocations on Transient-Based Skeletonization of Water Distribution Systems [J]. J. Hydraul. Eng., 146 (9), 04020058.

JUNG B S, BOULOS P F, WOOD D J, 2007. Pitfalls of water distribution model skeletonization for surge analysis [J]. Journal of American Water Works Association: 87 – 98.

KARNEY B W, FILION Y R, 2003. Energy dissipation mechanisms in water distribution systems [C] // Proc. Pumps, Electromechanical Devices, and Systems (PEDS) Conf., Valencia, Spain.

MCLNNIS D, KARNEY B W, 1995. Transients in distribution networks: Field tests and demand models [J]. Journal of Hydraulic Engineering: 121 (3): 218 – 231.

WALSKI T M, CHASE D V, SAVIC D A, et al, 2003. Advanced water distribution modeling and management [M]. Haestead Press, Waterbury, CT.

WOOD D J, LINGIREDDY S, BOULOS P F, et al, 2005. Numerical methods for modeling transient flow in distribution systems [J]. Journal (American Water Works Association), 97 (7): 104 – 115.

ZHU Y, DUAN H F, LI F, et al, 2018. Experimental and numerical study on transient air-water mixing flows in viscoelastic pipes [J]. Journal of Hydraulic Research – IAHR, 56 (6): 877 – 887.

第 3 篇

供水管网瞬变流水力
模型应用

第 3 篇内容系统介绍了供水管网瞬变流模拟技术，为瞬变流的工程实践奠定了基础。本篇内容将介绍瞬变流模型在供水管网运行管理中的工程应用，具体而言，第 8 章内容介绍瞬变流模型在供水管网设计中的应用，而第 9 章至第 12 章内容阐述瞬变流模型在系统诊断方面的应用，包括管道漏损检测（第 9 章）、管道阻塞检测（第 10 章）、分支管道检测（第 11 章）和黏弹性管道参数识别（第 12 章）。

瞬变流模型在供水管网设计中的应用研究 ————

供水管网系统的优化设计一直以来都是供水管网高效运行管理的热点问题之一。经过几十年的发展，供水管网的设计要求已从早期的只考虑经济因素的单一目标转变为近年来全面的多目标优化设计（Zheng 等，2016）。这些关于供水管网设计的多目标方法中，与系统可靠性相关的研究已发展成为一种重要且必不可少的类别，主要原因是人们对供水管网运行管理的可持续性要求越来越高（Raad 等，2010；Zheng 等，2017）。近年来，所谓的可靠性代理指标（reliability surrogate measures，RSM）的应用非常普遍，因为这些代理指标与系统可靠性之间有很强的正相关性，并且具备可以准确评估可靠性的能力（Todini，2000；Raad 等，2010）。例如，管网韧性指标（network resilience index，NRI），作为 RSM 的代表之一，同时考虑了节点剩余能量和管径均匀性分布，已被证明其在水力可靠性评估方面可以提供良好的综合性能（Raad 等，2010）。

虽然上述方法对供水管网的优化设计做出了重大贡献，但它们的目标设计都是在稳定流的假设条件下。然而，在真实的供水管网中，系统的日常运行操作或异常动作都会引起管道中水流的瞬变流状态，如水泵切换或突然断电、阀门操作、用水量波动和爆管等（Meniconi 等，2015；Rathnayaka 等，2016；Brunone 等，2018）。根据瞬变流事件的潜在后果，瞬变流状态基本上可分为两类（Starczewska 等，2015）：一类是产生灾难性后果的瞬变流状态，通常是由于快速瞬变流事件产生的高压波动（超出管道承受能力）引起，如水泵断电、快速关阀和干管爆裂等；另一类是导致系统产生疲劳式故障的瞬变流状态，这是由于系统中长时间发生的中小型幅度和高频率的瞬变流事件的长期影响，如水泵的日常切换、定期阀门操作和用水量波动等。在瞬变流领域内，第二类瞬变流状态已经得到了越来越多的关注（Stephens 等，2017）。文献中关于瞬变流事件的最新调查结果显示，在供水管网中存在大量随机或重复的中小型瞬变流事件，这些事件所产生的压力波动相对较小（如 5～20 m）但出现的频率很高（如 1 Hz），然而这种现象往往被供水公司低估或忽视（Aisopou 等，2012；Stephens 等，2017）。

由于灾难性瞬变流事件对管网运行的潜在安全危害，供水行业已经开发了很多设计和操作方法来规避或抑制这类瞬变流事件的产生或影响，如重新规划管线布置，更改阀门操作方案，设置压缩空气罐或调压塔等（Boulos 等，2005；Ghidaoui 等，2005；Duan 等，2010），详见本书 1.2.3 节和 3.1 节内容。然而，目前真实供水管网中普遍存在的高频中小型瞬变流事件对管网的影响还未得到足够的重视。考虑到这一点，本章旨在开发一种改进的管网设计框架，通过将这类瞬变流事件的影响纳入管网设计过程，以减少这类瞬变流事件对供水管网运行安全性的长期影响（Huang 等，2020）。考虑到居民用户的日常用水波动不太可能产生重大的瞬变流事件，本章只考虑了单一用水量情境下水泵操作所产生的瞬变流状态。这是由于很多供水管网系统经常调节水泵来满足日常用水需求的变化。需要注意的是，这些主动操作所产生瞬变流的压力波动幅度一般较小，远远低于意外突发事件所产生的瞬变流事件，如突然断电、爆管等（Meniconi 等，2015）。

虽然很多水锤防护设备可以应对这样的瞬变流影响，但本章的目的是开发一种通过在设计阶段的管道选型来减少瞬变流影响的方法，这也可以在实际应用中发挥作用。理由如下：①由于供水特征（如很多供水管网中泵站直接连接到配水管道）及瞬变流防护设备的高维护成本的原因，很多供水管网中并没有安装瞬变流防护设备；②对于安装了瞬变流防护设备的供水管网，设计阶段的管道选型也可以在运行阶段与这些防护设备一起发挥作用，以减少瞬变流对系统运行的影响。注意，本章的研究并不是要表明瞬变流的影响可以通过管网设计来进行完全控制，而是在现有的瞬变流处理方法中（如安装防护设备），增加一种可以部分减弱瞬变流影响的方法（即在设计阶段的管道选型）。

8.1　考虑瞬变流影响的管网设计可行性和必要性分析

由于本章首次提出在管网设计阶段考虑瞬变流对系统运行的影响，这里首先通过一个简单示例明确展示考虑瞬变流影响的管网设计可行性和必要性。图 8.1.1 展示了一个简单的环状管网，包括 2 个水池、1 个用水节点、2 个连接节点、5 根管道（管长为 1000 m，管道海曾-威廉系数均为 120）和 1 个上游控制阀门。

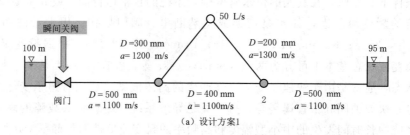

（a）设计方案1

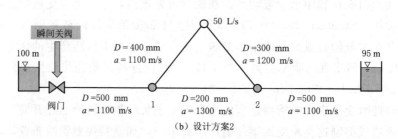

（b）设计方案2

图 8.1.1　两种不同管道设计方案示意

如图 8.1.1 所示，对三角形区域的三根管道采用了两种不同的管道设计方案，即在设计方案 1 和设计方案 2 中，这三根管道的管径和波速不同。在两种设计方案中，瞬变流事件均是由上游阀门的瞬间关闭所产生，因而是完全相同的。注意，根据管道情况，这两个设计方案的管网建设成本是完全相同的。

图 8.1.2（a）和（b）分别比较了两种管道设计方案中节点 1 和节点 2 处的瞬变压力波动结果。从图 8.1.2 中可以看出，当管网建设成本相同时，管道设计方案 2 中节点的瞬变压力波动明显小于管道设计方案 1。结果表明，合理的管道设计可以有效地降低供水管网中的瞬变压力波动。其根本原因是管网中三个节点边界处会发生瞬变压力波反射和叠加的复杂行为，这些行为可能在不同的管道系统中表现为增强或减弱瞬变流冲击的作用。这就是本研究中提出的管网设计方法的内在原理，即通过优化管道尺寸分布来减少或缓解瞬变流对管网的不利影响（即将瞬变峰值能量部分转移到沿管线的其他位置或振荡周期的其他时段，由此减弱瞬变峰值强度）。因此，该示例案例结果证实了本研究所提出的考虑瞬变流影响的管道优化设计方法的可行性和必要性。这在供水管网领域非常值得研究。

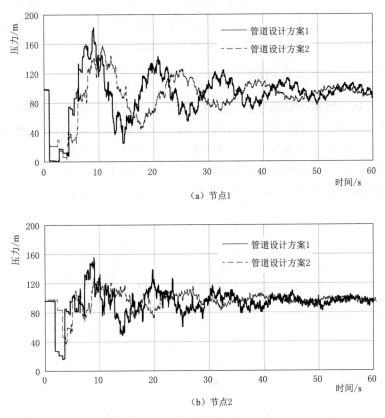

（a）节点1

（b）节点2

图 8.1.2　两种管道设计方案中节点 1 和节点 2 的瞬变压力波动曲线

8.2　考虑瞬变流影响的管网多目标优化设计方法

基于上述分析，本章旨在开发一种供水管网设计的多目标优化框架，包括四个目标：最小化瞬变流的不利影响（两个目标）、最小化管网建设成本和最大化系统的水力可靠性。采用第三代非支配排序遗传算法（non-dominated sorting genetic algorithm Ⅲ，NSGA-

Ⅲ）求解该多目标优化问题。

此外，在传统的供水管网设计中，除了缺乏对于瞬变流影响的考虑外，大部分已有研究中只考虑了解空间的约束条件，如最小/最大压力、流速范围和水塔水位范围等（Wu等，2013）。但是，这些在解空间提出的约束条件并不能保证所得到的解决方案在决策空间的可行性。例如，从工程应用的角度来看，上游管道的设计尺寸通常要求不小于（等于或大于）其直接连接的下游管道。因此，传统的设计方法很可能产生不切实际的解决方案，在实践中无法应用。基于此，本章提出一种决策空间内的工程设计约束条件，并将其与 NSGA-Ⅲ算法相结合，以提高最终优化解的工程实用性。

本节内容详细介绍所提出的考虑瞬变影响的供水管网多目标优化设计框架。首先，定义瞬变流水力波动评价指标，以量化瞬变流对管网系统运行的影响。其次，构建供水管网设计的多目标优化模型，其中在决策空间中定义了新的工程设计约束条件。最后，采用NSGA-Ⅲ（Jain、Deb，2014）算法来求解该优化问题。8.3 节将通过两个供水管网案例来验证本章所提方法的可行性和有效性，以供供水管网设计的实际应用参考。

8.2.1　瞬变水力波动评价指标

传统的考虑瞬变流影响的供水管网设计一般关注于可能导致灾难性后果的瞬变流事件（即最不利情况）（Boulos 等，2005）。因此，对于供水管网日常运行中经常出现的非极端瞬变流状态，很少有明确的指导方针、规则和标准。然而，长期来看，这些经常发生的非极端瞬变流事件可能导致系统产生疲劳式故障。从这方面来说，有必要定义可用的指标来评估管网中相对高频和产生中小幅度压力波动的瞬变流事件的影响。

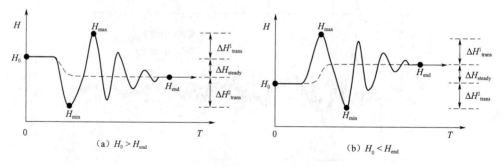

图 8.2.1　瞬变流波动指标示意

图 8.2.1 展示了瞬变流事件中某节点的压力波动的典型过程（蓝色实线）。对于瞬变流分析，节点处的压力波动变化过程可以通过下列关键参数表征：H_0 是瞬变流事件发生前的初始稳态压力，H_{end} 是瞬变流状态稳定后的最终稳态压力，H_{max} 和 H_{min} 分别是瞬变流过程中的最大和最小压力（Radulj，2010）。需要注意的是，H_{max} 或 H_{min} 并不一定出现在瞬变流过程中节点压力波动的第一个或第二个波峰或波谷处（如图 8.2.1 所示的案例中）；当瞬变压力波动不超过 H_0 和 H_{end} 的范围时，H_{max} 或 H_{min} 也会等于 H_0 或 H_{end}。为了量化瞬变流过程，瞬变流波动指标定义如下：

$$\Delta H_{steady} = \left| H_0 - H_{end} \right| \tag{8.2.1}$$

$$\Delta H_{\text{trans}}^1 = H_{\max} - \max(H_0, H_{\text{end}}) \tag{8.2.2}$$

$$\Delta H_{\text{trans}}^2 = \min(H_0, H_{\text{end}}) - H_{\min} \tag{8.2.3}$$

式中：ΔH_{steady} 为瞬变流发生前后稳态压力变化值，表示由特定操作所产生的目标状态变化，如水泵切换以适应用水量需求波动；$\Delta H_{\text{trans}}^1$ 和 $\Delta H_{\text{trans}}^2$ 分别是瞬变流过程中升压和降压所产生的额外压力波动，揭示了在稳态变化之外额外的瞬变流影响（即对管壁、管件、支座等构建所产生的额外应力）。

为了供水管网运行的安全性和可靠性，节点处压力从 H_0 变为 H_{end} 的过程中的波动越小越好（如图 8.2.1 中的黑色虚线所示）。也就是说，瞬变流过程中所产生的额外压力波动 $\Delta H_{\text{trans}}^1$ 和 $\Delta H_{\text{trans}}^2$ 越小越好。由此，可使用下述公式作为衡量瞬变流波动的指标：

$$TF = \max(\Delta H_{\text{trans}}^1, \Delta H_{\text{trans}}^2) \tag{8.2.4}$$

式中：TF 是用于衡量瞬变流波动的指标，在供水管网的优化设计中应进行最小化。

基于所定义的指标，由管网系统中的一个特定操作所产生的瞬变流事件的影响就可以在优化设计模型中进行评估。在所有可能触发瞬变流事件的操作中，泵站中水泵的日常运行（开关调度）是最常见的类型之一（Starczewska 等，2015；Stephens 等，2017），因此本章研究采用该类瞬变流事件作为示例。

8.2.2 多目标优化设计目标

本章所提到的供水管网设计问题可以构建为一个多目标优化问题，其中决策变量是给定的管网拓扑结构中各管道的尺寸，即 $\boldsymbol{D} = [D_1, D_2, \cdots, D_n]^{\text{T}}$，其中 D_i 是管道 i 的直径，n 是需要考虑的管道总数量。在这个设计问题中，考虑了四个不同的目标函数：①最小化管网建设成本；②最大化水力可靠性；③最小化日常水泵切换所产生的瞬变流事件的影响［即式（8.2.4）］，这里包含两个不同的目标，如下所示。此外，在这个多目标设计问题中加入了常用的约束条件和一个新增的约束条件。所提的多目标优化问题如下。

目标函数：

最小化
$$C_T = \sum_{i=1}^n C(D_i) L_i \tag{8.2.5}$$

最大化
$$NRI = \frac{\sum_{j=1}^m U_j DM_j (H_j - H_j^{\text{req}})}{\left(\sum_{r=1}^R Q_r H_r + \sum_{k=1}^{npu} \dfrac{P_k}{\gamma} \right) - \sum_{j=1}^m DM_j H_j^{\text{req}}} \tag{8.2.6}$$

最小化
$$TF_{\text{mean}} = \sum_{j=1}^m TF_j / m \tag{8.2.7}$$

最小化
$$TF_{\max} = \max(TF_j) \tag{8.2.8}$$

式中：C_T 为管道总建设成本；NRI 代表水力可靠性的管网韧性指标；TF_{mean} 和 $TF_{\max}$ 分别为管网中所有节点的瞬变流波动指标 TF 的均值和最大值，分别描述瞬变流影响的平均水平和最大水平；L_i 为管道 i 的长度；$C(D_i)$ 为管径为 D_i 的管道 i 的单位长度建设成本，包括管材成本和建造成本；n 为给定管网中设计管道的总数量；DM_j、H_j、Z_j 和 H_j^{req} 分别为节点 j 的用水量、真实压力水头、高程和最小需求压力；m 为节点总数；Q_r 和 H_r 分别为供水水源 r 的流量和真实水头；R 为供水水源（水库或水塔）的数量；P_k 为水泵 k 的功率；γ 为流体的比重；npu 为水泵数量；U_j 为节点 j 处连接管道的管径均匀性，可以表示为 $U_j = \sum\limits_{p=1}^{npj} D_p / (npj \times \max\{D_P\})$，其中 D_p 为节点 j 处连接管道 p 的管径，npj 为节点 j 处连接管道的数量。

约束条件：

管径选型：
$$D_i \in S，i = 1,\cdots,n \tag{8.2.9}$$

节点压力约束：
$$H_j \geqslant H_j^{\mathrm{req}} \tag{8.2.10}$$

管道流速约束：
$$U_i \leqslant U_i^{\max} \tag{8.2.11}$$

水力约束：
$$\boldsymbol{H} = f(\boldsymbol{D}) \tag{8.2.12}$$

定义的工程设计约束：
$$\max(\boldsymbol{\Omega}_j^{\mathrm{u}}) \geqslant \max(\boldsymbol{\Omega}_j^{\mathrm{d}}) \tag{8.2.13}$$

式中：S 为可选管径集合；$V_i^{\max}$ 为管道 i 的最大允许流速（Shokoohi 等，2017）；$\boldsymbol{H} = [H_1,\cdots,H_m]^{\mathrm{T}}$ 是节点压力向量；$\boldsymbol{\Omega}_j^{\mathrm{u}}$ 和 $\boldsymbol{\Omega}_j^{\mathrm{d}}$ 分别代表节点 j 处连接的上游和下游管道集合。

其中，式（8.2.5）～式（8.2.8）展示了本研究所考虑的四个目标函数，式（8.2.9）～式（8.2.12）是供水管网设计中通常会用到的约束条件，式（8.2.13）是新定义的约束条件，以确保上游管道的尺寸不小于下游管道。

注意，式（8.2.12）中的水力约束条件包括稳态和瞬变水力模型的非线性方程组，分别由 EPANET2 求解器和特征线法（Method of Characteristic，MOC）进行求解（Rossman，2000；Ghidaoui 等，2005）。

对于供水管网的多目标优化设计，式（8.2.5）和式（8.2.6）中的 C_T 和 NRI 是传统的目标函数，优化目标分别是最小化和最大化。式（8.2.7）和式（8.2.8）中的 TF_{mean} 和 $TF_{\max}$ 是本研究所提出的目标函数，将其最小化以减少日常水泵切换所产生的瞬变流影响。式（8.2.13）中新定义的工程设计约束是用来确保该多目标优化问题的最优解的工程实用性。注意，所提出的工程设计约束只适用于流向固定的管道。因此，在多种用水方案的情景中，可能需要延时水力模拟，以在考虑式（8.2.13）时排除流向可变的管道。

8.2.3　多目标优化模型求解方法

本研究采用最新的 NSGA-Ⅲ算法（Jain、Deb，2014）作为所提出的供水管网多目标设计的优化方法。NSGA-Ⅲ是第二代非支配排序遗传算法（non-dominated sorting genetic algorithm Ⅱ，NSGA-Ⅱ）的扩展，在处理多目标优化问题方面性能更优。这是因为 NSGA-Ⅲ采用了一种新的基于参考点的选择机制，并采用了关联操作和环境选择操作。因此，NSGA-Ⅲ已被证实比 NSGA-Ⅱ更能保持解的多样性，对多目标优化问题更加有效（Jain、Deb，2014）。此外，解空间中的约束条件［式（8.2.10）和式（8.2.11）］可以通过 NSGA-Ⅲ中改进的锦标赛选择操作直接考虑（Jain、Deb，2014）。

为了实现式（8.2.13）中新提出的工程设计约束，需要在决策空间中进行预处理，以找到具有足够多样性的可行解，尤其是对于大规模供水管网来说。这是因为决策空间范围非常大，因此找到满足工程设计约束的可行解的概率极低。为此，提出一种改进版的 NSGA-Ⅲ，在评估种群中个体的目标函数之前增加一个更新策略，如图 8.2.2 所示。

具体来说，这个更新策略是开发用来在整个多目标管网设计的演化过程中满足决策空

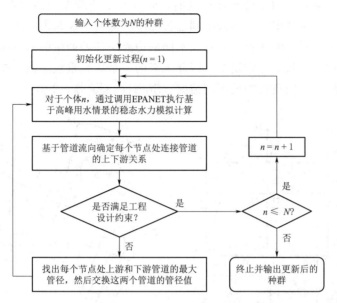

图 8.2.2 实现新的工程设计约束的种群更新策略

间中的工程设计约束条件。如图 8.2.2 所示，对于在 NSGA-Ⅲ中的重组和变异操作中产生的父代种群的每个个体，这种更新策略通过反复交换违反工程设计约束［式（8.2.13）］的变量数值（即管径），直到所有节点处的连接管道的上下游关系与水力计算得到的流向一致，即满足了工程设计约束条件。通过这种更新策略，优化过程中的种群（包括初始化的种群和重组变异操作产生的种群）总能满足工程设计约束，这显著提高了优化方法的搜索效率。

8.3 案例应用

8.3.1 案例描述

为了证明该方法的有效性和适用性，本章使用了不同复杂程度的供水管网案例。案例 1 是一个相对简单的假设管网，具有 32 条管道、29 个节点和 1 个供水泵站（即节点 1），如图 8.3.1（a）所示。该案例的管道和节点数量有限，主要用于展示所开发方法的原理和实施步骤。案例 2 代表一个真实供水管网案例（He 等，2018），如图 8.3.1（b）所示。该案例的供水管网由 449 根管道、300 个节点和两个供水泵站组成，用于展示所开发方法在实际应用中的可行性和有效性。为便于演示，假设这两个案例中的三个泵站具有相似的结构，均是由 1 个水源水库、2 台并行水泵和 2 个位于每台水泵下游的控制阀门以及 1 根输水管组成，如图 8.3.1 所示。

案例中选取高峰用水量时段的水泵关闭操作所引发的瞬变流事件来确定优化方法中的瞬变流相关目标。这样选取瞬变流事件的基本原理是，这种组合所产生的瞬变流更有可能是最不利情况，因为在高峰用水时段管道流速普遍较大，由此会产生相对更大的瞬变压力波动（Boulos 等，2005；Rathnayaka 等，2016）。具体来说，假设两个案例中指定的瞬变流事件均是由关闭泵站中的一台水泵触发的，同时水泵下游控制阀门在 10 s 内关闭以防止倒流。此外，在案例 2 中，采用最不利运行工况（即两个泵站内的水泵同步关闭）进行分析。然而，由于不同的瞬变流触发点在不同的边界条件处产生的瞬变压力波的反射和重叠，管网内部的瞬变流状态非常复杂，因此未来的一个研究重点应该是在考虑更可能出现的瞬变流事件情况下识别真正的最不利情况（Starczewska 等，2015）。

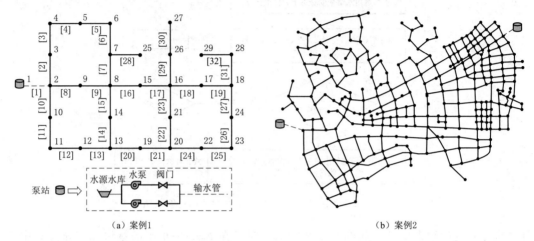

（a）案例1　　　　　　　　　　　　　　　　　　　（b）案例2

图 8.3.1　管网拓扑结构图

所提的多目标优化方法应用于图 8.3.1 所示的两个案例管网。注意，连接泵站的输水管长度很短（如图 8.3.1 中虚线所示），可以根据系统需求和工程经验直接确定。由此，两个案例中决策变量的数量（即需要确定管径的管道数量）分别是 31 和 447。另外，本研究中设定每个节点的最小允许压力为 15 m，每根管道的最大允许流速为 3.0 m/s（Shokoohi 等，2017）。每根管道的管径是从一组可选的标准管径尺寸中选取，即 150mm、200mm、250mm、300mm、350mm、400mm、450mm、500mm、600mm、700mm、750mm、800mm、900mm、1000mm，各管径对应的单位长度建设成本参照文献 Kadu 等（2008）中数值。相应地，两个案例管网优化设计的总搜索空间分别是 14^{31} 和 14^{447}。此外，考虑到管道波速与管径相关（假设用于管网设计的管道都是球磨铸铁管，且管道壁厚符合标准管径尺寸），则上述列出的可选标准管径尺寸对应的管道波速分别估计为 1300m/s、1300m/s、1200m/s、1200m/s、1200m/s、1100m/s、1100m/s、1100m/s、1000m/s、1000m/s、1000m/s、900m/s、900m/s、900m/s。考虑不同管径选型时波速的变化时为了获得更加真实的管网设计结果。

利用 EPANET2 求解器对高峰用水情景的稳态水力情况进行模拟。将稳态水力模拟结果作为瞬变流初始条件，采用经典的一维水锤计算模型和广泛应用的 MOC 方法对瞬变流事件进行模拟。为了保证优化过程中两个案例的瞬变流模拟的可靠性，计算时间步长均设置为 0.05 s 以满足 Courant 条件。模拟场景的总历时分别设定为 150 s 和 100 s，以确保瞬变流过程可以达到最终的稳定状态（即 H_{end}）。

对于两个案例的 NSGA-Ⅲ算法，通过多次测试确定了其优化参数取值，即初始种群个体数量为 1000，最大代数为 1000。由此 NSGA-Ⅲ算法可在四个目标空间中产生 969 个参考点，以保持优化解的多样性。为了避免进化类算法的内在随机性对优化结果的影响，对每个案例采用不同随机数种子进行了三次重复计算，然后利用 NSGA-Ⅲ 算法的个体选择机制将得到支配解合并为最终的优化解集合。基于上述算法参数设置，采用文献中开源多目标优化工具箱 PlatEMO（Tian 等，2017）开展程序编制工作。

　　本研究还将所提方法应用于不考虑工程设计约束的情况，以与考虑工程设计约束的优化结果进行对比分析。这种对比可以直观展示和强调所提出的新的工程设计约束对于优化解的实用性的提升效果。

8.3.2　目标权衡关系分析

　　基于图 8.2.2 中改进的 NSGA-Ⅲ 算法，分别对两个案例中生成的帕累托解集（包含969 个优化解）进行定量分析。图 8.3.2 和图 8.3.3 分别展示了两个案例中所有两个目标之间的优化结果，其中突出显示了管网建设成本 C_T 与其他三个目标之间的帕累托前沿（即蓝色表示 C_T 与 NRI 的帕累托前沿，橘黄色表示 C_T 与 TF_{mean} 的帕累托前沿，粉红色表示 C_T 与 TF_{max} 的帕累托前沿）。图中坐标轴上的箭头表示目标函数的优化方向。如图8.3.2（a）～（c）和图 8.3.3（a）～（c）所示，两个案例中 C_T 目标与其他三个目标之间均存在明显的权衡关系，这表示增加管网建设成本通常会增加管网设计中基于稳态和瞬变的目标性能（即提高水力可靠性和减少瞬变流影响）。这种结果并不奇怪，因为增加管网建设成本会扩大管网中管道尺寸，从而降低管道流速，提高了系统适应用水量波动、管道故障和压力波动的能力。

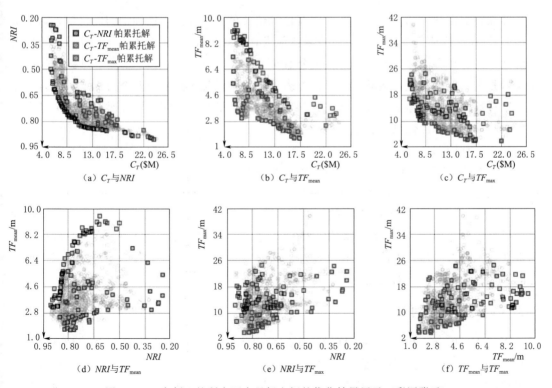

图 8.3.2　案例 1 的所有两个目标之间的优化结果展示（彩图附后）

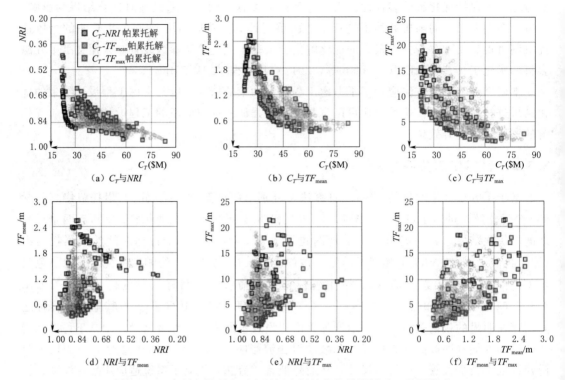

图 8.3.3　案例 2 的所有两个目标之间的优化结果展示（彩图附后）

　　然而，根据图 8.3.2 和图 8.3.3 中蓝色、橘黄色和粉红色颜色标记的优化解，两个案例中 C_T 目标与其他三个目标之间的帕累托前沿在解空间中呈现离散分布，即三个帕累托前沿几乎没有重叠或位置接近。这种现象意味着 NRI、TF_{mean} 和 TF_{max} 三个目标之间的关系相对复杂。也就是说，在某一个目标上表现良好的优化解在其他两个目标上可能表现较差。这种针对不同目标的设计方案之间的冲突，揭示了在供水管网设计时同时考虑稳态和瞬变影响的多目标优化设计的重要性。

　　此外，从图 8.3.2（d）～（f）和图 8.3.3（d）～（f）中可以观察到一个有趣的趋势，即目标 NRI 和目标 TF_{mean}、目标 NRI 和目标 TF_{max}、目标 TF_{mean} 和目标 TF_{max} 之间的解空间分布均呈现漏斗状，且漏斗底部朝向设计目标优化的方向。这一总体趋势表明，NRI、TF_{mean} 和 TF_{max} 三个目标之间存在微弱的相关性，这意味着这三个设计目标相对独立。另外，漏斗形状解空间的底部朝向揭示了这三个目标之间的竞争关系在各自的优化方向上变得不那么激烈。因此，在这些漏斗形状解空间的底部区域更有可能选出这三个目标之间存在较少权衡关系的优化解。

8.3.3　设计方案讨论

　　图 8.3.4 展示了案例 1 的多目标优化结果中的四个优选解（以 S1、S2、S3 和 S4 表示），以进一步探究与目标函数相关的系统内在特征。如图 8.3.4（a）～（c）所示，这些优选解代表了其中一种目标性能最高的准优化解（如，S1 和 S3 是 C_T 和 NRI 的近似帕

累托解，S2 是 C_T 和 TF_{mean} 的近似帕累托解）或所有目标的总体性能均衡的准优化解（如，S4 在所有四个目标中表现均衡）。图 8.3.4（d）展示了四个优选解的平行线图，以阐明这四个解之间的差异。另外，图 8.3.5 给出了四个优选解相对应的供水管网管道尺寸分布图，用以调查系统的详细特征。

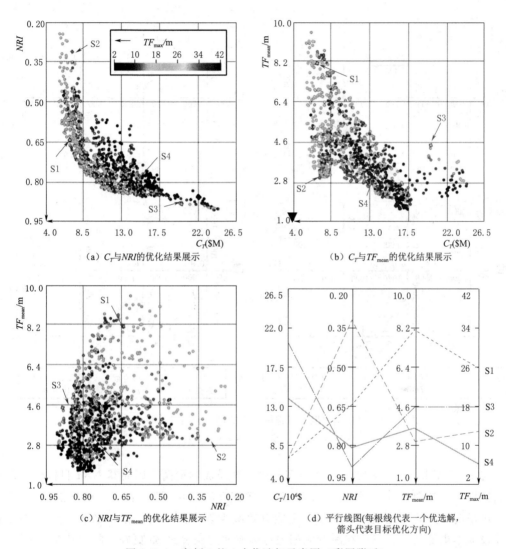

（a）C_T 与 NRI 的优化结果展示

（b）C_T 与 TF_{mean} 的优化结果展示

（c）NRI 与 TF_{mean} 的优化结果展示

（d）平行线图(每根线代表一个优选解，箭头代表目标优化方向)

图 8.3.4 案例 1 的 4 个优选解示意图（彩图附后）

如图 8.3.4 所示，设计方案 S1 和 S2 具有相似的管网建设成本，但在其他三个目标上表现出非常不同的性能。相对于 S2 方案来说，S1 方案的 NRI 较高（即水力可靠性更高），同时 TF_{mean} 和 TF_{max} 也较高（即瞬变流相关目标性能较差）。相应地，图 8.3.5 中两种管网设计方案所呈现的管网特性也非常不同（即设计管径分布情况不同）。总体上，S1 方案在节点处的管径分布比 S2 更加均匀。因此，根据供水管网设计评价准则，S1 方案中管网的水力可靠性远大于 S2 方案是可以理解的。两种设计方案在瞬变流相关目标之间存在差异的根本原因可能是不同的系统特征对瞬变压力波传播的影响作用。具体来说，连接节点处的管道属性（如管径）差异越大，可能导致瞬变压力波在该边界处的传播和反射更为强烈。基于这种基本传播机理，S2 方案的管网具有更大的管径多样性，在边界处瞬变压力波的传播更加强烈。因此，瞬变压力波在通过环状和枝状管道时的叠加将会以更快的速度衰减瞬变流能量。

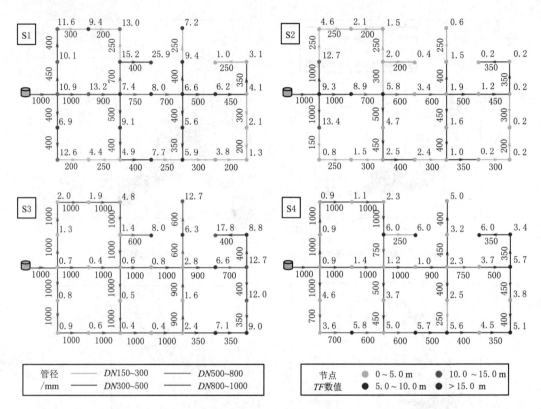

图 8.3.5　案例 1 中四个优选解对应的供水管网设计管径分布情况
（管道上箭头表示稳态水流方向）（彩图附后）

与 S1 方案和 S2 方案相比，S3 方案的管网建设成本更高，因而其 NRI 目标性能取得了明显提升，如图 8.3.4 所示。然而，S3 方案在 TF_{mean} 和 TF_{max} 目标上的性能低于 S2 方案。这说明增加管网建设成本并不一定能有效减少瞬变流影响。相比之下，S4 方案在管网建设成本更低的情况下，在瞬变流相关目标方面的表现比 S3 更好，同时其在 NRI 目标上的性能只有很小的降低。另外，与 S2 方案相比，S4 方案在适当增加管网建设成本和降低 NRI 目标性能的情况下，也能达到与 S2 相当的 TF_{mean} 和 TF_{max} 目标性能。因此，对设计方案 S2、S3 和 S4 的对比表明，瞬变流相关目标应与传统的基于稳态的目标相互权衡，以获得具有平衡性能和良好整体性能的解决方案（如本例中的 S4 方案）。此外，从工程设计角度来说，S2 方案并不符合实际，因为部分节点处连接管道的设计管径差异较大，如节点 10 的连接管道管径为 1000 mm 和 150 mm。这种不切实际的设计方案往往会在决策过程中被排除在外。因此，本例最终选择 S4 方案。

此外，如图 8.3.5 所示，S3 方案和 S4 方案的管网系统特征在管径分布上存在显著差异，特别是在管网左下角部分的管道。具体来说，S4 方案的管径多样性要比 S3 方案大得多，这与 S1 方案和 S2 方案的情况类似。因此，可以推断，增加管径多样性可以减少这种特定结构的供水管网中瞬变流的影响。为了进一步证实这一点，图 8.3.6 展示了案例 2 中两个具有近乎相同的管网建设成本的优化设计方案：图 8.3.6（a）中的设计方案一具有相对较高的 NRI、TF_{mean} 和 TF_{max}，而图 8.3.6（b）中的设计方案二在这三个目标性能方面表现均衡。如图 8.3.6 所示，设计方案一得到了一个相对均匀的管径分布情况（即大部分管道直径在 $500 \sim 800$ mm 之间），而设计方案二中管径的多样性明显更大，同时 TF_{mean} 和 TF_{max} 目标的数值也明显更低。因此，这再次证实了瞬变流相关目标在管径多样性上对管网设计结果的影响。

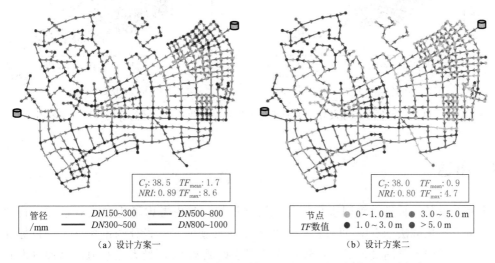

图 8.3.6　案例 2 中具有相似管网建设成本的两个不同优化设计方案
（颜色表示管径分布，箭头表示稳态水流方向）（彩图附后）

8.3.4　工程设计约束的效果分析

为了定量分析所提出的工程设计约束［即式（8.2.13）］的作用，本研究在两个案例中分别对包含该约束与不包含该约束的供水管网多目标优化设计问题进行求解，并对所得到的帕累托解集进行对比分析。图 8.3.7 展示了两个案例中映射在两个目标区域的优化解，其中灰色实心圆圈代表包含工程设计约束的优化解，蓝色实心圆圈和红色圆圈分别代表不包含工程设计约束的优化解中满足工程要求的可行解和不切实际的不可行解。

由图 8.3.7 可知，在没有工程设计约束的情况下，传统优化方法得到的大多数解是不切实际的，即大部分解都违反了工程设计约束条件（图中红色圆圈标记的解）。更具体地说，对不考虑工程设计约束的供水管网设计结果的统计分析表明，案例 1 和案例 2 中大约 84.3% 和 98.3% 的优化解是不符合工程设计要求的。相比之下，考虑所提工程设计约束的设计方法所得到的优化解全部满足实用要求。由此，基于本章所研究的两个案例的管网设计结果可以得出结论，应用决策空间中的工程设计约束条件可以极大提高优化求解的实用性。还要注意的是，所提工程设计约束对优化结果实用性的改进程度可能因实际供水管网的不同设计条件而有所不同，例如系统规模、水力条件和设计要求。

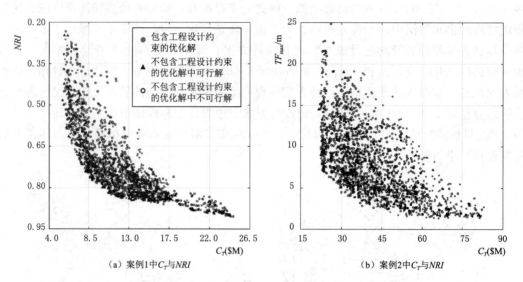

| （a）案例1中C_T与NRI | （b）案例2中C_T与NRI |

图 8.3.7　包含和不包含工程设计约束的优化解集映射在两目标区域的解集对比（彩图附后）

8.4　小结

本章开发了一种供水管网多目标优化设计框架，其中考虑了瞬变流对系统运行的影响，改进了优化方法 NSGA-Ⅲ算法，并提出了一种新的工程设计约束条件。多目标优化设计中考虑了四个不同设计目标：最小化管网建设成本 C_T，最大化水力可靠性（即管网弹性指数 NRI），最小化瞬变流影响（即所有节点的平均瞬变压力波动 TF_{mean} 和最大瞬变压力波动 TF_{max}）。采用两个不同复杂性的供水管网案例来演示所提方法的有效性，其中案例 1 是一个假设管网，案例 2 是一个真实供水管网。根据案例应用结果，可以得到如下主要结论：

（1）管网建设成本 C_T 与其他三个目标（NRI、TF_{mean} 和 TF_{max}）之间均存在明显的权衡关系。这表明，使用所提出的多目标方法是非常必要和重要的，以探索管网建设成本和其他设计目标之间的潜在平衡。这种权衡关系在实际中很有意义，因为它可以为决策者提供比单一设计目标更多的设计选择。

（2）设计目标 NRI、TF_{mean} 和 TF_{max} 之间没有明显的相关性，这意味着在管网设计中广泛使用的基于稳态假设的 NRI 指标不能完全代表供水管网在瞬变流状态下的系统可靠性。因此，在供水管网的优化设计中应考虑瞬变流影响。

（3）瞬变流相关目标对供水管网的设计结果有重要影响，如管径的尺寸和多样性。增大管径尺寸可以减小瞬变流影响，但代价是增加了管网建设成本，因此可能并不是一个实用的方案。此外，在这两个案例中，对于具有相似管网建设成本的设计方案，管径多样性较大的设计管网往往具有较低的瞬变流影响（即较低的 TF_{mean} 和 TF_{max} 数值）。

（4）通过对包含所提出的工程设计约束和不包含该约束的管网设计结果的对比表明，

所提出的工程设计约束有助于提高供水管网多目标优化设计结果的工程实用性。

综上所述，本章所建立的多目标优化框架对考虑稳态和瞬变条件的供水管网设计都是有效的，可以为城市供水管网和其他基础设施系统的运行管理提供有用的指导。本章研究对供水管网研究领域的贡献主要包括：①开发了一个新的多目标优化框架，探讨供水管网设计和瞬变流影响之间的潜在联系，这是对当前管网设计准则的补充；②提出一个决策空间内与工程设计相关的约束条件，可以显著提高最终的优化解决方案的实用性。另外，需要注意，本研究所获得的优化解是基于案例研究中水泵操作引起的瞬变流事件的条件下得到的。如果瞬变流事件触发源发生变化，这些优化结果也可能发生变化。

参考文献

AISOPOU A，STOIANOV I，GRAHAM N J，2012. In-pipe water quality monitoring in water supply systems under steady and unsteady state flow conditions：A quantitative assessment [J]. Water Res，46 (1)：235 - 246.

BOULOS P F，KARNEY B W，WOOD D J，et al，2005. Hydraulic transient guidelines for protecting water distribution systems [J]. Journal (American Water Works Association)，97 (5)，111 - 124.

BRUNONE B，MENICONI S，CAPPONI C，2018. Numerical analysis of the transient pressure damping in a single polymeric pipe with a leak [J]. Urban Water J，15 (8)：760 - 768.

DUAN H F，GHIDAOUI M S，LEE P J，et al，2010. Unsteady friction and visco-elasticity in pipe fluid transients [J]. Journal of Hydraulic Research - IAHR，48 (3)，354 - 362.

GHIDAOUI M S，ZHAO M，MCINNIS D A，et al，2005. A review of water hammer theory and practice. Applied Mechanics [J]. Reviews - ASME，58 (1)，49 - 76.

HE G，ZHANG T，ZHENG F，et al，2018. An efficient multi-objective optimization method for water quality sensor placement within water distribution systems considering contamination probability variations [J]. Water Res，143：165 - 175.

HUANG Y，ZHENG F，DUAN H F，et al，2020. Multi-Objective Optimal Design of Water Distribution Networks Accounting for Transient Impacts [J]. Water Resources Management 34.

JAIN H，DEB K，2014. An Evolutionary Many-Objective Optimization Algorithm Using Reference-Point Based Nondominated Sorting Approach，Part II：Handling Constraints and Extending to an Adaptive Approach [J]. IEEE T Evolut Comput，18 (4)：602 - 622.

KADU M S，GUPTA R，BHAVE P R，2008. Optimal design of water networks using a modified genetic algorithm with reduction in search space [J]. J Water Resour Plann Manage，134 (2)：147 - 160.

MENICONI S，BRUNONE B，FERRANTE M，et al，2015. Anomaly pre-localization in distribution-transmission mains. Preliminary field tests in the Milan pipe system [J]. J. of Hydroinformatics，IWA. 17 (3)，377 - 389.

RAAD D N，SINSKE A N，VAN VUUREN J H，2010. Comparison of four reliability surrogate measures for water distribution systems design [J]. Water Resour Res，46 (5)：W05524.

RADULJ D，2010. Assessing the hydraulic transient performance of water and wastewater systems using field and numerical modeling data [D]. Doctoral dissertation.

RATHNAYAKA S，SHANNON B，RAJEEV P，et al，2016a. Monitoring of pressure transients in water supply networks [J]. Water Resour Manage，30 (2)：471 - 485.

RATHNAYAKA S，KELLER R，KODIKARA J，et al，2016b. Numerical simulation of pressure transients in water supply networks as applicable to critical water pipe asset management [J]. Journal of Water Resources Planning and Management，142 (6)，04016006.

ROSSMAN L A，2000. Epanet 2：users manual [R]. National Risk Management Research Laboratory.

SHOKOOHI M，TABESH M，NAZIF S，et al，2017. Water quality based multi-objective optimal design of water distribution systems [J]. Water Resour Manage，31 (1)：93 – 108.

STARCZEWSKA D，COLLINS R，BOXALL J，2015. Occurrence of transients in water distribution networks [R]. Procedia Engineering，Elsevier.

STEPHENS M L，GONG J，MARCHI A，et al，2017. Transient pressure data collection and characterisation in identifying options for reducing pipe fatigue [C]. 13th Hydraulics in Water Engineering Conference，Engineers Australia.

TIAN Y，CHENG R，ZHANG X，et al，2017. PlatEMO：A MATLAB platform for evolutionary multi-objective optimization [educational forum] [J]. IEEE Comput Intell M，12 (4)：73 – 87.

TODINI E，2000. Looped water distribution networks design using a resilience index based heuristic approach [J]. Urban Water J，2 (2)：115 – 122.

WU W，MAIER H R，SIMPSON A R，2013. Multiobjective optimization of water distribution systems accounting for economic cost, hydraulic reliability, and greenhouse gas emissions [J]. Water Resour Res，49 (3)：1211 – 1225.

ZHENG F，ZECCHIN A，MAIER H，et al，2016. Comparison of the Searching Behavior of NSGA-II, SAMODE, and Borg MOEAs Applied to Water Distribution System Design Problems [J]. Journal of Water Resources Planning and Management，142 (7)，04016017.

ZHENG F，ZECCHIN A，NEWMAN J，et al，2017. An Adaptive Convergence-Trajectory Controlled Ant Colony Optimization Algorithm with Application to Water Distribution System Design Problems [J]. IEEE Transactions on Evolutionary Computation，21 (5)，773 – 791.

第9章

基于瞬变流的管道漏损检测研究 ─────

供水管网漏损是城市水资源流失和能源损耗的主要原因，因此科研工作者研发了诸多漏损检测技术。在这些技术中，基于瞬变流的漏损检测方法具有检测速度快、在线工作能力强、操作范围广等优势（Wang，2002；Colombo 等，2009），因而颇具应用前景。瞬变流漏损检测方法主要分为五类：基于瞬变反射波的方法（TRM）、基于瞬变阻尼的方法（TDM）、基于瞬变频率响应的方法（TFRM）、基于逆瞬变分析的方法（ITAM）和基于信号处理的方法（SPM）。这五类方法中，前四类方法是利用瞬变波反射信息、瞬变阻尼信息或整个瞬变轨迹来进行漏损检测，而 SPM 是一类基于瞬变的、借助于各种先进信号处理算法的漏损检测方法。

虽然基于瞬变流的漏损检测方法具有独有优势（如成本低、效率高和操作简单等），但几乎都无法应用到具有高度复杂性（如串联或分支管道）的管网系统，这是由于实际管网中可能存在一些影响瞬变流阻尼效应及反射波信号的因素。因此探究瞬变轨迹包含的不同类型信息的相互作用关系对瞬变信号的准确提取进而提升漏损检测准确性至关重要（Duan 等，2010、2011）。鉴于此，本章首先研究瞬变信号信息（阻尼效应和反射波信号）对四种典型检测方法（TRM、TDM、TFRM 和 ITAM）的相对重要性，以及实际管网因素对瞬变流检测方法的影响，然后对串联管道中瞬态波的特性进行分析，以揭示串联节点对系统响应的影响；最后将频率响应函数的方法拓展至串联管道系统的漏损检测，并通过案例验证此方法的有效性。

9.1 研究方法介绍

本章采用经典的一维瞬变流模型进行方法推导与数值模拟，公式如下：

$$\frac{gA}{a^2}\frac{\partial H}{\partial t} + \frac{\partial Q}{\partial x} = 0 \tag{9.1.1}$$

$$\frac{\partial Q}{\partial t} + gA\frac{\partial H}{\partial x} + \frac{f}{2DA}Q|Q| = 0 \tag{9.1.2}$$

式中：H 为瞬变测压管水头；Q 为管道截面流量；A 为管道截面积；D 为管道直径；a 为瞬变压力波传播速度；x 为沿管道的空间坐标；t 为时间；g 为重力加速度；f 为达西-韦伯摩阻系数。这些瞬变流基础理论相关公式的详细介绍参见第 2 章。

本章采用四种典型漏损检测方法（TRM、TDM、TFRM 和 ITAM）研究瞬变信号信息（阻尼效应和反射波信号）对漏损检测定位的相对重要性，这四种方法的简单介绍如下。

TRM 是这四种漏损检测技术中最简单的应用方式，该方法利用压力信号的反射信息评估漏损是否发生，如发生并定位漏损在管道中的位置，其基本形式如下：

$$x_L^* = \frac{a}{2L}(t_2 - t_1) \tag{9.1.3}$$

式中：x_L^* 为无量纲漏损位置，表示通过管道长度归一化处理后的到下游边界（x_L）的漏损距离；L 为被测管段的长度；t_1 为终端阀产生的压力波到达测量位置的时刻；t_2 为漏损处反射波到达测量位置的时刻。

TRM 方法仅依赖于瞬变波的反射信息进行分析，而 TDM 是通过分析瞬变信号的衰减来检测漏损。TDM 方法一般是利用压力水头轨迹中前两个谐波频率分量的相对阻尼率来定位漏损，谐波阻尼率和漏损位置的相关方程为

$$\frac{R_{n_1 L}}{R_{n_2 L}} = \frac{\sin^2(n_1 \pi x_L^*)}{\sin^2(n_2 \pi x_L^*)} \tag{9.1.4}$$

式中：R_{nL} 为 n 信号谐波模式下由漏损引起的阻尼率；n 为 n_i 的任一模式（谐波模式）；n_i 为模式编号，其中 $i=1$ 或 2。

TRM 和 TDM 仅采用了瞬变信号中的一两项信息进行漏损检测和定位，而 TFRM 是使用所有瞬变信号来进行漏损分析。TFRM 是通过分析系统中压力波轨迹的谐波和脉冲模式来进行漏损识别与定位，可用于弹性和黏弹性管道中的漏损检测，其形式如下：

$$\hat{h} = \alpha_s \cos(2\pi m x_L^* - \theta) + \beta \tag{9.1.5}$$

式中：$\hat{h}$ 为倒置的系统频率响应函数（FRF）的幅值；θ、β 为系数；m 为第 m 波峰；α_s 表示系统中潜在漏损大小的度量。

与 TFRM 一样，ITAM 也是利用了全部瞬变信号来进行漏损分析。ITAM 方法通过将数值模型的输出数据和实测数据记录进行匹配以定位漏损位置。由于 ITAM 使用了时域中的整个瞬变响应迹线进行校准，该方法也同时利用了漏损引起的阻尼和反射信息。例如，ITAM 方法优化的目标函数可以表示为

$$\max : Z = \frac{C}{1 + \sum_{i=1}^{N} \left[H_i^m - H_i^p \right]^2} \tag{9.1.6}$$

式中：Z 为目标函数的适应度；H^m 为监测的测压管水头；H^p 为数值模型预测的测压管水头；$i=1, \cdots, N$ 是用于比照的时间步；C 为常数。需要强调的是，TRM、TDM、TFRM 和 ITAM 方法的详细介绍见 3.2.1 节，此处不再赘述。

9.2　瞬变信号信息对漏损检测方法的相对重要性

本节基于数值模拟测试，分析两种漏损引起的信息（包括阻尼效应和反射波信号）对 TRM、TDM、TFRM 和 ITAM 这四种漏损检测方法的相对重要性。

9.2.1　数值试验条件

本节的数值实验测试采用如图 9.2.1 所示的简单管道系统，该系统由恒定水箱、单根管道和边界阀门组成。起初下游边界处的阀门处于完全关闭状态，由阀门开启时的脉冲扰

动引起瞬变流，造成如图 9.2.2 所示排放流量 Q_V 的变化过程。在该试验中，单个漏损点依次设置于无量纲化的 x_L^* 为 0.1、0.3、0.6、0.8 及 0.9 处，初始漏损流量为 $Q_L = 2.25 \times 10^{-3}$ m^3/s（约占总流量 13% 的漏损率），通过收集阀门上游端的压力数据进行漏损检测分析。需注意的是，本研究旨在分析漏损产生的反射波信号和阻尼效应对检测该漏损的相对重要性，因此该研究将基于不同大小的漏损所产生的瞬变流效应（反射与阻尼）进行比较分析。在瞬变流过程中，管道中各种尺寸的漏损都会引起反射波信号和阻尼效应，因此采用漏损来创建清晰可见的反射波和阻尼信息以开展两者相对重要性的研究是符合逻辑的。本模拟试验使用较大尺寸的漏损以避免由微小漏损所产生的细微信号与监测误差相混淆。

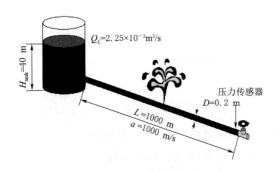

图 9.2.1　存在漏损的管道系统示意图　　　　图 9.2.2　阀门处产生的随时间变化的流量脉冲信号

　　在瞬变流过程中，瞬变摩阻会产生额外的压力水头衰减，导致瞬变信号中传递的信息衰减更快（Chaudhry，1987；Ghidaoui 等，2005）。本研究目的是比较漏损诱发的反射波信号和阻尼效应对瞬变迹线的相对影响，因此需要最大化迹线蕴含的信息量，以便于分析。而且，也有研究表明尽管瞬变摩阻效应会引起更大幅度的频率模式的振幅衰减，但只要数值模型的输出正确表征了管网信息，瞬变摩阻效应并不会显著影响检漏技术的准确性（Nixon 等，2006、2007）。鉴于此，本模拟测试中仅考虑稳态摩阻的影响，但需注意的是，本研究方法和结论在瞬变摩阻体系中同样适用。

　　本模拟试验采用特征值法（MOC）对含 100 个离散断面的管道进行一维瞬变模拟，采用孔口出流方程（Lee 等，2006、2007）模拟漏损流量，其中达西-韦伯摩阻系数 $f = 0.015$，用于模拟光滑管道的稳态水头损失。有漏损和无漏损情况下瞬变流的压力水头迹线见图 9.2.3，其中相对压力水头 $\Delta H_t/\Delta H_0$ 表示归一化后的相对瞬变压力波动，ΔH_0 表示初始瞬变波产生的压力波动。对于存在漏损的管道，其迹线中压力峰值增加的阻尼以及由管道漏损产生的额外反射脉冲信号清晰可见。为了研究这两种由漏损引起的信号变化对检漏的相对重要性，本研究首先分析两种信号信息（反射与阻尼）同时考虑的检漏结果，然后讨论仅考虑其中一种信号信息（反射或阻尼）的检漏情况。

9.2.2　考虑两种信息的漏损检测结果

　　表 9.2.1 列出了同时考虑阻尼效应和反射波信息的漏损检测结果。表 9.2.1 中列出了漏损位置的预测误差，计算漏损位置的预测误差的数学表达式为

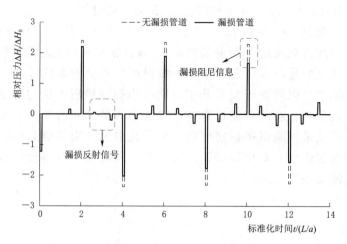

图 9.2.3 无漏损管道和漏损管道在时域的瞬变压力

$$\varepsilon_L = (x_{Lp}^* - x_{Lr}^*) \times 100\% \tag{9.2.1}$$

式中：ε_L 为漏损位置的预测误差；x_{Lp}^* 和 x_{Lr}^* 分别为经过归一化处理的发生漏损的预测位置和真实位置。该结果表明，这四种方法所预测的漏损位置的最大相对误差约为 1%，意味着以这四种方法都可以使用模型中的初始数值瞬变迹线准确预测漏损位置。

表 9.2.1　　同时考虑漏损阻尼效应和反射波信号的漏损检测结果

案例编号	真实漏损位置 x_{Lr}^*	TRM		TDM		TRFM		ITAM	
		x_{Lp}^*	ε_L /%	x_{Lp}^*	ε_L /%	x_{Lp}^*	ε_L /%	x_{Lp}^*	ε_L /%
1	0.10	0.10	0.0	0.10	0.0	0.10	0.0	0.10	0.0
2	0.30	0.30	0.0	0.29	−1.0	0.31	1.0	0.30	0.0
3	0.60	0.60	0.0	0.60	0.0	0.60	0.0	0.60	0.0
4	0.80	0.80	0.0	0.80	0.0	0.80	0.0	0.80	0.0
5	0.90	0.90	0.0	0.90	0.0	0.91	1.0	0.91	1.0

9.2.3　考虑一种信息的漏损检测结果

为了分析由漏损引起的阻尼效应和反射波信息对于检漏技术的相对重要性，本研究以两种方式对初始瞬变流信号进行修正。第一种修正方式是用稳态的压力水头取代反射波信号，以去掉数据中的漏损反射波信号，而仅保留如图 9.2.4 所示漏损诱发的阻尼效应；而另一种修正方式，是通过两种可选方法来消除漏损引起的阻尼效应：一种方法是将反射波信息添加到无漏损管道的信号中，从而使信号在与漏损管道响应相同的位置处发生反射；另一种方法是，按比例放大用于漏损管道响应的主信号的幅度，以确保信号以与来自无漏损管道响应相同的速率衰减，而仅保留漏损反射波信息。研究发现，这两种方法可取得相似的结果。图 9.2.5 展示了第一种方法获取的相关信号的结果。

表 9.2.2 和表 9.2.3 列出了以上述两种方式进行修正后，分别采用四种不同检测方法

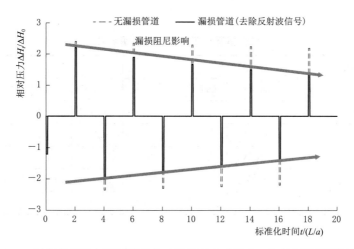

图 9.2.4 无漏损管道与漏损管道在时域的瞬变流压力（仅保留漏损阻尼信息）

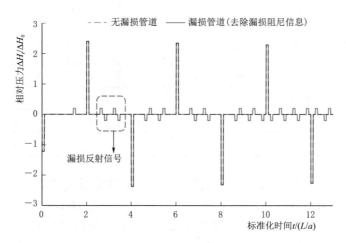

图 9.2.5 无漏损管道与漏损管道在时域的瞬变流压力（仅保留漏损反射波信号）

得到的漏损检测结果，同时计算了每种方式的漏损位置预测误差。表 9.2.2 中的数值模拟结果表明，如果仅保留漏损阻尼信息，则所有四种漏损检测方法均会出现明显的误差，误差高达 40%。对于基于瞬变流反射波信号来进行漏损检测的方法，出现这种结果是在意料之中。但对于本身就依赖漏损阻尼信息进行检漏的 TDM 法，单凭修正后的阻尼信息也无法定位漏损。此外，如果去除了漏损反射波信号，使用整个瞬变信号进行检测的技术（例如 TRFM 和 ITAM）也无法进行漏损定位。

在只保留漏损反射波信息的情况下，这四种方法的预测结果都得到了显著改善。这表明 TRM、TRFM 和 ITAM 方法仅使用漏损引起的反射波信号即可准确获知漏损位置（表 9.2.3），且漏损位置预测的最大误差在 1% 以内，该精度接近信号中同时存在漏损阻尼和反射波信息的情形（见表 9.2.1）。同时本模拟结果发现，对于基于漏损阻尼效应进行检漏的 TDM 方法，在只保留漏损反射波信息的情况下的最大漏损位置预测误差为 11%（之前为 40%），这表明 TDM 更加依赖漏损反射波而不是漏损阻尼信息。

表 9.2.2　　　　　　　　　仅保留漏损阻尼信息的检漏结果

案例编号	真实漏损位置 x_{Lr}^*	TRM		TDM		TRFM		ITM	
		x_{Lp}^*	ε_L /%	x_{Lp}^*	ε_L /%	x_{Lp}^*	ε_L /%	x_{Lp}^*	ε_L /%
6	0.10	N/A	N/A	0.50	40.0	0.50	40.0	0.50	40.0
7	0.30	N/A	N/A	0.50	20.0	0.51	21.0	0.50	20.0
8	0.60	N/A	N/A	0.50	−10.0	0.50	−10.0	0.50	−10.0
9	0.80	N/A	N/A	0.50	−30.0	0.49	−31.0	0.50	−30.0
10	0.90	N/A	N/A	0.50	−40.0	0.50	−40.0	0.50	−40.0

注　N/A 表示不适用。

表 9.2.3　　　　　　　　　仅保留漏损反射波信号的检漏结果

案例编号	真实漏损位置 x_{Lr}^*	TRM		TDM		TRFM		ITM	
		x_{Lp}^*	ε_L /%	x_{Lp}^*	ε_L /%	x_{Lp}^*	ε_L /%	x_{Lp}^*	ε_L /%
11	0.10	0.10	0.0	0.13	3.0	0.11	1.0	0.10	0.0
12	0.30	0.30	0.0	0.28	−2.0	0.31	1.0	0.30	0.0
13	0.60	0.60	0.0	0.71	11.0	0.60	0.0	0.60	0.0
14	0.80	0.80	0.0	0.85	5.0	0.79	−1.0	0.79	−1.0
15	0.90	0.90	0.0	0.84	−6.0	0.89	−1.0	0.90	0.0

　　通过比较 TDM 中使用的瞬变流信息和 TRFM 中使用的"漏损诱发模式"，可以进一步说明 TDM 对漏损反射波的依赖性。三种情况下的频率响应函数（完整的漏损诱发模式下的响应信息、仅保留漏损阻尼信息和仅保留反射波信息）如图 9.2.6 所示。图 9.2.6（a）显示，在去除了漏损反射波的情况下，频率响应函数的不同谐波频率的间隔和大小的峰值（绘制为细实线）呈均匀分布，与无漏损管道的频率响应函数相似。图 9.2.6（b）为去除了漏损引起的阻尼信息的结果，其具有与带有完整的漏损诱发模式的信息响应完全相同模式的峰（尽管由于信号总能量的变化，每个峰的绝对幅度有所不同）。这个结果表明，仅漏损引起的反射波信息就可以体现频率响应函数中的漏损模式，而漏损阻尼在该信息中作用不明显。在应用原理上，TDM 方法是通过获取上述 FRF 结果中的不同波峰之间变化比率来进行漏损检测［见式（3.2.3）和式（9.1.4）］，而去除 FRF 中关于漏损反射信号诱发的变化模式，就等于删除了 TDM 方法所需的波峰变化信息，从而无法进行漏损检测。从这一点上看，TDM 本质上是一种基于漏损反射波信号的方法，而以前文献（Wang 等，2002；Brunone 等，2019；Capponi 等，2020）中认为的包含在瞬变阻尼变化中的信息，实际上是漏损引起的反射效应结果。因此，对于所有基于瞬变流的漏损检测方法，瞬变反射波信号比阻尼信息更为关键。

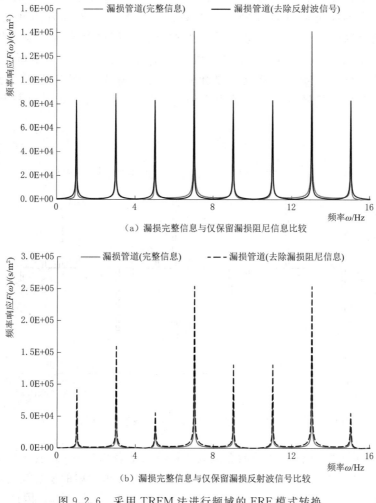

（a）漏损完整信息与仅保留漏损阻尼信息比较

（b）漏损完整信息与仅保留漏损反射波信号比较

图 9.2.6 采用 TRFM 法进行频域的 FRF 模式转换

9.3 复杂实际因素对漏损检测方法的影响

由以上分析可知，所有基于瞬变流的漏损检测方法都更加依赖于漏损反射波信息。在实际应用时，针对具有清晰反射波信号的供水管网，采用基于瞬变流信息的技术进行故障探测是理想选择。在过去的几十年中，许多研究人员一直在使用不同类型的瞬变流信息来进行管网的状态监测，包括水泵切换、阀门动作以及近期的操控电磁阀等手段（Souza 等，2000；Liou、Tian，1995；Brunone，1999；Tang 等，2000；Lee 等，2006）。研究发现，使用前两种方法（泵和阀门）生成的瞬变流信号通常较慢，并且信号反射波较为分散，难以识别，而后者则可生成较快且可以呈现清晰的反射波的瞬变流信号。但是由于需要将附加的设备安装到现有管道上，电磁阀激发瞬变波的方法应用较为困难。

此外，实际管道系统的复杂度可能会影响瞬变流的阻尼和反射波信号的轨迹。通常而言，沿管道的能量通量会加剧信号的衰减，而节点边界和管道几何形状的变化会产生附加的反射波信号。这些额外的反射波（在数据中被视为"噪声"）可能会严重影响基于瞬变流的漏损检测方法的应用。为了说明这种效果，本研究将分析增加额外的反射波（代表"噪声"扰动）是如何影响初始信号（图9.2.3）的。该场景下生成的新的干扰信号见图9.3.1，其中附加的反射波幅度与实际漏损产生的反射波幅度相当。

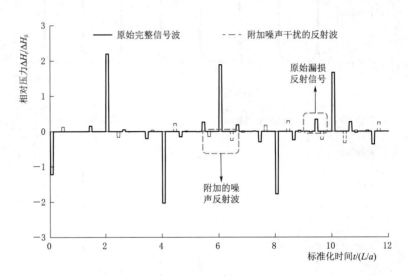

图 9.3.1　存在渗漏管道在附加反射波影响下的时域瞬变流压力

采用四种不同漏损检测方法的漏点位置预测结果见表9.3.1。如表9.3.1所示，对于附加了干扰反射波的情况，如果数据中的"噪声"信号和可检漏的反射波信号相当，那么漏损的预测结果将变得不准确，且每种方法的最大误差均超过20%。因此，基于瞬变流的漏损检测方法在实际应用时，还需进行更深入的研究工作，以从管网的其他反射源中识别出由故障引起的反射波信号。

表 9.3.1　　　　　　　　　　　　考虑附加不确定反射波的检漏结果

案例编号	真实漏损位置 x_{Lr}^*	TRM		TDM		SRFM		ITM	
		x_{Lp}^*	ε_L /%	x_{Lp}^*	ε_L /%	x_{Lp}^*	ε_L /%	x_{Lp}^*	ε_L /%
16	0.10	0.23	13.0	0.38	28.0	0.20	10.0	0.29	19.0
17	0.30	0.33	3.0	0.36	6.0	0.35	5.0	0.71	41.0
18	0.60	0.43	−17.0	0.83	23.0	0.33	−27.0	0.51	−9.0
19	0.80	0.53	−27.0	0.59	−21.0	0.61	−19.0	0.35	−45.0
20	0.90	0.63	−27.0	0.67	−23.0	0.46	−44.0	0.57	−33.0

9.4 串联管道中瞬变波的特性

上述模拟研究都是基于简单的单管系统开展的，尽管模拟结果可与实验数据高度一致（Lee 等，2006；Sattar、Chaudhry，2008），但在应用到复杂的管网系统（如多管道串联系统）还存在很多困难。为此，本章继续探究频率响应技术在复杂管道系统中检漏的适用性。首先分析串联管道中瞬变波的特性。图 9.4.1 为一个由三根管段组成的串联管道系统，中间管段的直径最小。为了突出串联节点对瞬变流迹线的影响，这里假设管道是无摩擦的。系统中的瞬变流是由下游边界处的阀门进行"关闭-开启-关闭"操作产生的流量扰动 Q_V 引起的（如图 9.4.2 所示）。此处选择操纵阀门来提供一定的能量信号，该信号可以通过傅里叶转换分解为准确的频谱成分（Lee 等，2006、2007）。

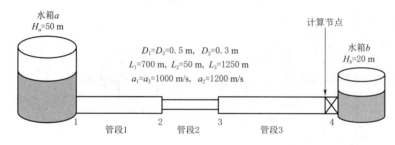

图 9.4.1 串联管道系统示例

对图 9.4.1 所示的串联管道进行离散处理（200 段），以实现一维瞬变模拟。通过分析位于阀门上游端的压力水头，可得出该系统在时域的压头轨迹，结果见图 9.4.3（a），其放大部分的结果显示于图 9.4.3（b）。图 9.4.3 中对瞬时压力水头 ΔH_t 进行基于初始瞬时压力水头 ΔH_0 的归一化处理。另外，对直径 $D=0.3$m 的均匀管道（其他所有参数与串联管道设置相同）的结果也进行了绘制，以便进行比较。结果表明，与管径一致的单

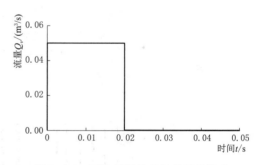

图 9.4.2 下游阀门处产生的流量扰动

一管线相比，串联管线会产生更多的反射波［图 9.4.3（b）］。此外管段联结节点还引起了更高阶的反射波，相应的反射模式也随着时间变得愈加复杂。

除了时域结果，频域中对相同数据的分析也可清楚地展现串联节点对系统响应的影响。该系统在频域中的压力水头响应可由式（3.2.8）获取，其结果绘制于图 9.4.4（a）中，放大部分见图 9.4.4（b）。结果表明，不考虑管道摩擦与局部损失的情况下，串联管道的频率响应由与单管道系统相同的振幅一致的共振峰组成，整体响应的形状相似。但是，串联系统中的共振峰不再均匀地间隔开，而是随频率而变化，这表明串联节点的存在改变了共振系统的频率，这与 Chaudhry（1987）发现的结论一致。

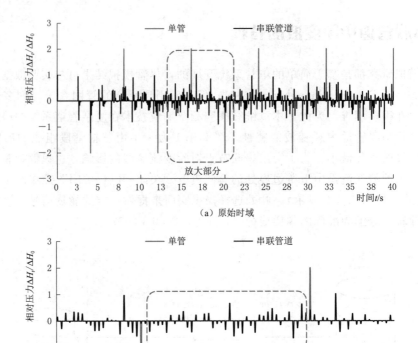

（a）原始时域

（b）经放大的时域情况

图 9.4.3　单管（直径 $D=0.3\text{m}$，其他所有参数与串联管道设置相同）
和串联管道（图 9.4.1）的压力

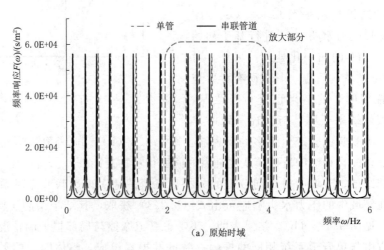

（a）原始时域

图 9.4.4（一）　单管和串联管道的 FRF 转换结果

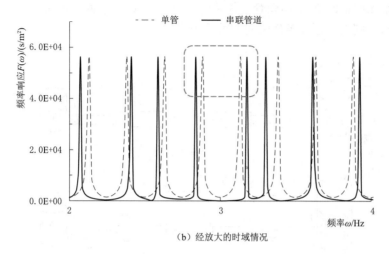

（b）经放大的时域情况

图 9.4.4（二）　单管和串联管道的 FRF 转换结果

9.5　基于频率响应函数的方法在串联管道的拓展应用

上节通过对串联管道中瞬变波的特性的研究，揭示了频域方法可清晰展现串联节点对系统响应的影响，从而证明了频率响应方法对串联管道应用的理论可行性。本节将推导串联管道的频率响应函数，并通过案例验证此函数的漏损检测方法的有效性。

9.5.1　无漏损管道的频率响应函数

单根无漏损管道的瞬变流响应在频域内可采用传递矩阵的形式表达，见第 2 章式（2.4.10），这里将式（2.4.10）再次列出以用于推导串联管道系统的传递矩阵：

$$\begin{Bmatrix} q \\ h \end{Bmatrix}^{n+1} = \begin{bmatrix} \cos(\lambda L) & i\dfrac{1}{B}\sin(\lambda L) \\ iB\sin(\lambda L) & \cos(\lambda L) \end{bmatrix} \begin{Bmatrix} q \\ h \end{Bmatrix}^{n} \tag{9.5.1}$$

式中：$\lambda = \dfrac{\omega}{a}\sqrt{1-i\dfrac{gAR}{\omega}}$；$B = -\dfrac{a}{gA}\sqrt{1-i\dfrac{gAR}{\omega}}$；$R = \dfrac{fQ}{gDA^2}$；$q$、$h$ 为频域中的流量（Q）和压力水头（H）；n、$n+1$ 代表管段的上游和下游端；L 为管段长度；ω 为频率；i 为虚数单位。

式（9.5.1）表示单根无漏损管道任一端的水头和流量扰动，描述其他管网系统元件的类似矩阵也可由此推导，并将其与式（9.5.1）结合而产生可描述整个系统的整体矩阵。当管网元件存在外力作用时，该矩阵需扩展为 3×3 矩阵，最终形成的系统矩阵为（Chaudhry，1987）

$$\begin{Bmatrix} q \\ h \\ 1 \end{Bmatrix}^{n+1} = \begin{bmatrix} U_{11} & U_{12} & U_{13} \\ U_{21} & U_{22} & U_{23} \\ U_{31} & U_{32} & U_{33} \end{bmatrix} \begin{Bmatrix} q \\ h \\ 1 \end{Bmatrix}^{n} \tag{9.5.2}$$

式中：U_{ij} 为矩阵元素。

对于一个无漏损的 N 节串联管道体系 ［图 9.5.1（a）］，假设没有压头损失，且中间节点处未蓄水，则上下边界条件之间的关系为

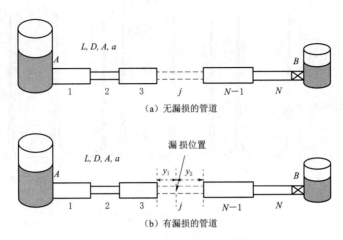

（a）无漏损的管道

（b）有漏损的管道

图 9.5.1 串联管道系统示例

$$
\begin{Bmatrix} q \\ h \end{Bmatrix}^B = \begin{bmatrix} \cos\mu_N & \mathrm{i}\dfrac{1}{B_N}\sin\mu_N \\ \mathrm{i}B_N\sin\mu_N & \cos\mu_N \end{bmatrix} \begin{bmatrix} 1 & 0 \\ 0 & 1 \end{bmatrix} \cdots \begin{bmatrix} \cos\mu_j & \mathrm{i}\dfrac{1}{B_j}\sin\mu_j \\ \mathrm{i}B_j\sin\mu_j & \cos\mu_j \end{bmatrix} \begin{bmatrix} 1 & 0 \\ 0 & 1 \end{bmatrix} \times
$$

$$
\cdots \begin{bmatrix} \cos\mu_2 & \mathrm{i}\dfrac{1}{B_2}\sin\mu_2 \\ \mathrm{i}B_2\sin\mu_2 & \cos\mu_2 \end{bmatrix} \begin{bmatrix} 1 & 0 \\ 0 & 1 \end{bmatrix} \begin{bmatrix} \cos\mu_1 & \mathrm{i}\dfrac{1}{B_1}\sin\mu_1 \\ \mathrm{i}B_1\sin\mu_1 & \cos\mu_1 \end{bmatrix} \begin{Bmatrix} q \\ h \end{Bmatrix}^A \tag{9.5.3}
$$

式中：$\mu=\lambda L$；$j=1$，$\cdots$，N 表示管段号；N 为管段总数；A、B 分别为上游和下游端。

式（9.5.3）可简化为

$$
\begin{Bmatrix} q \\ h \end{Bmatrix}^B = \begin{bmatrix} \cos\mu_N & \mathrm{i}\dfrac{1}{B_N}\sin\mu_N \\ \mathrm{i}B_N\sin\mu_N & \cos\mu_N \end{bmatrix} \begin{bmatrix} 1 & 0 \\ 0 & 1 \end{bmatrix} \cdots \begin{bmatrix} \cos\mu_j & \mathrm{i}\dfrac{1}{B_j}\sin\mu_j \\ \mathrm{i}B_j\sin\mu_j & \cos\mu_j \end{bmatrix} \begin{bmatrix} 1 & 0 \\ 0 & 1 \end{bmatrix} \times
$$

$$
\cdots \begin{bmatrix} \cos\mu_2 & \mathrm{i}\dfrac{1}{B_2}\sin\mu_2 \\ \mathrm{i}B_2\sin\mu_2 & \cos\mu_2 \end{bmatrix} \begin{bmatrix} 1 & 0 \\ 0 & 1 \end{bmatrix} \begin{bmatrix} \cos\mu_1 & \mathrm{i}\dfrac{1}{B_1}\sin\mu_1 \\ \mathrm{i}B_1\sin\mu_1 & \cos\mu_1 \end{bmatrix} \begin{Bmatrix} q \\ h \end{Bmatrix}^A \tag{9.5.4}
$$

类似地，对于存在漏损的 N 节管道体系 ［见图 9.5.1（b）］，其结果为

$$
\begin{Bmatrix} q \\ h \end{Bmatrix}^B = \begin{bmatrix} \cos\mu_N & \mathrm{i}\dfrac{1}{B_N}\sin\mu_N \\ \mathrm{i}B_N\sin\mu_N & \cos\mu_N \end{bmatrix} \cdots \begin{bmatrix} \cos\mu_{j+1} & \mathrm{i}\dfrac{1}{B_{j+1}}\sin\mu_{j+1} \\ \mathrm{i}B_{j+1}\sin\mu_{j+1} & \cos\mu_{j+1} \end{bmatrix} \begin{bmatrix} \cos(\mu_j y_2/L_j) & \mathrm{i}\dfrac{1}{B_j}\sin(\mu_j y_2/L_j) \\ \mathrm{i}B_j\sin(\mu_j y_2/L_j) & \cos(\mu_j y_2/L_j) \end{bmatrix} \times
$$

$$
\begin{bmatrix} 1 & -\dfrac{Q_{L0}}{2H_{L0}} \\ 0 & 1 \end{bmatrix} \begin{bmatrix} \cos(\mu_j y_1/L_j) & \mathrm{i}\dfrac{1}{B_j}\sin(\mu_j y_1/L_j) \\ \mathrm{i}B_j\sin(\mu_j y_1/L_j) & \cos(\mu_j y_1/L_j) \end{bmatrix} \begin{bmatrix} \cos\mu_{j-1} & \mathrm{i}\dfrac{1}{B_{j-1}}\sin\mu_{j-1} \\ \mathrm{i}B_2\sin\mu_{j-1} & \cos\mu_{j-1} \end{bmatrix} \times
$$

$$
\cdots \begin{bmatrix} \cos\mu_1 & \mathrm{i}\dfrac{1}{B_1}\sin\mu_1 \\ \mathrm{i}B_1\sin\mu_1 & \cos\mu_1 \end{bmatrix} \begin{Bmatrix} q \\ h \end{Bmatrix}^A \tag{9.5.5}
$$

式中：$y_1 + y_2 = L_j$；Q_{L0}、H_{L0} 分别为漏损处的稳态流量和压差。

当 $N=2$ 时，代入式（9.5.4），则式（9.5.2）中各元件的传递矩阵为

$$U_{11} = \cos\mu_2 \cos\mu_1 - \frac{B_1}{B_2}\sin\mu_2 \sin\mu_1$$

$$U_{12} = i\frac{1}{B_1}\cos\mu_2 \sin\mu_1 + i\frac{1}{B_2}\sin\mu_2 \cos\mu_1$$

$$U_{21} = iB_2\sin\mu_2 \cos\mu_1 + iB_1\cos\mu_2 \sin\mu_1$$

$$U_{22} = \cos\mu_2 \cos\mu_1 - \frac{B_2}{B_1}\sin\mu_2 \sin\mu_1$$

对于图 9.5.1 中无漏损管道，下游边界处的水头扰动为（Lee 等，2006）

$$h^B = -\frac{U_{21}}{U_{11}} \tag{9.5.6}$$

代入式（9.5.6）得到

$$h^B = -iB_2 \frac{\sin\mu_2 \cos\mu_1 + \dfrac{B_1}{B_2}\cos\mu_2 \sin\mu_1}{\cos\mu_2 \cos\mu_1 - \dfrac{B_1}{B_2}\sin\mu_2 \sin\mu_1} \tag{9.5.7}$$

如果式（9.5.7）的分母为零，则压力水头的扰动响应具有奇异性，由此可知共振峰在频域中的位置，即

$$B_2\cos\mu_2 \cos\mu_1 = B_1\sin\mu_2 \sin\mu_1 \tag{9.5.8}$$

式（9.5.8）的解为串联管道系统中的谐振频率 w_{rf}，因其是频率本身的函数，所以图 9.4.4 所示的谐振峰的分布并不均匀（非线性非单调函数）。

9.5.2 漏损管道的频率响应函数

对于图 9.5.1（b）中 $N=2$ 的有漏损串联管道系统，考虑了两种情况：一种情况是渗漏点位于下游管道［图 9.5.1（b）中的管道 2］；另一种情况则是位于上游管道［图 9.5.1（b）中的管道 1］。这两种情况对应的传递矩阵函数分别为

$$\begin{Bmatrix} q \\ h \end{Bmatrix}^B = \begin{bmatrix} \cos(\mu_2 y_2/L_2) & i\frac{1}{B_2}\sin(\mu_2 y_2/L_2) \\ iB_2\sin(\mu_2 y_2/L_2) & \cos(\mu_2 y_2/L_2) \end{bmatrix} \begin{bmatrix} 1 & -\dfrac{Q_{L0}}{2H_{L0}} \\ 0 & 1 \end{bmatrix} \times$$

$$\begin{bmatrix} \cos(\mu_2 y_1/L_2) & i\frac{1}{B_2}\sin(\mu_2 y_1/L_2) \\ iB_2\sin(\mu_2 y_1/L_2) & \cos(\mu_2 y_1/L_2) \end{bmatrix} \begin{bmatrix} \cos\mu_1 & i\frac{1}{B_1}\sin\mu_1 \\ iB_1\sin\mu_1 & \cos\mu_1 \end{bmatrix} \begin{Bmatrix} q \\ h \end{Bmatrix}^A \tag{9.5.9}$$

$$\begin{Bmatrix} q \\ h \end{Bmatrix}^B = \begin{bmatrix} \cos\mu_2 & i\frac{1}{B_2}\sin\mu_2 \\ iB_2\sin\mu_2 & \cos\mu_2 \end{bmatrix} \begin{bmatrix} \cos(\mu_1 y_2/L_1) & i\frac{1}{B_1}\sin(\mu_1 y_2/L_1) \\ iB_1\sin(\mu_1 y_2/L_1) & \cos(\mu_1 y_2/L_1) \end{bmatrix} \times$$

$$\begin{bmatrix} 1 & -\dfrac{Q_{L0}}{2H_{L0}} \\ 0 & 1 \end{bmatrix} \begin{bmatrix} \cos(\mu_1 y_1/L_1) & i\frac{1}{B_1}\sin(\mu_1 y_1/L_1) \\ iB_1\sin(\mu_1 y_1/L_1) & \cos(\mu_1 y_1/L_1) \end{bmatrix} \begin{Bmatrix} q \\ h \end{Bmatrix}^A \tag{9.5.10}$$

其中式（9.5.9）中 $y_1 + y_2 = L_2$，而式（9.5.10）中 $y_1 + y_2 = L_1$。对于式（9.5.9），

经过三角变换后，式（9.5.6）中决定水头扰动响应的项为

$$U_{11}^* = \left(\cos\mu_2\cos\mu_1 - \frac{B_1}{B_2}\sin\mu_2\sin\mu_1\right) - iB_1\frac{Q_{L0}}{2H_{L0}}\frac{\sin\mu_1}{\cos\mu_2}\frac{1+\cos(2\mu_2 y_2/L_2)}{2}$$

(9.5.11)

$$U_{21}^* = B_1 B_2\frac{Q_{L0}}{2H_{L0}}\frac{\sin\mu_1}{\cos\mu_2}\sin(\mu_2 y_2/L_2)\cos(\mu_2 y_2/L_2) +$$
$$i(B_1\cos\mu_2\sin\mu_1 + B_2\sin\mu_2\cos\mu_1)$$

(9.5.12)

该漏损系统的共振峰值响应为

$$h_L^B = \frac{\left(\cos\mu_2\sin\mu_1 + \frac{B_2}{B_1}\sin\mu_2\cos\mu_1\right) + iB_2\frac{Q_{L0}}{2H_{L0}}\frac{\sin\mu_1}{\cos\mu_2}\sin(\mu_2 y_2/L_2)\cos(\mu_2 y_2/L_2)}{\frac{Q_{L0}}{2H_{L0}}\frac{\sin\mu_1}{\cos\mu_2}\frac{1+\cos(2\mu_2 y_2/L_2)}{2}}$$

(9.5.13)

式中：下标L是指漏损事件的响应。由于在实际供水管网中，式（9.5.13）中分子的虚数项模数与实部相比较小（Lee 等，2006），以上结果可简化为

$$h_L^B = \frac{\cos\mu_2\sin\mu_1 + \frac{B_2}{B_1}\sin\mu_2\cos\mu_1}{\frac{Q_{L0}}{2H_{L0}}\frac{\sin\mu_1}{\cos\mu_2}\frac{1+\cos(2\mu_2 y_2/L_2)}{2}}$$

(9.5.14)

值得注意的是，式（9.5.14）中的分子由两个与串联管道的长度有关的项构成，而不是关于漏损位置的函数。由此可知，分子的表达式可以替换为描述基础串联管道响应的函数，而与系统中的漏损无关，即

$$\left[\cos\mu_2\sin\mu_1 + \frac{B_2}{B_1}\sin\mu_2\cos\mu_1\right]\frac{\cos\mu_1}{\sin\mu_2} = C_0 ,$$
$$L_1 + L_2 = L ,\ (L_1 + y_1)/L = x_L^*$$

(9.5.15)

其对应的水头扰动响应为

$$h_L^B = \frac{C_0}{\frac{Q_{L0}}{4H_{L0}}\left\{1+\cos\left[2\frac{\omega}{a_2}L(1-x_L^*)\right]\right\}}　\text{或}$$

$$\frac{1}{|h_L^B|} = \left|\frac{Q_{L0}}{4C_0 H_{L0}}\right|\left\{1+\cos\left[2\frac{\omega}{a_2}L(1-x_L^*)\right]\right\}$$

(9.5.16)

对式（9.5.10）作类似的推导与分析，可得到位于上游管道上发生渗漏时得出的结果为

$$h_L^B = \frac{C_1}{\frac{Q_{L0}}{4H_{L0}}\left[1-\cos\left(2x_L^*\frac{\omega}{a_1}L\right)\right]}　\text{或}$$

$$\frac{1}{|h_L^B|} = \left|\frac{Q_{L0}}{4C_1 H_{L0}}\right|\left[1-\cos\left(2x_L^*\frac{\omega}{a_1}L\right)\right]$$

(9.5.17)

式中：$C_1 = \frac{B_2}{B_1}\left[\cos\mu_2\sin\mu_1 + \frac{B_2}{B_1}\sin\mu_2\cos\mu_1\right]\frac{\cos\mu_1}{\sin\mu_2}$；$x_L^* = y_1/L$。

根据式（9.5.16）和式（9.5.17）可知，漏损诱发模式下的共振峰幅度是以 Lee 等（2006）推导的式（3.2.9）的形式展现的。尽管连接节点会引起式（9.5.8）中共振峰的

位置的改变，但其并未改变漏损检测方法的基础，即漏损诱发模式。因此，可根据漏损诱发模式拟合式（3.2.9）来确定漏损位置，从而将 Lee 等（2006）提出的漏损检测方法应用于串联管道系统。

尽管此处仅推导了 2 节管道串联的情况，但对于式（9.5.16）或式（9.5.17）中系统相关函数（C_0 或 C_1）相关的多重串联管道系统，也可取得类似结果。这些函数在谐振频率下保持恒定，而与管道中的漏损无关。例如，对于图 9.5.1 中的 N 节串联管道，其函数表达式为

$$C_N = \frac{1}{KB_j} \sum_{p=1}^{N} \left[B_p \sin\mu_p \prod_{r=1,r\neq p}^{N} \cos\mu_r \right] \tag{9.5.18}$$

式中：j 为存在漏损的管道编号；N 为串联管道总数；K 为与漏损无关的集成系数；p、r 为计数变量。

对于串联管道系统存在多处漏损的情况，Lee 等（2003、2006）的研究证明，只要该系统下的漏损诱发模式仍不失真，FRF 方法就可以同时准确地检测和定位多个漏损。本节推导的结果表明，串联节点对系统频率响应中的漏损诱发模式影响很小，因而正如 Lee 等（2003、2006）所述，扩展的 FRF 方法有望应用于复杂管网多重漏损的定位。

9.5.3 案例分析

为了验证式（9.5.16）～式（9.5.18）的有效性，并探究基于 FRF 的漏损检测方法在串联管道系统中的适用性，本节进行了四项不同的数值模拟测试。表 9.5.1 列出了图 9.4.1 所示的 3 节串联管道系统的 3 个案例，其中案例 1 和案例 2 包含一个漏损点，案例 3 所在系统内存在 2 个漏损点。表 9.5.2 中列出了在 10 节串联管道系统中（如图 9.5.1 所示，$N=10$）存在单个漏损点的案例 4 的管道信息和漏损检测结果。

表 9.5.1　　　　　　　　3 节串联管道系统的漏损定位预测结果

管网系统	案例	无量纲化的真实漏点位置 x_{Lp}^*	预测的漏损点位置 x_{Lp}^*	误差 ε_L /%
图 9.4.1 所示的 3 节串联管道系统	1	管道 1 的 3/5 处（整条管道的 0.210 位置处）	0.212	0.2
	2	管道 2 的 2/5 处（整条管道的 0.360 位置处）	0.359	0.1
图 9.4.1 所示的 3 节串联管道系统	3	管道 1 的 7/10 处及管道 3 的 2/5 处（分别位于整条管道的 0.245 和 0.625 位置处）	0.237 和 0.628	0.8 和 0.3

表 9.5.2   **10 节串联管道系统的漏损定位预测结果**

管网系统	案例	管道参数设置	无量纲化的真实漏点位置 x_L^*	预测的漏损点位置 x_{Lp}^*	误差 ε_L /%
图 9.5.1 所示的 10 节串联管道系统	4	$L_1=500$ m，$D_1=0.5$ m， $L_2=600$ m，$D_2=0.4$ m， $L_3=400$ m，$D_3=0.3$ m， $L_4=400$ m，$D_4=0.5$ m， $L_5=600$ m，$D_5=0.6$ m， $L_6=500$ m，$D_6=0.4$ m， $L_7=800$ m，$D_7=0.3$ m， $L_8=500$ m，$D_8=0.4$ m， $L_9=700$ m，$D_9=0.6$ m， $L_{10}=400$ m，$D_{10}=0.5$ m， $a_j=1000$ m/s（$j=1\sim10$）	管道 3 的 1/10 处（整条管道的 0.211 位置处）	0.203	0.8

再次利用图 9.4.2 中的阀门流量扰动信号在案例中产生瞬变流，并对阀门上游端的压头进行分析。所有案例使用扩展 FRF 方法进行漏损预测的结果列于表 9.5.1 和表 9.5.2，表格最后一列为漏损位置的预测误差 ε_L。结果表明 $\varepsilon_L < 1\%$，即扩展的 FRF 方法可精准定位复杂串联管道系统中的漏点位置。

数值模型模拟的峰值响应与此处推导的解析解结果比较情况见图 9.5.2。由图 9.5.2 可知，解析解的漏损诱发模型的相位与数值模型的模拟结果具有较好的匹配性。这进一步验证了复杂串联管道系统中的节点反射对瞬变系统响应中漏损诱发模式的影响很小，且漏点可根据谐振峰值幅度的变化来精准定位。

需注意的是，如图 9.5.2 所示，数值模拟与解析解的峰值响应幅度并未完美匹配。尽管如此，由于提出的漏损定位方法仅依赖于如图 9.5.2 所示的漏损诱发模式的相位和振荡周期（即反射效应），因而数值模拟和解析解之间的振幅差异并不会影响扩展 FRF 方法的适用性。

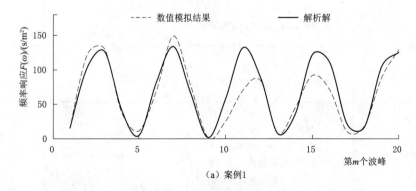

(a) 案例1

图 9.5.2（一） 数值模拟和解析解进行 FRF 变换的结果比较

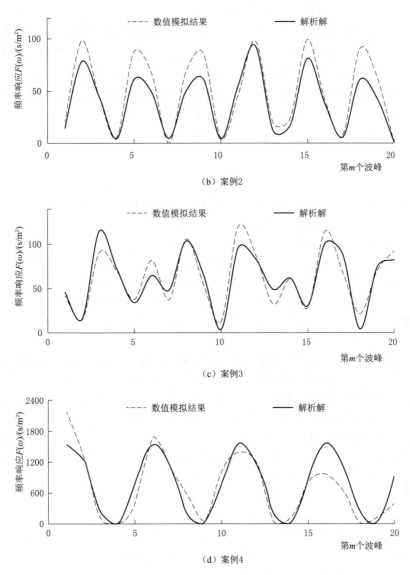

(b) 案例2

(c) 案例3

(d) 案例4

图 9.5.2 (二)　数值模拟和解析解进行 FRF 变换的结果比较

9.6　小结

本章首先系统分析了两种漏损引起的瞬变信息（阻尼效应和反射波信号）对基于瞬变流的漏损检测方法的相对重要性以及实际因素对该类方法应用的影响。其中采用了四种典型漏损检测方法（TRM、TDM、TFRM 和 ITAM）进行相关讨论研究。结果表明，在没有漏损反射波信号的情况下，这四种方法都无法进行漏损识别和定位；而即使在去除漏损诱发的阻尼效应的情况下，也可以进行漏损识别和定位工作。这说明四种基于瞬变流的漏损监测技术均依赖于漏损产生的反射波信号。因此在实际应用这些方法时，更加需要注重对压力波传播过程中的反射信号进行监测。

　　然后，本章进一步将基于频率响应函数的瞬变流检漏方法拓展至串联多管道系统，推导出了该方法的检测公式和应用步骤，并通过数值模拟进行了有效性验证。结果表明，串联管道中的内部连接点可以改变系统的共振频率，但对漏损诱发的响应模式影响很小。由此，该扩展方法可以应用于复杂的串联管道系统，提高了该类方法的应用效率和范围。研究结果也揭示了瞬变流在不同复杂管系统中的多种变化模式与规律，预示了基于瞬变流的漏损检测方法在实际管道系统应用中的可能性。

参考文献

BRUNONE B，1999. Transient test-based technique for leak detection in outfall pipes [J]. J. Water Resources Planning and Management，125（5）：302 – 306.

BRUNONE B, MENICONI S, CAPPONI C, 2019. Numerical analysis of the transient pressure damping in a single polymeric pipe with a leak [J]. Urban Water Journal，15（8）：760 – 768.

CAPPONI C, MENICONI S, LEE P J, et al, 2020. Time-domain analysis of laboratory experiments on the transient pressure damping in a leaky polymeric pipe [J]. Water Resources Management，34（2）：501 – 514.

CHAUDHRY M H，1987. Applied hydraulic transients [M]. 2nd ed. Van Nostrand Reinhold，New York.

COLOMBO A F, LEE P J, KARNEY B W，2009. A selective literature review of transient-based leak detection methods [J]. J. Hydro-environment Research，IAHR，2（4）：212 – 227.

DUAN H F, PEDRO J L, MOHAMED S G, et al，2010. Essential system response information for transient-based leak detection methods [J]. Taylor & Francis，48（5）.

DUAN H F, LEE P J , GHIDAOUT M S，et al，2011. Leak detection in complex series pipelines by using the system frequency response method [J]. Journal of Hydraulic Research，49（2）：213 – 221.

GHIDAOUI M S, ZHAO M, MCINNIS D A，et al，2005. A review of water hammer theory and practice [J]. Applied Mechanics Reviews，ASME 58（1）：49 – 76.

LEE P J, LAMBERT M F, SIMPSON A R，et al，2006. Experimental verification of the frequency response method for pipeline leak detection [J]. J. Hydraulic Res. 44（5）：693 – 707.

LEE P J，VÍTKOVSKÝ J P, LAMBERT M F, et al，2007. Leak location in pipelines using the impulse response function [J]. J. Hydraulic Res. 45（5）：643 – 652.

LIOU J C, TIAN J，1995. Leak detection-transient flow simulation approaches [J]. J. Energy Resources Technology ASME，117（3）：243 – 248.

NIXON W, GHIDAOUI M S, KOLYSHKIN A A，2006. Range of validity of the transient damping leakage detection method [J]. J. Hydraulic Eng. 132（9）：944 – 957.

NIXON W, GHIDAOUI M S，2007. Numerical sensitivity study of unsteady friction in simple systems with external flows [J]. J. Hydraulic Eng. 133（7）：736 – 749.

SATTAR A M, CHAUDHRY M H，2008. Leak detection in pipelines by frequency response method [J]. J. Hydraulic Res. 46（EI1）：138 – 151.

SOUZA A L, CRUZ S L, PEREIRA J F R，2000. Leak detection in pipelines through spectral analysis of pressure signals [J]. Brazilian J. Chem. Eng. 17（4 – 7）：557 – 564.

TANG K W, BRUNONE B, KARNEY B，et al，2000. Role and characterization of leaks under transient conditions. Building Partnerships-Proc [C] // ASCE Joint Conf. Water Resource Engineering and Water Resources Planning and Management Minneapolis MN, 7 – 30.

WANG X J, 2002. Leakage and blockage detection in pipelines and pipe network systems using fluid transients [M]. PhD Thesis. The University of Adelaide, Adelaide AU.

WANG X J, LAMBERT M F, SIMPSON A R, et al, 2002. Leak detection in pipeline systems using the damping of fluid transients [J]. J. Hydraulic Eng. 128 (7): 697 – 711.

第 10 章

基于瞬变流的管道阻塞检测研究

除管道漏损之外，局部阻塞也是供水管网中常出现的问题。根据阻塞相对于管道总长度的实际占据范围，可将其分为离散型阻塞和延续型阻塞。第 9 章具体介绍了基于瞬变流的管道漏损检测技术，即主要根据"漏损诱发模式"共振峰的影响进行漏损定位和尺寸分析。离散型阻塞在管道中也呈现类似特性，因此基于瞬变流的漏损检测方法也适用于其分析定位。但是，离散型阻塞和延续型阻塞对系统频率响应具有显著不同的影响（Brunone等，2008；Duan 等，2013），因而针对前者的检测技术可能无法适用于后者，本章重点介绍基于瞬变流的延续型阻塞的定位分析方法。具体而言，本章首先探究瞬变流条件下管网中延续型阻塞的响应特性，重点推导其频率响应过程，然后将其简化为与控制系统谐振频率变化相关的表达式，最后通过数值模拟和室内实验对基于瞬变流的管道延续型阻塞定位技术进行系统的分析和验证。

10.1 延续型阻塞管道的频率响应研究

10.1.1 频率响应的解析表达式推导

Lee 等（2008）基于系统频率响应（system frequency response，SFR）方法提出了离散型阻塞的检测技术，本研究采取类似的分析方法实现管网中延续型阻塞的检测。尽管第 2 章和第 9 章对单根无漏损管道在频域内的瞬变响应有详细的介绍，但为了便于读者理解延续型阻塞管道频率响应解析表达式的推导过程，本章将再次简要描述其相关公式。频域内的瞬变响应可通过传递矩阵表达：

$$\begin{Bmatrix} q \\ h \end{Bmatrix}^{n+1} = \begin{bmatrix} \cos(\lambda L) & \mathrm{i}\dfrac{1}{B}\sin(\lambda L) \\ iB\sin(\lambda L) & \cos(\lambda L) \end{bmatrix} \begin{Bmatrix} q \\ h \end{Bmatrix}^{n} \tag{10.1.1}$$

式中：$\lambda = \dfrac{\omega}{a}\sqrt{1-\mathrm{i}\dfrac{gAR}{\omega}}$；$B = -\dfrac{a}{gA}\sqrt{1-\mathrm{i}\dfrac{gAR}{\omega}}$；$R = \dfrac{fQ}{gDA^2}$；$q$、$h$ 为频域中的流量（Q）和压力水头（H）；n、$n+1$ 代表管段 n 的上游和下游端；L 为管段长度；ω 为频率；i 为虚数单位。

当管网元件存在外力作用时，该矩阵需扩展为 3×3 矩阵为（Chaudhry，1987；Lee等，2008）

$$\begin{Bmatrix} q \\ h \\ 1 \end{Bmatrix}^{n+1} = \begin{bmatrix} U_{11} & U_{12} & U_{13} \\ U_{21} & U_{22} & U_{23} \\ U_{31} & U_{32} & U_{33} \end{bmatrix} \begin{Bmatrix} q \\ h \\ 1 \end{Bmatrix}^{n} \tag{10.1.2}$$

式中：U_{ij} 为矩阵元素。

为了进行一般性说明，采用如图 10.1.1 所示的具有不同延续型阻塞的管道系统进行分析。假定整根管道由一系列延续型阻塞隔断为 N 段管段，中间结点处没有压头损失且未蓄水，则上游（A）和下游（B）边界条件之间的关系为（Chaudhry，1987）

$$\begin{Bmatrix} q \\ h \end{Bmatrix}^B = \begin{bmatrix} \cos\mu_N & \mathrm{i}\dfrac{1}{B_N}\sin\mu_N \\ \mathrm{i}B_N\sin\mu_N & \cos\mu_N \end{bmatrix} \begin{bmatrix} 1 & 0 \\ 0 & 1 \end{bmatrix} \cdots \begin{bmatrix} 1 & 0 \\ 0 & 1 \end{bmatrix} \begin{bmatrix} \cos\mu_j & \mathrm{i}\dfrac{1}{B_j}\sin\mu_j \\ \mathrm{i}B_j\sin\mu_j & \cos\mu_j \end{bmatrix} \begin{bmatrix} 1 & 0 \\ 0 & 1 \end{bmatrix} \times$$

$$\cdots \begin{bmatrix} 1 & 0 \\ 0 & 1 \end{bmatrix} \begin{bmatrix} \cos\mu_2 & \mathrm{i}\dfrac{1}{B_2}\sin\mu_2 \\ \mathrm{i}B_2\sin\mu_2 & \cos\mu_2 \end{bmatrix} \begin{bmatrix} 1 & 0 \\ 0 & 1 \end{bmatrix} \begin{bmatrix} \cos\mu_1 & \mathrm{i}\dfrac{1}{B_1}\sin\mu_1 \\ \mathrm{i}B_1\sin\mu_1 & \cos\mu_1 \end{bmatrix} \begin{Bmatrix} q \\ h \end{Bmatrix}^A$$

$$(10.1.3)$$

式中：$\mu = \lambda L$；j 表示管段号；N 为管段总数；A、B 分别为上游和下游端。

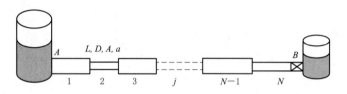

图 10.1.1　存在延续型阻塞的管段示例

考虑式（10.1.3）中 $N=1$ 的情况，即一根无漏损无阻塞的单一管道，根据式（10.1.2）可推导得到：

$$q^B = U_{11}q^A + U_{12}h^A + U_{13} \tag{10.1.4}$$

$$h^B = U_{21}q^A + U_{22}h^A + U_{23} \tag{10.1.5}$$

对于图 10.1.1 中的水箱-管道-阀门系统，边界条件为 $h^A = q^B = 0$，则式（10.1.4）和式（10.1.5）的结果为

$$h^B = -\frac{U_{21}U_{13}}{U_{11}} + U_{23} \tag{10.1.6}$$

对于无漏损无阻塞管段（Lee 等，2006）：

$$h^B = -\frac{U_{21}}{U_{11}} \tag{10.1.7}$$

对于 $N=1$ 的情况，根据式（10.1.3）可得出式（10.1.2）中传递矩阵的矩阵元素为

$$U_{11} = \cos\mu_1, \qquad U_{21} = \mathrm{i}B_1\sin\mu_1 \tag{10.1.8}$$

因此，

$$h^B = -\mathrm{i}B_1\frac{\sin\mu_1}{\cos\mu_1} \tag{10.1.9}$$

如果式（10.1.9）的分母为零，则压力水头的扰动响应具有奇异性，由此可知共振峰在频域中的位置，即

$$\cos\mu_1 = 0 \tag{10.1.10}$$

式（10.1.10）的解给出了谐振频率 ω_{rf}，因此无漏损无阻塞的完好管段中，频域内的

谐振峰是均匀分布的。对于不考虑摩阻的水箱-管段-阀门系统，式（10.1.10）的谐振频率 ω_{rf} 为（Chaudhry，1987）

$$\omega_{\text{rf}} = (2k-1)\omega_{\text{th}} \tag{10.1.11}$$

式中：$\omega_{\text{th}} = 2\pi \dfrac{a}{4L}$ ，$k = 1, 2, \cdots$ 。

类似地，对于存在一个延续型阻塞（$N=3$）的情况，式（10.1.7）仍然有效，但其中的元素将变为

$$\left.\begin{aligned}
U_{11} = {} & \cos\mu_1\cos\mu_2\cos\mu_3 - \frac{B_1}{B_2}\sin\mu_1\sin\mu_2\cos\mu_3 - \\
& \frac{B_2}{B_3}\cos\mu_1\sin\mu_2\sin\mu_3 - \frac{B_1}{B_3}\sin\mu_1\cos\mu_2\sin\mu_3 \\
U_{21} = {} & \mathrm{i}B_3\cos\mu_1\cos\mu_2\cos\mu_3 - \mathrm{i}\frac{B_1 B_3}{B_2}\sin\mu_1\sin\mu_2\sin\mu_3 + \\
& \mathrm{i}B_2\cos\mu_1\sin\mu_2\cos\mu_3 + \mathrm{i}B_1\sin\mu_1\cos\mu_2\cos\mu_3
\end{aligned}\right\} \tag{10.1.12}$$

因此，下游边界处的压力水头响应为

$$\begin{aligned}
h^B = -{} & \Big[\mathrm{i}B_3\cos\mu_1\cos\mu_2\sin\mu_3 - \mathrm{i}\frac{B_1 B_3}{B_2}\sin\mu_1\sin\mu_2\sin\mu_3 + \\
& \mathrm{i}B_2\cos\mu_1\sin\mu_2\cos\mu_3 + \mathrm{i}B_1\sin\mu_1\cos\mu_2\cos\mu_3 \Big] \Big/ \\
& \Big[\cos\mu_1\cos\mu_2\cos\mu_3 - \frac{B_1}{B_2}\sin\mu_1\sin\mu_2\cos\mu_3 - \\
& \frac{B_2}{B_3}\cos\mu_1\sin\mu_2\sin\mu_3 - \frac{B_1}{B_3}\sin\mu_1\cos\mu_2\sin\mu_3 \Big]
\end{aligned} \tag{10.1.13}$$

由此可知，对于存在一个延续型阻塞的管段的谐振频率 ω_{rf}，其在频域中的位置取决于

$$\begin{aligned}
B_2 B_3\cos\mu_1\cos\mu_2\cos\mu_3 = {} & B_1 B_3\sin\mu_1\sin\mu_2\cos\mu_3 + \\
& B_1 B_2\sin\mu_1\cos\mu_2\sin\mu_3 + B_2^2\cos\mu_1\sin\mu_2\sin\mu_3
\end{aligned} \tag{10.1.14}$$

经过三角变换后，式（10.1.14）的结果变为

$$\begin{aligned}
& (B_1 + B_2)(B_2 + B_3)\cos(\mu_1 + \mu_2 + \mu_3) + \\
& (B_1 - B_2)(-B_2 - B_3)\cos(\mu_1 - \mu_2 - \mu_3) - \\
& (B_1 + B_2)(B_2 - B_3)\cos(\mu_1 + \mu_2 - \mu_3) - \\
& (B_1 - B_2)(-B_2 + B_3)\cos(\mu_1 - \mu_2 + \mu_3) = 0
\end{aligned} \tag{10.1.15}$$

通过类似的方法，可以推导得出 N 段阻塞串联的管道中的谐振频率 ω_{rf} 为

$$\sum_{j=0}^{M-1}\big[C_j\cos(\chi_j\omega_{\text{rf}}) \big] = 0 \tag{10.1.16}$$

其中：$C_j = (-1)\displaystyle\sum_{i=1}^{S} J_i\big[B_1 + (-1)^{J_1}B_2 \big]\cdot\prod_{k=2}^{N}\big[(-1)^{J_{k-1}}B_k + (-1)^{J_k}B_{k+1} \big]$

$$\chi_j = \frac{1}{\omega_{\text{rf}}}\Big[\mu_1 + \sum_{i=2}^{N}(-1)^{J_i}\mu_i \Big]$$

式中：N 为由延续型阻塞分割的管道总段数；S 为结点总数，$S = N-1$；M 为式（10.1.16）中表达式的总项数，且 $M = 2^{N-1}$；i、j、k 为计数变量；$J_i = 0$ 或 1 表示 j 的

第 i 个二进制位置的数字，例如，当 $j=5$ 时，$M=32$（或 $S=5$），则 j 的二进制表达式为

$$二进制数\ J_i = \underbrace{0\quad 0\quad 1\quad 0\quad 1}_{j=5}$$

$$位置\ i = \overset{\downarrow}{5}\quad \overset{\downarrow}{4}\quad \overset{\downarrow}{3}\quad \overset{\downarrow}{2}\quad \overset{\downarrow}{1} \tag{10.1.17}$$

根据以上分析，存在阻塞的管段中的谐振频率 ω_{rfb} 将取决于其阻塞所在的位置和大小。在式（10.1.16）中，参数 χ 可重写为

$$\chi_j = \frac{L_1}{a_1} + \sum_{i=2}^{N} (-1)^{J_i}\left(\frac{L_i}{a_i}\right) \tag{10.1.18}$$

需注意，L/a 是指波从管段一端传播到另一端的时间，即式（10.1.18）表示波从不同管道节点发生反射的时间差。因此，对于管段波周期不同的情况，该系统的谐振频率将在频域中呈不均匀分布，并且通过比较式（10.1.10）和式（10.1.16）可知，共振峰将偏离无阻塞管道情况下的谐振频率。

10.1.2 解析表达式的数值验证

在应用延续型阻塞的检测方法之前，本节先对式（10.1.16）的分析结果进行验证。案例研究采用如图 10.1.2 所示的两个简单示例，原始完好管道（无漏损无阻塞）系统为 $D=0.5\text{m}$、$L=2000\text{m}$，图 10.1.2（a）、（b）分别表示阻塞发生于下游（案例 1）和中间（案例 2）的情况，管径变小表示延续型阻塞。为简单起见，首先假定管道无摩阻，节点处无局部损失，同时假设无论是否存在阻塞，波速在管道中保持恒定。为了应用上章节所提出的延续型阻塞检测技术，在下游阀门处施加如图 10.1.3 所示的流量扰动（Q_V），该扰动形式是由阀门的快速闭合-开启-闭合操作引起。该管道系统分为 200 个离散管段，采用特征线法求解一维瞬变流方程，并通过阀门上游压力水头进行分析。

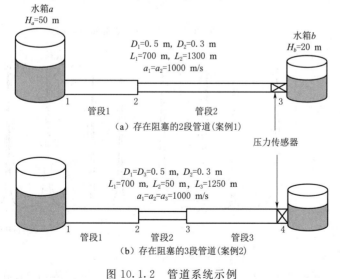

图 10.1.2 管道系统示例

采用 Lee 等（2008）提出的傅里叶变换技术，将两种案例情况下 $F(\omega)=h(\omega)/q(\omega)$

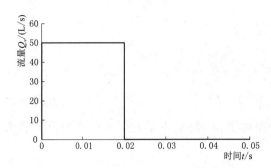

图 10.1.3　下游阀门处产生的流量扰动

的压头相对于流量扰动的传输频率响应值分别绘制于图 10.1.4（a）和图 10.1.5（a）中，其放大部分见图 10.1.4（b）和图 10.1.5（b）。为了进行比较，图 10.1.4 和图 10.1.5 也给出了无阻塞单管（$D=0.5\mathrm{m}$ 的原始完好管道，其他所有参数则与两个阻塞管道设置相同）的结果。这两个图的数值模拟结果表明，延续型阻塞管道的频率响应由与单根均匀管道系统相似的共振峰组成，但这些共振峰不再均匀分布，而是随频率而变化（见放大图中的圆圈部分）。这表明延续型阻塞的存在改变了系统的谐振频率，这与先前的解析结果相符。值得注意的是，本节采用了频率峰值的相移来分析延续型阻塞的信息。

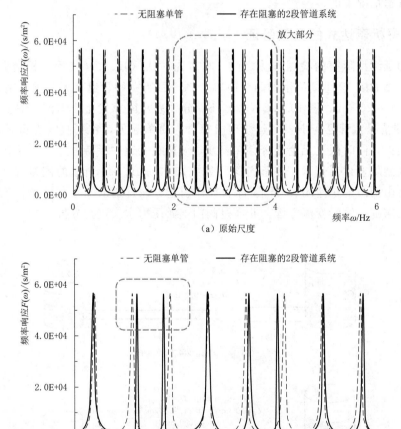

（a）原始尺度

（b）放大尺度

图 10.1.4　无阻塞单管（$D=0.5\mathrm{m}$ 的原始完好管道，其他参数则与阻塞管道设置相同）和存在阻塞的 2 段管道系统的频率响应

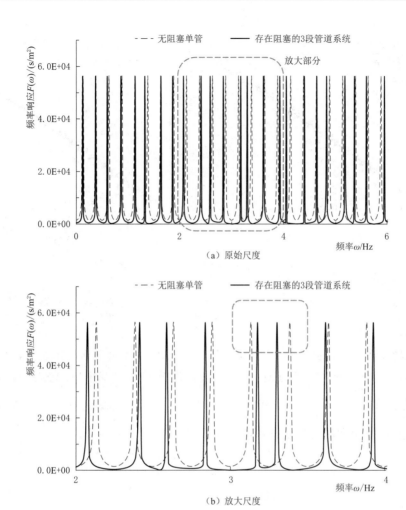

图 10.1.5　无阻塞单管和存在阻塞的 3 段管道系统的频率响应

为了进一步验证式（10.1.16）的准确性，图 10.1.6 给出了由数值方法和解析方法得出的两个案例的谐振频率结果。如图 10.1.6 所示，式（10.1.16）的线性化解析解可准确地表达存在阻塞的管道系统的谐振频率。

10.1.3　解析表达式的简化及验证

如式（10.1.16）所示，在存在延续型阻塞的系统中，谐振频率的表达式较为复杂，因此简化该公式以突出阻塞长度、位置和严重程度与谐振频率之间的关系将有助于开展其实际工程应用。这里以存在单个延续型阻塞的系统为例进行说明，即对式（10.1.15）进行简化。简化过程之初，先假设系统无摩阻无局部损失，并且在延续型阻塞的任一侧管道的特性都相同，即

$$A_1 = A_3 = A_0 , a_1 = a_3 = a_0 , L_1 + L_2 + L_3 = L_0 , R = 0 \quad (10.1.19a)$$

可得

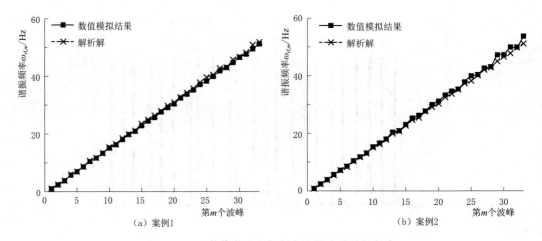

图 10.1.6　数值方法和解析方法得出的谐振频率

$$B_1 = B_3 = B_0 = -\frac{a_0}{gA_0} , \ B_2 = -\frac{a_2}{gA_2} , \frac{\mu_1}{\omega_{rf}} = \frac{L_1}{a_0} , \frac{\mu_2}{\omega_{rf}} = \frac{L_2}{a_2} , \frac{\mu_3}{\omega_{rf}} = \frac{L_3}{a_0}$$

(10.1.19b)

$\mu = \lambda L$ 的具体定义同式（10.1.1）和式（10.1.3）。由此可见，在瞬变条件下，延续型阻塞施加于系统参数（如管道横截面积和/或波速）的改变可体现为管道的特性阻抗（B）和波传播系数（$\alpha = \dfrac{\mu}{\omega_{rf}}$）的变化。令 $\delta B = B_2 - B_0$ 和 $\delta\alpha = (\alpha_1 + \alpha_2 + \alpha_3) - \alpha_0$ 分别表示由延续型阻塞引发的特性阻抗和波传播系数的扰动，易得

$$B_c = \frac{\delta B}{B_0} = \frac{B_2 - B_0}{B_0} = \frac{A_0}{A_2}\frac{a_2}{a_0} - 1 \tag{10.1.20a}$$

$$\theta = \frac{\delta\alpha}{\alpha_0} = \frac{(\alpha_1 + \alpha_2 + \alpha_3) - \alpha_0}{\alpha_0} = \frac{L_2}{L_0}\left(\frac{a_0}{a_2} - 1\right) \tag{10.1.20b}$$

式中：B_c 和 θ 为相对于初始无阻塞情况下的特性阻抗和波传播系数的变化程度。

将式（10.1.19a）、式（10.1.19b）和式（10.1.20a）、式（10.1.20b）代入式（10.1.16），可得

$$(2 + B_c)(2 + B_c)\cos\left[(1 + \theta)\alpha_0\omega_{rf}\right] +$$
$$B_c(2 + B_c)\cos\left[\left(1 + \theta - 2\frac{\alpha_1}{\alpha_0}\right)\alpha_0\omega_{rf}\right] -$$
$$B_c(2 + B_c)\cos\left[\left(1 + \theta - 2\frac{\alpha_3}{\alpha_0}\right)\alpha_0\omega_{rf}\right] -$$
$$B_c{}^2\cos\left[\left(1 + \theta - 2\frac{\alpha_2}{\alpha_0}\right)\alpha_0\omega_{rf}\right] = 0 \tag{10.1.21}$$

定义 ω_{rf0} 为无阻塞管道系统的谐振频率，ω_{rfb} 为有阻塞管道系统的谐振频率。令 $\omega_{rfb} = \omega_{rf0} + \delta\omega_{rf}$ 或 $\delta\omega_{rf} = \omega_{rfb} - \omega_{rf0}$，其中 $\delta\omega_{rf}$ 是特定共振峰位置管段无阻塞和受阻塞情况下谐振频率的偏移量，式（10.1.21）中余弦函数可用 ω_{rf0} 的一阶近似值的泰勒扩展表示为

$$\cos[\beta\omega_{rfb}] = \cos[\beta\omega_{rf0}] - \beta\sin[\beta\omega_{rf0}]\delta\omega_{rf} + O[(\delta\omega_{rf})^2] + \cdots \tag{10.1.22}$$

式中：β 为余弦函数中谐振频率项的系数。考虑到由潜在的延续型阻塞引起的波传播系数

的变化较小（即 $|\theta| \ll 1$），且谐振频率（$\delta\omega_{rf}$）偏移的高阶项（$\geqslant 2$）可以忽略，可以将结果进行简化。将 $\cos(\alpha_0\omega_{rf0}) = 0$ 和式（10.1.22）代入式（10.1.21），经过进一步的三角变换和重排后，结果变为

$$\delta\omega_{rf} = \frac{C_u}{C_d} \tag{10.1.23}$$

式中：C_u 和 C_d 为与延续型阻塞信息有关的系数，且

$$\begin{aligned}
C_u = {} & (2+B_c)(2+B_c)\sin[\theta\alpha_0\omega_{rf0}] + \\
& B_c(2+B_c)\sin\left[\left(\theta - 2\frac{\alpha_1}{\alpha_0}\right)\alpha_0\omega_{rf0}\right] - \\
& B_c(2+B_c)\sin\left[\left(\theta - 2\frac{\alpha_3}{\alpha_0}\right)\alpha_0\omega_{rf0}\right] - \\
& B_c{}^2\sin\left[\left(\theta - 2\frac{\alpha_2}{\alpha_0}\right)\alpha_0\omega_{rf0}\right]
\end{aligned} \tag{10.1.24a}$$

$$\begin{aligned}
C_d = {} & -(2+B_c)(2+B_c)(1+\theta)\alpha_0\cos[\theta\alpha_0\omega_{rf0}] - \\
& B_c(2+B_c)\left(1+\theta - 2\frac{\alpha_1}{\alpha_0}\right)\alpha_0\cos\left[\left(\theta - 2\frac{\alpha_1}{\alpha_0}\right)\alpha_0\omega_{rf0}\right] + \\
& B_c(2+B_c)\left(1+\theta - 2\frac{\alpha_3}{\alpha_0}\right)\alpha_0\cos\left[\left(\theta - 2\frac{\alpha_3}{\alpha_0}\right)\alpha_0\omega_{rf0}\right] + \\
& B_c{}^2\left(1+\theta - 2\frac{\alpha_2}{\alpha_0}\right)\alpha_0\cos\left[\left(\theta - 2\frac{\alpha_2}{\alpha_0}\right)\alpha_0\omega_{rf0}\right]
\end{aligned} \tag{10.1.24b}$$

此外，对于收缩程度较小的微小阻塞情况，例如在阻塞形成的初期阶段，$|\varepsilon| \ll 1$，因此式（10.1.23）中的 C_u 和 C_d 系数可以进一步简化为

$$C_u \approx 4B_c\sin[(\alpha_3 - \alpha_1)\omega_{rf0}]\sin(\alpha_2\omega_{rf0}), \text{且 } C_d \approx -4\alpha_0 \tag{10.1.25}$$

最后，无量纲形式的谐振频率偏移的大小由下式表达，

$$\frac{\delta\omega_{rf}}{\Delta\omega_{rf0}} \approx (-1)^{k+1}\frac{B_c}{\pi}\sin(\alpha_2\omega_{rf0})\sin[(\alpha_1 - \alpha_3)\omega_{rf0}] \tag{10.1.26}$$

式（10.1.26）显性的表明谐振频率的偏移变化取决于延续阻塞收缩的严重程度及其阻塞的长度和位置，尤其显示了谐振频率偏移的大小与波速、管道直径的变化线性相关，并且随每个谐振峰值而变化。

式（10.1.26）提供了可替代复杂式（10.1.16）的简化形式，且以该式确定阻塞的性质时，计算量较小。可用图 10.1.2（b）中的阻塞系统来说明等式（10.1.26）的精确度，其中 $L_1 = 300\text{m}$，$L_2 = 200\text{m}$，$L_3 = 500\text{m}$，$a_1 = a_2 = a_3 = 1000\text{m/s}$，$R = 0$。将从式（10.1.26）获取的谐振峰值频率与根据特征线法（MOC）模型获得的谐振频率偏移进行比较，两者之间的差异通过 $\Delta\omega_{rf0}$ 进行归一化处理，其结果定义为使用式（10.1.26）预测谐振频率偏移的误差。前三个谐振峰值频率（即 $k=1$、2、3）的误差与由阻塞收缩引起的特性阻抗变化（B_c）的关系见图 10.1.7。

图 10.1.7 的结果表明，解析式（10.1.26）的预测误差随着 B_c（即阻塞程度）增大而变大，因此，该简化解析式仅适用于收缩量微小的阻塞管道系统，因其非线性项 B_c 相对较小可忽略。如图 10.1.7 所示，当由阻塞引起的特性阻抗的变化程度（B_c）小于 2.0 时，根据式（10.1.26）得出的前三个谐振峰值频率误差均小于 5%，但当 B_c 远大于 1 时，

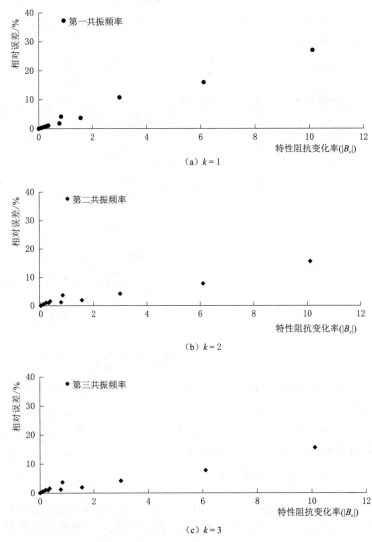

图 10.1.7　根据简化解析解得出的谐振频率偏移的相对误差与其受阻程度在不同共振峰频率条件下的关系

该简化解析式的精度有限。

10.2　延续型阻塞的定位模型

根据式（10.1.16），谐振频率偏移的性质取决于特性阻抗 B、波传播常数 λ、阻塞的长度及其在管道中的所在位置。因此，仅分析频率响应中的共振峰的位置，即可确定管道中延续型阻塞的位置。本研究根据式（10.1.16）提出一种逆向校准方法，通过频率响应峰值的位置来提取阻塞的特性。

在式（10.1.16）中总共有 $2N$ 个未知数，所有管段的长度（L_i）和直径（D_i）依次

按编号 $i=1$，$\cdots$，N 进行标记。可以假定第一段管道为原始管道直径，尽管该管段的长度（到第一个延续型阻塞的距离）未知，但是可通过其余管道部分的长度和管道的总长度来表达，因此未知总数减少到 $2(N-1)$。也就是说，延续型阻塞检测问题实际上就是确定除了第一管段以外的其余管段信息，即 L_i 和 D_i（$i=2$，$\cdots$，N），以满足式（10.1.16）。该问题的优化目标函数可以表示为

$$\min G = \sum_m \left| \sum_{j=0}^{M-1} \left[C_j \cos(\lambda_j \omega_{\mathrm{rf},m}) \right] \right| \tag{10.2.1}$$

式中：G 为目标函数的适应度；m 为谐振频率的峰值（即第 m 个波峰）。在本节中，采用 Vítkovský 等（2000）开发的改进遗传算法（IGAS）对式（10.2.1）进行优化求解。应用延续型阻塞检测方法时，通过快速傅里叶变换（FFT）可以将测量数据或数值模型的输出数据转化为系统的谐振峰值频率（Lee 等，2006、2008）。

10.3　延续型阻塞定位方法的数值模拟

采用图 10.1.4（图 10.1.2 中的案例 1）和图 10.1.5（图 10.1.2 中的案例 2）中的前 30 个共振峰的延续型阻塞预测结果进行数值模拟结果分析，并使用以下表达式来估算预测值的相对误差：

$$\varepsilon = \left| \frac{\text{真实值} - \text{预测值}}{\text{真实值}} \right| \times 100\% \tag{10.3.1}$$

表 10.3.1 的最后一列列出了案例 1 和案例 2 的最大相对误差（$\varepsilon_{\max}$）。结果表明，两种情况的预测误差均可以忽略不计。根据数值模拟结果，本章所提的阻塞定位方法可以准确地预测管道中阻塞的相关信息。

表 10.3.1　图 10.1.2 中案例 1 和案例 2 的管段延续型阻塞预测误差结果

案例编号	真实管段（l_r，D_r）	预测管段（l_p，D_p）	$\varepsilon_{\max}$ / %
1	$L_{1r}=700\mathrm{m}$；$D_{1r}=0.50\mathrm{m}$ $L_{2r}=1300\mathrm{m}$；$D_{2r}=0.30\mathrm{m}$	$L_{1p}=700\mathrm{m}$；$D_{1p}=0.50\mathrm{m}$ $L_{2p}=1300\mathrm{m}$；$D_{2p}=0.30\mathrm{m}$	0.0
2	$L_{1r}=700\mathrm{m}$；$D_{1r}=0.50\mathrm{m}$ $L_{2r}=50\mathrm{m}$；$D_{2r}=0.30\mathrm{m}$ $L_{3r}=1250\mathrm{m}$；$D_{3r}=0.50\mathrm{m}$	$L_{1p}=700\mathrm{m}$；$D_{1p}=0.50\mathrm{m}$ $L_{2p}=50\mathrm{m}$；$D_{2p}=0.30\mathrm{m}$ $L_{3p}=1250\mathrm{m}$；$D_{3p}=0.50\mathrm{m}$	0.0

为了进一步验证该技术的有效性和准确性，采用相对更为复杂的由 10 个串联管道组成的多阻塞管道案例［即图 10.1.1 中的 $N=10$，式（10.1.16）中的 $N=10$］进行分析，见表 10.3.2 中的案例 3。这些结果显示预测的相对误差最大为 3.3%，由此可知对于复杂管网的阻塞预测，所建立的检测技术的精度也是非常好的。因此，根据数值模拟结果，只要模型能准确表征系统频率响应，本研究提出的基于频率响应的方法可应用于管道中的延续型阻塞检测。

表 10.3.2　　　　　　　　　　　　案例 3 的管段延续型阻塞预测结果

案例编号	真实管段（l_r, D_r）	预测管段（l_p, D_p）	ε_{max}/%
3	$L_{1r}=500\text{m}$, $D_{1r}=0.50\text{m}$	$L_{1r}=500\text{m}$, $D_{1r}=0.50\text{m}$	3.3
	$L_{2r}=200\text{m}$, $D_{2r}=0.40\text{m}$	$L_{2r}=198\text{m}$, $D_{2r}=0.40\text{m}$	
	$L_{3r}=100\text{m}$, $D_{3r}=0.30\text{m}$	$L_{3r}=102\text{m}$, $D_{3r}=0.30\text{m}$	
	$L_{4r}=600\text{m}$, $D_{4r}=0.50\text{m}$	$L_{4r}=600\text{m}$, $D_{4r}=0.49\text{m}$	
	$L_{5r}=100\text{m}$, $D_{5r}=0.60\text{m}$	$L_{5r}=100\text{m}$, $D_{5r}=0.59\text{m}$	
	$L_{6r}=800\text{m}$, $D_{6r}=0.50\text{m}$	$L_{6r}=799\text{m}$, $D_{6r}=0.50\text{m}$	
	$L_{7r}=300\text{m}$, $D_{7r}=0.30\text{m}$	$L_{7r}=297\text{m}$, $D_{7r}=0.31\text{m}$	
	$L_{8r}=700\text{m}$, $D_{8r}=0.50\text{m}$	$L_{8r}=702\text{m}$, $D_{8r}=0.50\text{m}$	
	$L_{9r}=200\text{m}$, $D_{9r}=0.40\text{m}$	$L_{9r}=201\text{m}$, $D_{9r}=0.40\text{m}$	
	$L_{10r}=500\text{m}$, $D_{10r}=0.50\text{m}$	$L_{10r}=501\text{m}$, $D_{10r}=0.50\text{m}$	

10.4　延续型阻塞定位方法的实验验证

10.4.1　实验设置

延续型阻塞对系统频率响应影响的实验研究在坎特伯雷大学的管道实验室中开展。该实验系统的配置（图 10.4.1）由一条长度约为 42 m，直径为 72.40 mm 的不锈钢管道组成，管道的波速为 1180 m/s，该管道的边界处是装有部分水的加压水箱，每个水箱内的压力通过注入压缩空气来保持。上游水箱中的压头 H_0 恒定保持为 38.2m，与下游水箱相邻的直通阀主要用于调节初始的稳态流量。直径较小且波速不同的管段置于管道中间，用于模拟延续型阻塞的效果。

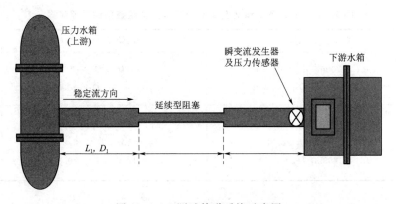

图 10.4.1　测试管道系统示意图

为了系统研究延续型阻塞的影响，本研究通过改变阻塞部分的长度及其与上下游水箱的距离（见表 10.4.1 中的试验案例 1～6）开展多次试验。在这些试验组次中，管道总长基本保持不变，其中案例 1、2、4 和 6 的总长为 41.52 m，案例 3 和 5 的总长为 41.98 m。瞬变流通过下游边界处的阀门快速关闭产生，并且在图 10.4.1 所示的相同位置处测量压头响应。压力水头由频率为 5 kHz 的带有采样功能的高速压电传感器在下游端进行测量。采用 Lee 等（2004）提出的方法，基于测得的压头和阀门处的瞬变流量来获取系统频率响应函数。需注意的是，频率响应函数不需要采用连续阀门振荡操作来逐个实现各个共振频率下的系统响应，而是通过输入特定频率宽度的入射波，快速得到系统频率响应结果。

表 10.4.1　　　　　　　　　　　　实验测试设置参数及其结果

实验案例编号	L_0/m	阻塞管段的相关信息			端点阀门处初始稳流 Re 值的测试范围
		L_2/m	D_2/mm	L_3/m	
1	41.52	0.00	72.40	20.61	
2	41.52	6.06	22.25	20.61	
3	41.98	6.06	22.25	14.65	$1.67 \times 10^3 \sim 6.75 \times 10^4$
4	41.52	9.06	22.25	20.61	
5	41.98	9.06	22.25	11.65	
6	41.52	12.07	22.25	20.61	

10.4.2　系统的频率响应观测结果

无阻塞管道的系统频率响应函数如图 10.4.2（a）所示，有阻塞系统的响应如图 10.4.2（b）～（f）所示，图中 k 为共振峰编号。如图 10.4.2（a）所示，在无阻塞的管道系统中，共振峰呈均匀分布，但当系统中存在阻塞时 [图 10.4.2（b）～（f）]，系统频率响应出现显著变化，并且共振峰的间距变得不规则。这些试验结果清晰确认了延续型阻塞的存在会改变系统的谐振频率。

在本实验中，每种阻塞系统都测试了几种具有不同初始稳态雷诺数的方案（见表 10.4.1），但结果发现共振峰的位置与初始水力条件和系统摩阻几乎无关，这一发现与之前的分析结果一致。以实验案例 1 的系统频率响应为例，其前四个谐波的摩阻效应如图 10.4.3 所示。通过图 10.4.3 发现，尽管系统频率响应的观测结果和忽略摩阻的频率响应解析解结果在幅度上略有区别，但对谐振频率（沿 x 轴的峰值位置）没有太大影响。该结果也表明，10.1.3 节中简化解析公式 [式（10.1.26）] 的推导过程中，忽略摩阻效应是合理的。

将各案例在不同的水力测试条件下的结果绘制于图 10.4.4 中，其中，图 10.4.4（a）为谐振频率（ω_{rfb}）基于无阻塞管段条件下的系统谐振频率（ω_{rf0}）归一化处理的结果，图 10.4.4（b）为谐振频率偏移量（$\delta\omega_{rf}$）基于无阻塞管段条件下的系统中两个相邻谐振峰之间的间距（$\Delta\omega_{rf0}$）进行归一化处理的结果。图 10.4.4（a）显示，由于管道中存在阻塞，其谐振频率发生了偏移，并且谐振频率偏移的大小与阻塞的大小和位置有关（案例 1～6）。图 10.4.4（b）表示此偏移的大小随每个共振峰（k）的变化而变化，且是在无阻塞时案例结果（案例 1）的附近振荡。

10.4.3　阻塞检测结果

基于试验观测数据（图 10.4.4），通过 10.2 节提出的优化模型确定阻塞的位置，即

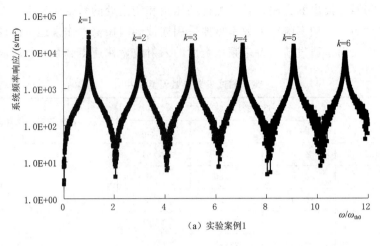

（a）实验案例1

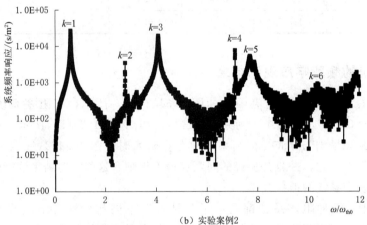

（b）实验案例2

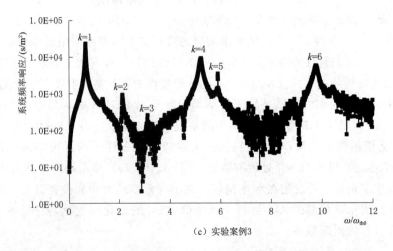

（c）实验案例3

图 10.4.2（一）　不同实验案例的系统频率响应结果（实验案例 1～6）

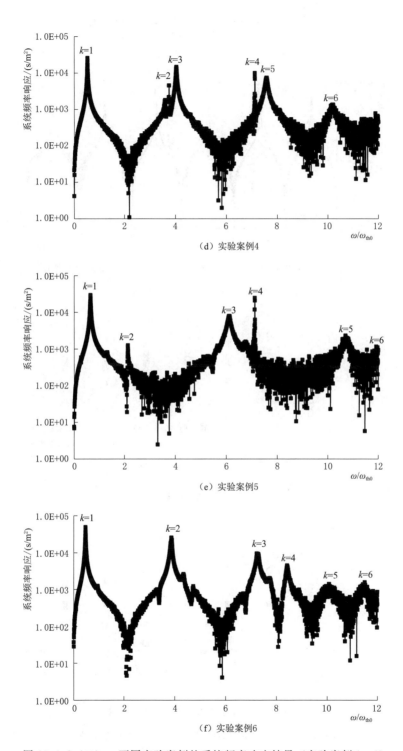

图 10.4.2（二）　不同实验案例的系统频率响应结果（实验案例1～6）

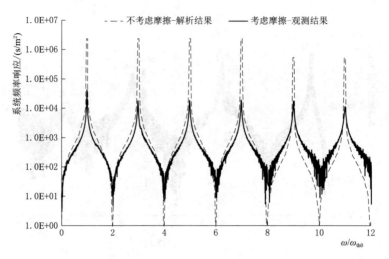

图 10.4.3 实验案例 1 的系统频率响应（考虑/不考摩擦力的作用）

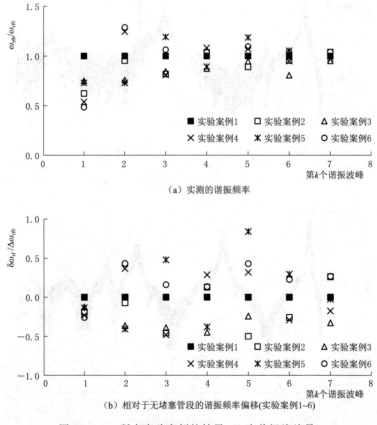

（a）实测的谐振频率

（b）相对于无堵塞管段的谐振频率偏移(实验案例1~6)

图 10.4.4 所有实验案例的结果（k 为共振峰编号）

根据式（10.1.16）或简化解析式（10.1.26）的结果进行逆向匹配，预测的阻塞参数值及其预测的相对误差列于表 10.4.2。

表 10.4.2　　　　基于系统频率响应方法的延续型阻塞的预测结果和误差

案例编号	预测 L_2 值/m（相对误差）		预测 D_2 值/mm（相对误差）		预测 L_3 值/m（相对误差）	
	由式 (10.1.16)	由式 (10.1.26)	由式 (10.1.16)	由式 (10.1.26)	由式 (10.1.16)	由式 (10.1.26)
2	6.22 (2.64%)	6.64 (9.57%)	24.11 (8.36%)	29.07 (30.65%)	21.15 (2.62%)	18.89 (8.35%)
3	6.21 (2.47%)	5.55 (8.42%)	22.86 (2.74%)	34.14 (53.44%)	14.95 (2.05%)	16.22 (10.72%)
4	9.13 (0.77%)	9.32 (2.87%)	20.01 (10.06%)	35.56 (59.82%)	21.19 (2.81%)	24.54 (19.07%)
5	9.23 (1.88%)	11.33 (25.08%)	24.13 (8.44%)	26.45 (18.88%)	11.53 (1.03%)	12.47 (7.04%)
6	12.33 (2.15%)	12.56 (4.06%)	24.66 (10.83%)	20.12 (9.57%)	21.07 (2.23%)	22.93 (11.26%)

　　表 10.4.2 中的结果表明，使用基于系统频率响应方法 [式（10.1.16）] 预测阻塞的长度和位置（L_2 和 L_3）可取得令人满意的精确度，所有案例的预测相对误差均小于 3%。但是，该方法对阻塞大小（D_2）的预测还不太准确，最大误差达 10.83%（见案例 6）。这说明，该检测方法预测阻塞的大小尺寸的灵敏度相对较低。表 10.4.2 中也列出了应用简化方程式（10.1.26）的预测结果以作比较。结果表明，当使用式（10.1.26）时，预测误差较大，其中预测的阻塞长度、位置和尺寸的最大误差分别为 25%、25% 和 60%。预测准确性的下降可归结于以下两个原因：①式（10.1.26）中的解析解的简化过程（如一阶近似处理）；②在这些案例中，相对较大的阻塞收缩程度（$B_c = 11.3 \gg 1$）。由此可见，式（10.1.26）可能适用于已知管道阻塞的收缩程度较低的情况。需要强调的是，尽管使用式（10.1.26）的预测误差较大，但其用于延续型阻塞定位时比使用式（10.1.16）具有计算优势。

　　此外，表 10.4.2 结果清楚地表明，对于本研究中的实验测试案例，使用式（10.1.16）进行预测的误差大于 10.3 节数值模拟中测得的误差。这可以归因于"传递矩阵法固有的线性化假设"以及系统参数（例如波速）估计中的细微实验误差（Lee、VÍTKOVSKÝ，2010）。此外，在这项研究中，现有模型无法完美地复制存在严重收缩的管道系统瞬变事件（尤其是高次谐波），这也是引起误差的重要原因之一（Washio 等，1996；Kim，2008）。

　　为了说明现有模型的准确性欠佳，本处对实验管道系统进行了数值研究，并使用特征线法对表 10.4.1 中实验案例 6 的瞬变流事件进行建模。为了准确模拟摩阻的作用，该模型耦合了达西-韦伯方程及 Vardy 和 Brown（1996）提出的基于加权函数的瞬变摩阻方法，数值建模和实验测试的时域结果绘制于图 10.4.5（a）中，局部放大结果见图 10.4.5（b）。注意，图 10.4.5 中的纵坐标表示在指定的时间间隔内，根据最大值（ΔH_{max}）进行归一化处理的压力水头扰动（ΔH），而横坐标是基于无阻塞管道系统的周期（$4L_0/a_0$）进行归一化处理的时间变量（t）。

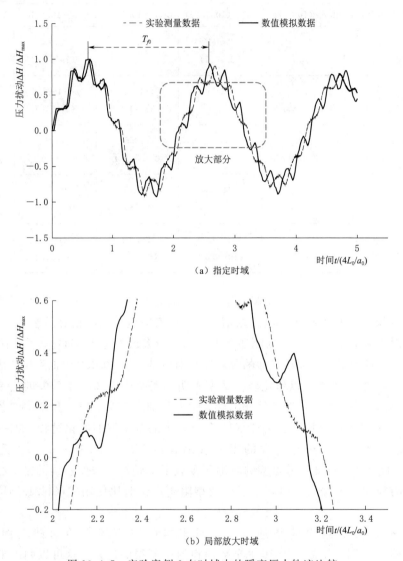

（a）指定时域

（b）局部放大时域

图 10.4.5　实验案例 6 在时域中的瞬变压力轨迹比较

由图 10.4.5（a）可见，数值模型可以重现压力波动的包络线和波动周期的主导基波周期［图 10.4.5（a）中的 T_{f0}］。然而，如果校验每个主波周期中的详细振荡［见图 10.4.5（b）的放大部分］，可发现数值模拟结果与实验数据之间存在较为明显的差异，这些振荡是由延续型阻塞端点的波反射和传播引起的。图 10.4.5（b）还可以发现在实验测试中阻塞引起的反射曲线比数值模拟结果中的光滑得多，这表明实验中较高的频率信号在阻塞处会发生更明显的衰减，也就是说，当时域数据转化至频域中时，尤其是进行高频转换的时候，谐振频率偏移/变化将更为明显。

10.5　延续型阻塞检测方法在实际应用中的影响因素

上两节数值模拟与实验验证已成功证明了本章提出的延续型阻塞检测技术的可行性，但是，将该技术应用于实际管网时，还需要考虑其他问题。Lee 等（2006）通过实验表明，采用系统频率响应方法主要是依赖频率域内的共振峰值。一般来说，系统中存在的不确定性和噪声或者在测量系统中的误差，会对信号产生很大影响（即信号污染），但这种噪声对峰值的相对影响较小，不会显著影响阻塞定位方法的应用。同时，Duan 等（2010a）的研究表明，目前所有基于瞬变流的漏损检测技术都依赖于瞬变波的反射信号，只有当瞬变信号中出现清晰的反射时，才能获得其准确的检测结果。因此，在实际工程中，较为可取的方法是采用 Lee 等（2006）所提出的可快速动作的电磁阀技术，以产生明显的瞬变波反射，而不建议采用相对缓慢的手动关阀或水泵切换操作。

在实际管网中，可能存在的阻塞总数最初是未知的，应用式（10.1.16）对谐振峰值频率进行逆向校准时，需要通过反复试验进行大量计算才能获得最佳结果。该试验过程可包括：①首先假设系统中延续型阻塞的数量（即为 N），再根据测得的共振峰位置由式（10.1.16）进行逆向分析获取阻塞的信息（大小和位置）；②将假设的阻塞管段数量增加一段，并通过逆向校准再次计算延续型阻塞的特性；③如果再次增加阻塞管段的数量，而得出的阻塞特性并未改变时，即可知已找到最佳结果，否则返回步骤②重复添加阻塞管段并继续进行该步骤。

先前的分析中都假设不同管径的节点处没有局部压头损失，并由此简化了解析表达式，同时更清楚地展示了延续型阻塞对频率响应函数的影响。下面将举例分析说明，节点存在局部水头损失时，本章所提方法的有效性和准确性并不会受到显著影响。定义管道连接节点在扰动条件下的线性压头损失公式为

$$h_{J0} = K q_{J0}, \quad \text{且 } K = \frac{2\Delta H_{J0}}{DM_{J0}} \tag{10.5.1}$$

式中：DM_{J0} 为节点处的定常流量；ΔH_{J0} 为定常流量对应的微小水头损失；h_{J0} 和 q_{J0} 分别为管道连接节点处的水头损失扰动和管道连接节点处的流量扰动；K 为节点水头损失的阻抗系数。在第 j 个和第 $j+1$ 个管道之间的交界节点处，该局部/微小水头损失的传递矩阵 $\boldsymbol{P}_{j(j+1)}$ 为

$$\boldsymbol{P}_{j(j+1)} = \begin{bmatrix} 1 & 0 \\ -K_{j(j+1)} & 1 \end{bmatrix} \tag{10.5.2}$$

将该节点的传递矩阵合并至式（10.1.3）中，对 $N=3$ 的案例进行共振条件分析可知，

$$B_2 B_3 \cos\mu_1 \cos\mu_2 \cos\mu_3 = B_1 B_3 \sin\mu_1 \sin\mu_2 \cos\mu_3 +$$
$$B_1 B_2 \sin\mu_1 \cos\mu_2 \sin\mu_3 +$$
$$B_2^2 (1 + \frac{K_{12}K_{23}}{B_2^2}) \cos\mu_1 \sin\mu_2 \sin\mu_3 \tag{10.5.3}$$

通常情况下，由于实际管网中管道节点处的阻抗（K）远小于管道的特性阻抗（B），可知（Lee 等，2008）：

$$\frac{K_{12}K_{23}}{B_2^2} \ll 1 \qquad (10.5.4)$$

在这种情况下，式（10.5.3）的结果与式（10.1.14）几乎相同。因此，管道内部节点的局部/微小压头损失并不会影响系统响应的谐振频率。由此可知，先前文献（Wang等，2005；Mohapatra 等，2006；Sattar 等，2008；Lee 等，2008）中通常将离散型阻塞视为局部阻力损失（如管道阀门），它几乎不会改变频率峰值的位置，而只会影响这些共振峰值的幅度。

另一个可能会影响时域内相移和频域内共振峰偏移的因素是管壁材料在瞬变条件下的黏弹性（Suo，Wylie，1990）。因此在进行阻塞定位之前，须先将由黏弹性引致的共振峰位移从数据中隔离并清除出去。Duan 等（2010b）的研究表明，管壁黏弹性对谐振频率偏移的影响可以通过分析得出：

$$\omega_{ve} = \frac{\omega_o}{\sqrt{T_\omega}} \qquad (10.5.5)$$

式中：ω_{ve} 为黏弹性情况下的谐振频率；ω_o 为无黏弹性条件下的初始谐振频率；T_ω 为与管壁材料的黏弹性有关的谐振频率偏移系数。由此可见，黏弹性引起的谐振频率偏移本质上具有单调性，而且只要系统中所有管壁材料（黏弹性参数）已知，就可以很容易的将其与延续型阻塞相分离，因而可继续使用本研究所提出的阻塞检测方法。

最后需说明的是，式（10.1.16）仅假设了稳变摩阻对延续型阻塞的影响，并未包括瞬变摩阻的作用。为了进一步阐明摩阻对上述阻塞检测技术的影响，图 10.5.1 绘制了案例 1（见表 10.3.1）中考虑/未考虑摩阻作用情况下的模拟结果。准稳态摩阻项根据达西-韦伯公式求解（$f = 0.015$），而瞬变摩阻的作用由 Vardy 和 Brown 开发的基于加权函数的瞬变摩阻模型来进行模拟。根据图 10.5.1 的结果所示，附加的摩阻效应（准稳态和瞬变）会导致共振峰的幅度减小，但其并未影响谐振频率和共振峰在频率轴上的位置［见图 10.5.1（b）中的虚线框选部分］。因此，本研究数值验证结果可以推广到瞬变摩阻效应较为显著的实际管网系统。

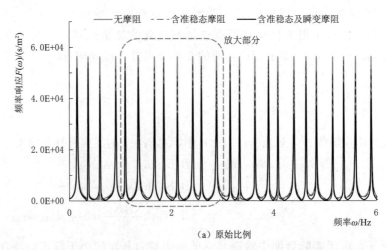

图 10.5.1（一）　无摩阻和有摩阻情况下的频率响应

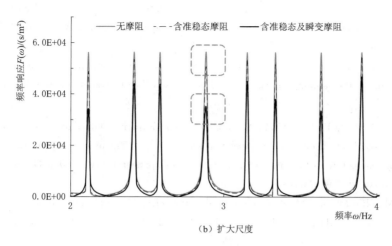

图 10.5.1（二）　无摩阻和有摩阻情况下的频率响应

10.6　小结

本章研发了一种基于瞬变流频率响应的管道延续性阻塞检测方法。本研究首先推导了延续型阻塞的频率响应的解析表达式及其简化形式，并通过数值实验验证了表达式的正确性。数值结果表明，延续型阻塞会改变系统响应的谐振频率，从而使谐振峰值不再像在无阻塞系统中所呈现的那样沿频率轴均匀分布。基于此，本研究接着提出了应用延续型阻塞的频域响应表达式进行管道阻塞检测定位的方法原理，并分别通过数值模拟和实验室试验验证了该方法的可行性与精度。结果发现：延续型阻塞的存在会使系统的谐振频率发生偏移，且偏移大小与阻塞的大小和位置有关；相比于对管道阻塞严重程度的检测，所提方法对延续型阻塞的位置和长度的预测更为精准。最后，从所提方法实际应用的角度出发，本研究讨论和分析了实际供水管网系统中不同因素（如节点处局部水头损失、管道黏弹性和瞬变摩阻）对阻塞检测方法应用效果的影响，并提出了改进方法。

参考文献

BRUNONE B，FERRANTE M，MENICONI S，2008. Discussion of "detection of partial blockage in single pipelines" by P. K. Mohapatra, M. H. Chaudhry, A. A. Kassem, and J. Moloo [J]. Journal of Hydraulic Engineering，ASCE，134（6）：872 - 874.

CHAUDHRY M H，1987. Applied hydraulic transients [M]. 2nd ed. Van Nostrand Reinhold，New York.

DUAN，H F，LEE P J，GHIDAOUI M S，et al，2010a. Essential system response information for transient-based leak detection methods [J]. Journal of Hydraulic Research，48（5）.

DUAN，H F，LEE，P J，GHIDAOUI，M S，et al，2010b. System Response Function Based Leak Detection in Viscoelastic Pipeline [J]. Journal of Hydraulic Engineering，ASCE，138（2）：143 - 153.

DUAN H F，LEE P J，GHIDAOUI M S，et al，2012. Extended blockage detection in pipelines by using the system frequency response analysis [J]. J. Water Resour. Plann. and Manage.，ASCE，138（1）：55 - 62.

DUAN H F, LEE P J, AYAKA Kashima Jielin Lu, et al, 2013. Extended Blockage Detection in Pipes Using the System Frequency Response: Analytical Analysis and Experimental Verification [J]. Journal of Hydraulic Engineering, 139 (7) .

KIM Y I, 2008. Advanced numerical and experimental transient modelling of water and gas pipeline flows incorporating distributed and local effects [D]. PhD Thesis, The University of Adelaide, South Australia.

LEE P J, VÍTKOVSKÝ J P, LAMBERT M F, et al, 2004. Experimental validation of frequency response coding for the location of leaks in single pipeline systems [C] // The practical application of surge analysis for design and operation, 9th international conference on pressure surges, BHR Group, Chester, UK, 24 - 26 March 2004: 239 - 253.

LEE P J, LAMBERT M F, SIMPSON A R, et al, 2006. Experimental verification of the frequency response method for pipeline leak detection [J]. Journal of Hydraulic Research, IAHR, 44 (5): 693 - 707.

LEE P J, VÍTKOVSKÝ J P, LAMBERT M F, et al, 2008. Discrete blockage detection in pipelines using the frequency response diagram: numerical study [J]. Journal of Hydraulic Engineering, ASCE, 134 (5): 658 - 663.

LEE P J, VÍTKOVSKÝ J P, 2010. Quantifying linearization error when modeling fluid pipeline transients using the frequency response method [J]. Journal of Hydraulic Engineering, ASCE, 136 (10): 831 - 836.

MOHAPATRA P K, CHAUDHRY M H, KASSEM A A, et al, 2006. Detection of partial blockage in single pipelines [J]. Journal of Hydraulic Engineering, ASCE, 132 (2): 200 - 206.

SATTAR A M, CHAUDHRY M H, KASSEM A A, 2008. Partial blockage detection in pipelines by frequency response method [J]. Journal of Hydraulic Engineering, ASCE, 134 (1): 76 - 89.

STEPHENS M L, 2008. Transient response analysis for fault detection and pipeline wall condition assessment in field water transmission and distribution pipelines and networks [D]. PhD Thesis, The University of Adelaide, South Australia.

SUO L S, WYLIE E B, 1990. Complex wavespeed and hydraulic transients in viscoelastic pipes [J]. Journal of Fluids Engineering, ASME, 112 (4): 496 - 500.

VARDY A E, BROWN J M B, 1996. On turbulent, unsteady, smooth-pipe friction [C] // The 7th International Conference Pressure Surges and Fluid Transients in Pipelines and Open Channels, BHR Group, April, Harrogate, England, 289 - 311.

VÍTKOVSKÝ J P, SIMPSON A R, LAMBERT M F, 2000. Leak detection and calibration using transients and genetic algorithms [J]. Journal of Water Resources Planning and Management, ASCE, 126 (4): 262 - 265.

WANG X J, LAMBERT M F, SIMPSON A R, 2005. Detection and location of a partial blockage in a pipeline using damping of fluid transients [J]. J. Water Resour. Plann. and Manage. , ASCE, 131 (3): 244 - 249.

WASHIO S, TAKAHASHI S, YU Y, et al, 1996. Study of unsteady orifice flow characteristics in hydraulic oil lines [J]. Journal of Fluids Engineering, ASME, 118 (4): 743 - 748.

WYLIE E B, STREETER V L, SUO L S, 1993. Fluid transients in systems [M]. Prentice-Hall, Englewood Cliffs, New Jersey.

第11章

基于瞬变流的末端分支管道检测研究

除了漏损与阻塞，非法分支管道或未知分支管道也是管网系统中常见的问题之一，因此，本章继续介绍一种基于瞬变流的末端分支管道检测方法。本研究首先比较具有和不具有分支管道系统的瞬变响应，以突出分支管道对系统瞬变响应的影响。接着基于传递矩阵法（Lee 等，2006；Duan 等，2011；2012；Duan 、Lee，2015），推导管道系统中单个终端分支的频率响应函数的解析表达式，并将其用于分支检测。然后，基于小分支（分支相对于干管很小）和线性（一阶近似）假设，进一步简化了推导的隐式方程，以建立谐振频率偏移和分支信息之间更明确的关系，并基于此简化方程提出了两阶段逆向校准的分支管道检测与定位方法。最后利用基于特征线法的一维瞬变流数值模型验证了该分支检测方法的有效性，并探讨了实际应用时不同瞬变输入信号的影响。

11.1 分支对管道系统瞬变响应的影响

本节首先证明分支管道对系统瞬变响应有显著影响。采用图 11.1.1 所示的具有单个分支的简单管道系统作为示例，其干管（管段 1 和 2）由两个恒定水头的水箱（图中的 A 和 B）作为边界，管道中的流量由位于下游水箱 B 处的阀门控制。在该简单管道系统中，节点 C 处存在一根分支管道，当其终端 D 处的阀门完全关闭时稳定状态下无流量。该系统管段 1、2 和 3 的参数分别如下：①管长（L）：400 m、600 m 和 50 m；②管径（D）：0.6 m、0.5 m 和 0.2 m；③波速（a）：1000 m/s、1200 m/s 和 1300 m/s。干管（管段 1 和 2）的稳定出流量（Q_0）假定为 0.2 m^3/s，瞬变波是由 B 处的控制阀突然关闭而产生。

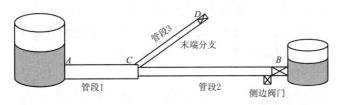

图 11.1.1　具有单个末端分支（管段 3）的示例管道系统

采用一维瞬变流方程的数值模型求解无分支（管道 3）和有分支的管道系统在 B 处的时域瞬变压头曲线，结果如图 11.1.2（a）所示。需要注意的是，所有管段的离散网格大小都固定为 1m，在数值模拟时使用了空间插值法。由图 11.1.2（a）中圆圈所示，在许多波周期中，分支的存在增加了系统瞬变响应的幅度。

图 11.1.2（b）的系统频率响应函数结果显示，随着频率的增加，压力振荡共振峰的

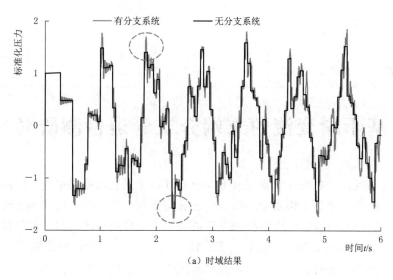

（a）时域结果

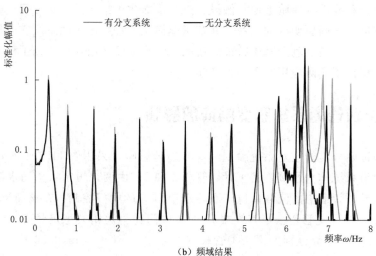

（b）频域结果

图 11.1.2　有无终端分支的系统瞬变响应比较

密度和幅度也随之变化。该结果也证实了管道分支会产生共振峰偏移及其在不同频率模式之间的能量转换（振幅变化即能量变化）。造成这种现象的原因是分支管道在瞬变响应中会发生反射从而引起更多的振荡波。在实际应用中，这种现象会影响系统中空气罐、调压池和空气阀的动力学特性（Duan 等，2010a）。需要注意的是，目前基于瞬变流的管道漏损/阻塞检测方法依赖于瞬变反射和阻尼信息（Duan 等，2010b），因此，理解和表征分支管道对系统的瞬变反射和阻尼影响至关重要。

11.2　分支管道系统的频率响应

11.2.1　频率响应函数的推导

为了推导有分支管道系统的频率响应函数，首先给出单根无分支管道在频域内的瞬变

响应［详见式（2.4.10）］，其传递矩阵形式表达为

$$\begin{Bmatrix} q \\ h \end{Bmatrix}^{n+1} = \begin{bmatrix} \cos(\lambda L) & i\frac{1}{B}\sin(\lambda L) \\ iB\sin(\lambda L) & \cos(\lambda L) \end{bmatrix} \begin{Bmatrix} q \\ h \end{Bmatrix}^{n} \tag{11.2.1}$$

式中：$\lambda = C_R\frac{\omega}{a}$ 为波数，即单位长度内正弦波数量；$B = -C_R\frac{a}{gA}$ 为特性阻抗；$C_R = \sqrt{1-i\frac{gAR_f}{\omega}}$；$R_f = \frac{fQ}{gDA^2}$ 为阻抗系数；q、h 为频域中的流量和压力水头；n、$n+1$ 代表管段的上游和下游端；L 为管段长度；ω 为频率；i 为虚数单位。注意，阻抗系数 R_f 包含瞬变摩阻的影响。

基于图 11.1.1 的管道系统，B 处的瞬变频率响应函数如下所示：

$$h^B = i[B_2 B_3 \cos\mu_3 \sin\mu_2 \cos\mu_1 - B_2 B_1 \sin\mu_3 \sin\mu_3 \sin\mu_1 + B_1 B_3 \cos\mu_3 \cos\mu_2 \sin\mu_1]/$$
$$[B_1 B_3 \cos\mu_3 \sin\mu_2 \cos\mu_1 + B_1 B_2 \sin\mu_3 \cos\mu_2 \sin\mu_1 - B_2 B_3 \cos\mu_3 \cos\mu_2 \sin\mu_1] \tag{11.2.2}$$

其中 $\mu = \lambda L$，则单个分支管道系统的谐振条件为

$$B_2 B_1 \sin\mu_3 \cos\mu_2 \sin\mu_1 - B_3 B_2 \cos\mu_3 \cos\mu_2 \cos\mu_1 + B_3 B_1 \cos\mu_3 \sin\mu_2 \sin\mu_1 = 0 \tag{11.2.3}$$

或者

$$(B_2 B_3 + B_1 B_2 + B_1 B_3)\cos(\mu_1 + \mu_2 + \mu_3) +$$
$$(B_2 B_3 - B_1 B_2 - B_1 B_3)\cos(\mu_1 - \mu_2 - \mu_3) +$$
$$(B_2 B_3 + B_1 B_3 - B_1 B_2)\cos(\mu_1 + \mu_2 - \mu_3) +$$
$$(B_2 B_3 - B_1 B_3 + B_1 B_2)\cos(\mu_1 - \mu_2 + \mu_3) = 0 \tag{11.2.4}$$

在本章中，仅研究和检测了单根终端分支管道系统案例，但是类似的推导过程同样适用于有多个分支的复杂串联管道系统。

11.2.2   解析表达式的简化

应用式（11.2.3）进行分支检测时，必须先通过实验测量或数值模拟获得系统的谐振频率，然后以监测或模拟谐振频率为基础，通过反向拟合满足式（11.2.3）以确定分支的存在和位置。但是，式（11.2.3）太过隐式，无法显示谐振频率与分支管道特性之间的直接关系。为此，本研究参照第 10 章所提出的延续型阻塞检测解析式的简化方法，简化式（11.2.3）以获得谐振频率与分支管道特性之间关系的清晰表达。假设分支管道相对于干管较小，基于一阶近似方法可确定分支谐振频率偏移的简化表达式为

$$\frac{\Delta\omega_{rf}}{\omega_{th0}} = -\frac{2B_r}{\pi}\frac{\sin(\alpha_3\omega_{rf0})\cos^2(\alpha_2\omega_{rf0})}{\cos(\alpha_3\omega_{rf0})} \tag{11.2.5}$$

式中：$\Delta\omega_{rf} = \Delta\omega_{rf}(k)$ 为谐振频率偏移；k 为第 k 个谐振波峰；$\omega_{th0} = \frac{\pi}{2\alpha_0}$ 为管道系统的理论第一谐振频率；$\alpha = \frac{\mu}{\omega}$ 为波传播系数；$B_r = \frac{B_0}{B_3}$ 为干管与支管的特性阻抗比率，在式（11.2.5）的推导过程中认为 $B_r \ll 1$。为简化起见，式（11.2.5）中省略了谐振频率波峰编号，这是因为该公式对频域中的所有共振峰均有效。

式（11.2.5）清楚地表明了谐振频率偏移与支管特性（即分别从参数 B_r、α_3 和 α_2 推导出的支管大小、长度和位置）的关系。同时，与完整形式的式（11.2.3）相比，简化式（11.2.5）更易求解。需要说明的是，由于小支管（支管相对于干管很小）和一阶近似假设，式（11.2.5）的解更适用于为求解式（11.2.3）精确解提供合理的初始猜测。

11.3　分支管道检测方法的原理

为了满足精确度要求，必须使用式（11.2.3）来识别和获取系统中支管的特性。本研究采用遗传算法（GA）求解式（11.2.3），其目标函数是式（11.2.3）左侧的绝对值，该绝对值将被最小化以尽可能接近零。为了避免在优化过程中出现奇异性问题，选择 D_3、L_2、L_3 和 a_3 为决策变量，而不是式（11.2.3）中的 B_3、L_2、L_3 和 λ_2。因此，式（11.2.3）可改写如下：

$$C_{R2}C_{R1}A_3a_2a_1\sin\left(C_{R3}\frac{L_3}{a_3}\omega_{rfb}\right)\cos\left(C_{R2}\frac{L_2}{a_2}\omega_{rfb}\right)\sin\left(C_{R1}\frac{L_1}{a_1}\omega_{rfb}\right)-$$

$$C_{R3}C_{R2}a_3a_2A_1\cos\left(C_{R3}\frac{L_3}{a_3}\omega_{rfb}\right)\cos\left(C_{R2}\frac{L_2}{a_2}\omega_{rfb}\right)\cos\left(C_{R1}\frac{L_1}{a_1}\omega_{rfb}\right)+$$

$$C_{R3}C_{R1}a_3A_2a_1\cos\left(C_{R3}\frac{L_3}{a_3}\omega_{rfb}\right)\sin\left(C_{R2}\frac{L_2}{a_2}\omega_{rfb}\right)\sin\left(C_{R1}\frac{L_1}{a_1}\omega_{rfb}\right)=0 \qquad (11.3.1)$$

本研究使用了一种两阶段优化方法，首先求解简化式（11.2.5），以确定所有参数的初始值和搜索范围，然后基于该范围继续优化求解式（11.2.3）。假设分支比干管小，则分支的大小和长度的搜索范围应在零到干管值之间，即 $[0,\max(D_1,D_2)]$ 和 $[0,L_0]$，$L_0=L_1+L_2$（图11.1.1）。本研究使用的 GA 算法流程如图11.3.1 所示，当满足两个条件之一时，优化过程结束：①任何两个连续迭代的所有结果的相对误差均小于 1%；②达到最大迭代次数 $M=5000$。

11.4　分支管道检测方法的数值模拟

11.4.1　数值试验条件

应用数值模拟试验对上一节所提出的分支管道检测方法进行验证。表 11.4.1 中列出了所有数值试验的参数设置，涵盖了较大范围的系统尺寸和流量，以研究不同分支管道属性和水力条件对所提方法准确性的影响。无分支管道

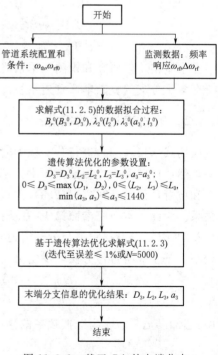

图 11.3.1　基于 GA 的末端分支检测优化方法流程图

的总长度（L_0）固定为 1000 m，而被分支分隔的每个管段的长度、尺寸和波速随着测试试验的不同而改变。假定所有管道均采用光滑管壁摩擦系数，研究采用一维瞬变流方程和瞬变摩阻模型进行瞬变流水力计算。准稳态摩阻由达西-韦伯公式计算，瞬变摩阻计算时：层流时采用 Zielke 层流模型（Zielke 等，1968），湍流时采用 Vardy-Brown 湍流模型（Vardy、Brown，1995）。

表 11.4.1　　　　　　　　　　**数值测试的系统参数设置**

测试序号	管段 1			管段 2			管段 3（分支）			Re_0
	L_1/m	D_1/mm	$a_1/(\mathrm{m/s})$	L_2/m	D_2/mm	$a_2/(\mathrm{m/s})$	L_3/m	D_3/mm	$a_3/(\mathrm{m/s})$	（$\times 10^3$）
1	350	500	1000	650	500	1000	50	100	1200	1
2	350	500	1000	650	500	1000	50	100	1200	5
3	350	500	1000	650	500	1000	50	100	1200	10
4	300	500	1000	700	400	1100	50	200	1200	5
5	350	500	1000	650	500	1100	50	200	1200	10
6	350	500	1000	650	400	1100	150	300	1200	10
7	550	500	1000	450	400	1100	50	100	1200	30
8	550	500	1000	450	400	1100	50	50	1200	30
9	700	500	1000	300	400	1100	50	50	1300	10
10	550	500	1000	450	400	1100	50	50	1300	100

系统中的瞬变流是由图 11.1.1 中点 B 处的阀门操作引起的，流量扰动（Q_V）由阀门的快速关闭-打开-关闭操作引起（图 11.4.1），从而在系统中产生具有较大带宽的尖波信号（Duan 等，2010a；Lee 等，2014），不同输入信号的影响将在 11.5 节讨论。在图 11.4.1 中，纵坐标上的阀门流量扰动使用初始稳定流量（Q_0）进行归一化，而轴向时间坐标使用干管的波动周期（$\frac{4L_0}{a_0}$）进行归一化。本研究收集图 11.1.1 中 B 点的水头进行分析。

测试案例 1 的瞬变水头模拟值绘制在图 11.4.2（a）中，纵坐标是通过 Joukowsky 水头（即 $\Delta H_0 = a\Delta V_{v0}/g$，$\Delta V_{v0}$ 为阀门初次操作时流速的变化）归一化后的瞬时压力水头（ΔH_t），横坐标是根据干管波动周期标准化的无量纲时间。图 11.4.2（b）显示测试案例 1 的瞬变水头频率响应函数，其中纵坐标由干管的基本谐波响应归一化，横坐标由干管的基本频率（$\frac{a}{4L_0}$）归一化。为

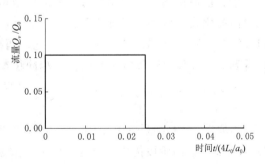

图 11.4.1　下游阀门处产生的流量扰动

了进行比较，在图 11.4.2 中还绘制了无分支管道系统的结果。图 11.4.2 结果清晰表明了时域中存在附加波反射，且频域中存在谐振峰谐振频率偏移。

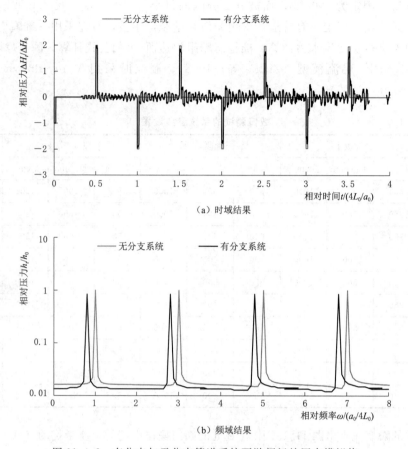

(a) 时域结果

(b) 频域结果

图 11.4.2 有分支与无分支管道系统下游阀门处压力模拟值

11.4.2 检测结果与分析

首先使用图 11.4.2 中测试案例 1 的结果来说明两种不同的优化方法对分支检测的效率：①直接根据式（11.2.3）对结果进行逆拟合；②使用图 11.3.1 所示的两阶段法：首先根据简化式（11.2.5）对结果进行逆拟合，以提供优化的初始值及搜索范围，再使用式（11.2.3）根据初始范围进行第二次优化。两种优化方案的收敛曲线如图 11.4.3 所示，可以看到两阶段优化法收敛速度更快。相同精度条件下，两阶段法（②方法）的 CPU 计算时间少于直接法（①方法）的 1/3。在此测试案例中，两阶段法所需的计算时间约为 3min，而直接优化法则超过 10min。

提取图 11.4.2（b）中的前 15 个共振峰进行分析，结果绘制于图 11.4.4 中。图 11.4.4 显示了两阶段优化结果与数值模拟数据具有良好一致性。同时，图 11.4.4 也表明了所提出的两阶段优化方法明显优于仅针对式（11.2.3）的直接优化法。因此，在本章节的后续分析中，均采用图 11.3.1 所示基于 GA 的两阶段优化法来检测分支管道。

表 11.4.2 给出了由表 11.4.1 中 10 个测试案例确定的分支管道特性。每个参数的预测相对误差（表 11.4.2 中的 γ）由下式给出：

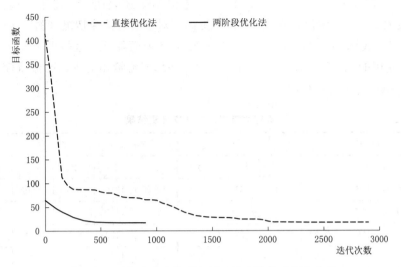

图 11.4.3　终端分支检测案例 1 的遗传算法优化过程

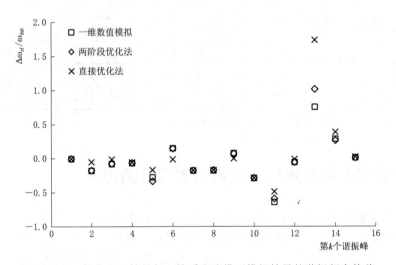

图 11.4.4　优化方法结果与一维瞬变流模型模拟结果的谐振频率偏移

$$\gamma_P = \frac{|P_r - P_p|}{P_r} \times 100\% \qquad (11.4.1)$$

式中：P 为需计算误差的参数；下标 r 和 p 分别为实际和预测参数值。

　　表 11.4.2 中的结果表明该方法可用于分支检测，因为在本研究的数值测试中，所有参数的预测误差均在 20% 以内。D_3、L_3、a_3 和 L_2 的最大相对误差分别为 14.7%、14.0%、4.6% 和 3.7%（表 11.4.2 中以粗体显示的数字），这意味着本章所提方法在分支定位（L_2）方面比预测尺寸（管径 D_3、长度 L_3）方面更准确。与此同时，表 11.4.2 结果指出，在其他条件相同的情况下，该方法的准确性随着分支尺寸的增大而降低（例如，测试 3、5 和 6；测试 7 和 8）。相对而言，测试 3 的预测效果最差，这是因为在所有案例中该分支具有最大的尺寸，因而违反了在分析推导过程中使用的小分支近似理论（即

$B_r \leqslant 10\%$，$L_3/L_0 < 10\%$）。此外，表 11.4.2 中的结果还表明，层流下的检测精度（表 11.4.1 中的测试 1）比湍流（测试 2～10）更高。对于所有湍流情况（测试 2～10），检测结果的准确性将随着初始湍流条件值（即 Re_0）的增加而降低，这是由于式（11.2.3）的分析推导中使用的准稳态摩阻项的线性化近似（即瞬变流量相对于稳态流量较小）（Duan 等，2013；Meniconi 等，2013）。

表 11.4.2 　　　　　　　　　　　　所有数值测试的分支检测结果

测试编号	D_3/mm			L_3/m			$a_3/(m/s)$			L_2/m		
	$D_{3,r}$	$D_{3,p}$	γ	$L_{3,r}$	$L_{3,p}$	γ	$a_{3,r}$	$a_{3,p}$	γ	$L_{2,r}$	$L_{2,p}$	γ
1	100	103	3.0	50	51	2.0	1200	1210	0.8	650	650	0.0
2	100	102	2.0	50	50	0.0	1200	1199	0.1	650	661	1.7
3	100	100	0.0	50	51	2.0	1200	1193	0.6	650	653	0.5
4	200	211	5.5	50	47	6.0	1200	1219	1.6	700	707	1.0
5	200	205	2.5	50	54	8.0	1200	1189	0.9	650	650	0.0
6	300	256	**14.7**	150	135	10.0	1200	1243	3.6	650	674	**3.7**
7	100	113	13.0	50	57	**14.0**	1200	1145	**4.6**	450	445	1.1
8	100	106	-6.0	150	139	7.3	1200	1235	2.9	450	456	1.3
9	50	52	4.0	50	56	12.0	1300	1291	0.7	300	308	2.7
10	50	54	8.0	50	54	8.0	1300	1281	1.5	450	443	1.6

注 r 为真实值，p 为预测值；粗体数字表示最大预测误差。

11.5　瞬变输入信号对分支管道检测方法的影响

对于本章介绍的分支管道识别方法的实际应用，还需要考虑不同瞬变信号对检测精度的影响。真实的阀门操作会生成具有不同属性的信号，因此该方法对信号形状的敏感性是需要重点考虑的因素。本部分使用表 11.4.1 中的测试 1 进行分析，并且将图 11.5.1 中所示的三种不同的输入信号与分支管道检测方法相结合。在图 11.5.1 中，信号 1 代表快速而尖锐（较大频率带宽）的信号，信号 2 代表形状相同但具有较大幅度的输入信号，信号 3 与原始信号幅度相同但更平滑（较小频率带宽）。

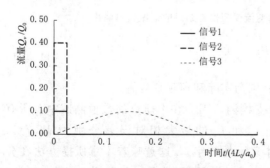

图 11.5.1　侧边阀门的不同操作产生的输入信号

本研究使用前 7 个谐振频率峰进行分支检测，因为信号 3 在此点之外没有可检测的共振峰。三种不同输入信号的检测结果见表 11.5.1，信号 2 和信号 3 的检测精度远低于信号 1 的检测精度。该结果表明，对于本章提出的检测方法，振幅小但清晰的信号可产生最佳精度。该结果与 Duan 等（2010a）和 Lee 等（2014）的研究结论一致。其他信号误差较大的原因分别是：信号 2 违反了分析推导式（11.2.3）的过程中使用的线性化近似，而信号 3 不能准确表示高频共振峰（Lee 等，2014）。此外，表 11.5.1 中的结果表明，输入信号对分支大小和长度预测的影响比对其位置和波速的影响更大。该结果与关于延续型阻塞检测的研究结果（Duan 等，2012a、2013、Meniconi 等，2013）一致，并且主要归因于谐振频率对管道故障（如分支和延续型阻塞）的大小和长度的不敏感（Duan 等，2014）。

表 11.5.1   测试 1 使用不同输入信号的检测结果

信号编号	D_3/mm			L_3/m			a_3/(m/s)			L_2/m		
	$D_{3,r}$	$D_{3,p}$	γ	$L_{3,r}$	$L_{3,p}$	γ	$a_{3,r}$	$a_{3,p}$	γ	$L_{2,r}$	$L_{2,p}$	γ
1	100	103	2.9	50	51	2.0	1200	1210	0.8	650	650	0.0
2	100	92	8.7	50	54	**7.4**	1200	1211	**0.9**	650	650	0.0
3	100	115	**13.0**	50	47	6.4	1200	1206	0.5	650	653	**0.5**

注 r 为真实值，p 为预测值；粗体数字表示最大预测误差。

11.6   小结

本章介绍了一种基于瞬变流的末端分支管道检测方法。本研究首先介绍了分支管道对系统瞬变响应的影响，以分析瞬变响应用于分支管道检测和定位的理论可能性。接着基于传递矩阵法推导了管道系统中单个末端分支的频率响应函数的解析表达式，并基于小分支和线性一阶近似的假设对解析式进行了简化，给出谐振频移和分支信息之间更明确的关系。然后将两者应用在两阶段逆校准方法中以实现对分支管道的检测和定位，其中第一阶段利用简化表达式得到优化的初始值和搜索空间，第二阶段使用准确的解析表达式确定分支管道信息。最后通过数值模拟试验验证了该分支管道检测方法的有效性，并探讨了不同瞬态输入信号对该方法的影响。

数值模拟结果表明，本章所提出的基于分支管道的频率响应函数的两阶段校准方法可以对管道系统中的分支进行准确的检测，且所提两阶段优化方法比常规的直接优化方法更有效。同时，结果也表明本研究的方法可以为末端分支的位置和波速提供比对分支的大小和长度更准确的预测。此外，通过对不同瞬态输入信号的影响分析发现，振幅小但清晰的信号可以明显提高本章所提分支管道检测方法的准确性。这促进了本章所提方法在实际中应用的可能性，但仍需进一步的实验和实践应用验证所提方法的鲁棒性和准确性。同时也需要进一步研究其他实际因素对本方法的影响，例如流体结构相互作用（FSI）和系统的不确定性。

参考文献

DUAN H F，TUNG Y K，GHIDAOUI M S，2010a. Probabilistic analysis of transient design for water supply systems [J]. J. of Water Resources Planning and Management, ASCE, 136 (6): 678 - 687.

DUAN H F, LEE P J, GHIDAOUI M S, et al, 2010b. Essential system response information for transient-based leak detection methods [J]. J. of Hydraulic Research, IAHR, 48 (5): 650 - 657.

DUAN H F, LEE P J, GHIDAOUI M S, et al, 2011. Leak detection in complex series pipelines by using system frequency response method [J]. J. of Hydraulic Research, IAHR, 49 (2): 213 - 221.

DUAN H F, LEE P J, GHIDAOUI M S, et al, 2012. Extended blockage detection in pipelines by using the system frequency response analysis [J]. J. of Water Resources Planning and Management, ASCE, 138 (1): 55 - 62.

DUAN H F, LEE P J, KASHIMA A, et al, 2013. Extended blockage detection in pipes using the frequency response method: analytical analysis and experimental verification [J]. J. of Hydraulic Engineering, ASCE, 139 (7): 763 - 771.

DUAN H F, LEE P J, GHIDAOUI M S, et al, 2014. Transient wave-blockage interaction and extended blockage detection in elastic water pipelines [J]. J. Fluids Structures, 46 (2014): 2 - 16.

DUAN H F, LEE P J, 2015. Transient-based frequency domain method for dead-end side branch detection in reservoir pipeline-valve systems [J]. Journal of Hydraulic Engineering, 142 (2) .

LEE P J, LAMBERT M F, SIMPSON A R, et al, 2006. Experimental verification of the frequency response method for pipeline leak detection [J]. J. of Hydraulic Research, IAHR, 44 (5): 693 - 707.

LEE P J, DUAN H F, TUCK J, et al, 2014. Numerical and experimental illustration of the effect of signal bandwidth on pipe condition assessment using fluid transients [J]. J. of Hydraulic Engineering, ASCE, under review.

MENICONI S, DUAN H F, LEE P J, et al, 2013. Innovative transient analysis approach vs. laboratory tests for partial blockage detection in plastic and metallic pipelines [J]. J. of Hydraulic Engineering, ASCE, 139 (10): 1033 - 1040.

VARDY A, BROWN J, 1995. Transient, turbulent, smooth pipe friction [J]. J. Hydraulic Res., IAHR, 33 (4): 435 - 456.

ZIELKE W, 1968. Frequency-dependent friction in transient pipe flow [J]. J. Basic Eng., ASME, 90 (1): 109 - 115.

第 12 章

基于瞬变流模型的黏弹性管道参数识别研究

近些年，黏弹性管材（如高密度聚乙烯管道等）开始在供水管网领域内使用，这给基于瞬变流理论的管网系统检测方法提出了挑战。这是因为第 9～第 11 章所建立的方法都是基于刚弹性管道，无法直接应用到黏弹性管道。因此，准确地确定黏弹性管道的参数对于发展和应用现有的管道检测方法具有很大的重要性和必要性。最近几年，本书研究团队开始研究基于瞬变流模型的黏弹性管道参数识别理论与方法，为黏弹性管材的状态识别与异常诊断提供技术储备（Pan 等，2019）。本章将介绍一种频域瞬变流方法（frequency domain transient-based method，FDTBM）以确定塑料管道的黏弹性参数。本章首先基于传递矩阵法对瞬变流模型进行解析推导，获得完整的系统频率响应函数表达式，以描述频域中系统瞬变响应与管道和流体特性（包括管壁黏弹性）以及系统运行条件之间的关联性。然后，采用逆分析的方法，通过测量系统中的摩阻系数和瞬变摩阻卷积系数等参数，求解上述推导的系统频率响应函数，以确定管道的黏弹性参数。为有效求解该逆问题，本研究提出了一种多阶段分析方法以高效准确地得到管道参数解。最后，通过广泛的实验室测试和数值模拟实例对所提出的频率瞬变流方法和应用步骤进行了充分验证和分析，并进一步探讨了管网系统中各种因素对该方法准确性和应用性的影响。

12.1 一维黏弹性管道瞬变流模型

考虑摩阻［含稳态摩阻（SF）和瞬变摩阻（UF）］以及管壁黏弹性效应的一维瞬变流连续性和动量方程可表示为（Duan 等，2010a）

$$\frac{gA}{a^2}\frac{\partial H}{\partial t} + \frac{\partial Q}{\partial x} + 2A\frac{\partial \varepsilon_r}{\partial t} = 0 \tag{12.1.1}$$

$$\frac{1}{gA}\frac{\partial Q}{\partial t} + \frac{\partial H}{\partial x} + \frac{\pi D}{\rho g A}\left[\text{sign}(Q)\frac{\rho f Q^2}{8A^2} + \frac{4\nu}{DA}\int_0^t W(t-t')\frac{\partial Q(t')}{\partial t'}dt'\right] = 0 \tag{12.1.2}$$

式中：Q 和 H 分别为流量和测压管水头；g 为重力加速度；a 为管道的瞬变波速；D 为内管直径；e 为管道厚度；A 为管道横截面积；x 为空间坐标；t 为时间坐标；ρ 为流体密度；f 为达西-韦伯摩阻系数；ε_r 为由管道黏弹性引起的管壁总延迟应变；ν 为流体的运动黏度系数。在本章中，应用线性化的 K-V 模型估算延迟应变，其定义为（Covas 等，2005）

$$CJ_k H = \sum_{k=1}^{n}(\tau_k\frac{\partial \varepsilon_k}{\partial t} + \varepsilon_k) \tag{12.1.3}$$

$$\left.\begin{array}{l} C = \frac{\alpha\gamma D}{2e}, \quad \varepsilon_k = \int_0^t Y(x,t-t')\frac{J_k}{\tau_k}e^{-\frac{t'}{\tau_k}}dt' \\ Y(x,t) = C[H(x,t) - H_0(x)] \end{array}\right\} \tag{12.1.4}$$

式中：α 为无量纲参数，其同时考虑横截面尺寸和管道轴向约束条件；ε_k 为由第 k 组 K-V 元素引起的应变；Y 为应力；$\gamma = \rho g$ 为流体的比重；H_0 为初始稳态测压管水头；$W(t)$ 为瞬变摩阻模型的加权函数，由 Vardy 和 Brown（1995）给出如下：

$$W(t) = \frac{D}{4\sqrt{\nu}} \frac{e^{-\lambda t}}{\sqrt{\pi t}} \tag{12.1.5}$$

式中：λ 为不同流动条件下的瞬变摩阻卷积系数，可通过以下湍流瞬变流公式计算：

$$\lambda = \frac{0.54\nu Re_0^{\lg \frac{14.3}{Re_0^{0.05}}}}{D^2} \tag{12.1.6}$$

式中：Re_0 为初始雷诺数，可以通过 $\dfrac{V_0 D}{\nu}$ 来计算；V_0 为管道中的初始稳态流速。

12.2　黏弹性管道频率响应函数的推导

对于供水管道中的典型瞬变流事件，可以将变量重写为平均值（即稳态分量）与扰动值（即瞬变分量）之和（Duan 等，2012b）：

$$H = H_0 + h，Q = Q_0 + q，\varepsilon_r = \varepsilon_0 + \varepsilon \tag{12.2.1}$$

式中：下标 0 为初始稳定状态下的对应变量；h、q、ε 为扰动变量。通过将这些项代入连续性和动量方程式（12.1.1）和式（12.1.2），并通过传递矩阵执行数学运算和变换，可以得到频域中的等效方程（Chaudhry，2014；Duan 等，2012b）：

$$\begin{pmatrix} h \\ q \end{pmatrix}^D = \begin{bmatrix} \cosh\mu_1 x & -\dfrac{\sinh\mu_1 x}{Z} \\ -Z\sinh\mu_1 x & \cosh\mu_1 x \end{bmatrix} \begin{pmatrix} h \\ q \end{pmatrix}^U \tag{12.2.2}$$

式中：上标 U 和 D 分别为上游和下游边界；sinh 和 cosh 分别为双曲正弦函数和双曲余弦函数；μ_1 为波传播算子，$B = 1/Z$ 为特性阻抗，可以表示如下：

$$\mu_1 = \frac{i\omega}{a} \sqrt{\left(1 + 2\frac{a^2}{g}\sum_{k=1}^{n}\frac{CJ_k}{1 + i\omega\tau_k}\right)\left(1 + \mathrm{sign}(Q)\frac{fQ_0}{DAi\omega} + \frac{4\sqrt{\nu}}{D}\frac{1}{\sqrt{\lambda + i\omega}}\right)} \tag{12.2.3}$$

$$Z = \frac{gA}{a}\sqrt{\frac{1 + 2\dfrac{a^2}{g}\sum\limits_{k=1}^{n}\dfrac{CJ_k}{1 + i\omega\tau_k}}{1 + \mathrm{sign}(Q)\dfrac{fQ_0}{DAi\omega} + \dfrac{4\sqrt{\nu}}{D}\dfrac{1}{\sqrt{\lambda + i\omega}}}} \tag{12.2.4}$$

式中：ω 为频率；i 为虚数单位。

基于式（12.2.2），在如图 12.2.1 所示的水箱-管道（黏弹性管道）-阀门（RPV）简单供水系统中施加瞬变流扰动的初始条件下，系统下游阀门处压头的共振响应可表示为

$$h^D = \frac{-i\sin(i\mu_1 x)}{Z\cos(i\mu_1 x)} \tag{12.2.5}$$

式（12.2.5）与推导具有不同波传播算子的弹性管的等式形式相同，如下所示：

$$h_{EL}^D = \frac{-i\sin(i\mu_2 x)}{Z_{EL}\cos(i\mu_2 x)} \tag{12.2.6}$$

式中：h_{EL}^D 为下游阀门处弹性管中测压管水头的响应；$B_{EL} = 1/Z_{EL}$ 为弹性管中的特性阻抗；

μ_2 为弹性管的波传播算子（$=\mathrm{i}\omega/a$）。结合弹性管和黏弹性管的共振条件，得出以下结果：

$$(2m-1)\frac{\zeta_{EL}}{a} = \frac{\zeta_m}{a}\sqrt{T}\ ,m=1,2,3,\cdots \tag{12.2.7}$$

$$T \approx 1 + \mathrm{Re}T_f + \mathrm{Re}T_{VE} + \mathrm{Im}T_{VE}\,\mathrm{Im}T_f \tag{12.2.8}$$

其中

$$\mathrm{Re}T_f \approx \frac{2\sqrt{2\nu}}{D}\frac{\sqrt{\sqrt{\lambda^2+(2\pi\zeta_m)^2}+\lambda}}{\sqrt{\lambda^2+(2\pi\zeta_m)^2}}$$

$$\mathrm{Re}T_{VE} \approx 2\frac{a^2}{g}\sum_{k=1}^{n}\frac{CJ_k}{1+(2\pi\zeta_m)^2\tau_k^2}$$

$$\mathrm{Im}T_{VE} \approx -2\frac{a^2}{g}\sum_{k=1}^{n}\frac{\mathrm{i}(2\pi\zeta_m)\tau_k CJ_k}{1+(2\pi\zeta_m)^2\tau_k^2}$$

$$\mathrm{Im}T_f \approx -\frac{\mathrm{i}fQ_0}{2\pi DA\zeta_m}-\frac{2\sqrt{2\nu}}{D}\frac{\sqrt{\sqrt{\lambda^2+(2\pi\zeta_m)^2}-\lambda}}{\sqrt{\lambda^2+(2\pi\zeta_m)^2}}$$

式中：$\zeta_{EL} = a/4L$ 为具有相同波速和系统配置的等效弹性管道的基本频率；ζ_m 为频域中瞬变压力波响应的第 m 个谐振峰的频率，可通过使用快速傅里叶变换（FFT）技术将（测量或模拟的）压力波信号传输到频域中来获得；T 为由摩阻（SF 和 UF）、黏弹性及其非线性组合效应引起的总频移；T_{VE} 为由管壁黏弹性引起的频移；T_f 为由摩阻项（SF 和 UF）引起的频移；Re 和 Im 分别为对应项的实部和虚部。

式（12.2.7）表示，在共振条件下，黏弹性管道的共振频率可以看作是从等效弹性管道的共振频率进行偏移而来，而管道的黏弹性是引起该偏移的主要因素。

式（12.2.7）表明，黏弹性管道系统的谐振频率可以通过摩阻效应（SF 和 UF）、管壁黏弹性效应和这两者的非线性组合进行改变。通过使用式（12.2.7），只要在特定

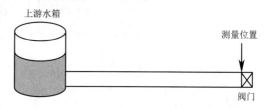

图 12.2.1　蓄水池管道阀门供水系统简图

系统和水力条件下可以预先知道（通过测量或计算）其他变量和系数（如摩阻系数和瞬变摩阻卷积系数、系统初始流量、管道长度与大小等信息），就可以逆向确定塑料管的黏弹性参数（例如延滞时间和蠕变柔量）。

12.3　基于频域瞬变流方法识别黏弹性参数的原理

将频域瞬变流方法应用于实际塑料管道系统时，分析过程通常不能预先知道 K-V 元素的数量［即式（12.2.9）中的 k 是未知］。水力瞬变流求解器（HTS）中使用的 K-V 元素的数量通常是基于对系统的初步理解或以最大程度减小瞬变流模拟与测量误差为目标的反复试验来确定的（Covas 等，2005；Soares 等，2008、2010）。K-V 元素数量的增加通常可以更好地描述黏弹性材料的机械响应，但当 K-V 元素的数量大于 4 时，一维水力瞬变流求解器的性能难以再显著提高（Covas 等，2005）。因此，通常使用 1～3 组 K-V

元素来描述不同塑料管道系统的黏弹性特性。注意，尽管有研究证实了 4 个或更少的 K-V 元素足以描述瞬变流模拟过程中的管道黏弹性特性（Meniconi 等，2012b；Soares 等，2010），但此数字的确定并没有科学依据。鉴于此，本章提出一种基于多级分析策略的频域瞬变流方法（frequency domain transient-based method，FDTBM），以确定优化的 K-V 元素数量，其过程（如图 12.3.1 所示）描述如下。

第 1 级：使用 1 组 K-V 元素，以获得 K-V 模型中蠕变柔量（J_1）和延迟时间（τ_1）的值。

第 2 级：接着使用 2 组 K-V 元素模型，但其中一个延迟时间（τ_1）固定为前一步获得的值，然后确定其他参数如蠕变柔量（$J_{1,2}$）和延迟时间（τ_2）。

第 3 级：将已知的两个参数（τ_1、τ_2）放在 3 组 K-V 元素模型中，然后通过校准过程获得其他四个参数（τ_3，$J_{1,2,3}$）。

第 k 级：固定已知的 $k-1$ 个 τ 值，可通过类似的过程获得 J 的 k 个值（$J_1 \sim J_k$）和 τ_k。

这样的分析过程持续进行，直到计算得到最小的 J 值远小于其他 J 值时停止，如式（12.3.1）所示。此时，无须继续增加 K-V 元素组数，这（$k-1$）个 J 值及其对应的 τ 值即为该方法所求的参数值。最终，K-V 模型的 K-V 元素数量确定为（$k-1$），在第（$k-1$）级获得的（$k-1$）组 τ 和 J 值是所提多级方法的黏弹性参数解析解。图 12.3.1 给出了 FDTBM 方法的总流程。

$$\frac{\min(J_{1,2,\cdots,k})}{\max(J_{1,2,\cdots,k})} \ll 1 \qquad (12.3.1)$$

对于 FDTBM 的应用，首先需将一个（或多个）瞬变压力波信号作为校准和识别黏弹性参数的基准数据，然后将得到的参数用于测试其他案例（如不同的初始水力条件或瞬变流触发操作）以验证和评价该方法的有效性。因此，本研究共设有三套实验测试装置，对于每套测试装置，利用其中一个测试实验的数据集进行 FDTBM 的校准，然后将得到的黏弹性参数应用于同一装置中所有其他测试案例的建模和分析。本研究采用瞬变压力水头的相对误差来评估所提出的 FDTBM 多级校准方法的准确性，其可以定义为

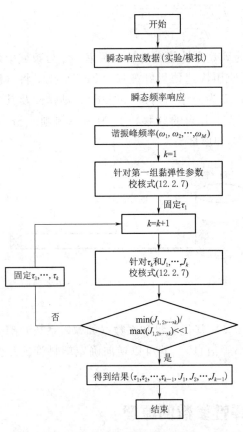

图 12.3.1　FDTBM 的总流程

测量结果和模拟结果之间的差值相对于测量值的百分比［如式（12.3.2）］，该相对误差可以分别用于评估瞬变振幅（包括波峰与波谷）和瞬变相位的精度。

$$\Delta H_m^* = \frac{\left| H_{m^{\text{th}}\text{peak}}^{HTS} - H_{m^{\text{th}}\text{peak}}^{exp} \right|}{\Delta H_J} , m = 2, 3, \cdots \qquad (12.3.2)$$

为准确评估所提方法的有效性和精度，本研究将采用整个瞬变流过程中的平均相对误差进行评估，定义如下：

$$\eta = \frac{\sum_{m=1}^{N}(\Delta H^*_{m+1^{\text{th}}\text{peak}} + \Delta H^*_{m^{\text{th}}\text{valley}})}{2N} \times 100\%$$ (12.3.3)

$$\sigma_m = \frac{|\omega_m^{exp} - \omega_m^{HTS}|}{\omega_{\text{EL}}} \times 100\%$$ (12.3.4)

式中：ΔH^* 为无量纲压差；ω_m 为频域中第 m 个共振峰的角频率；下标 m 为数据的峰值和谷值的序号；N 为用于评价的周期数，则 $2N$ 为峰值数量总数（包括正峰和负峰）；上标 exp 为实验数据的结果；上标 HTS 为水力瞬变流求解器的结果；Peak 和 valley 分别为波峰和波谷；ΔH_J 为 Joukowsky 压力波动；η 和 σ 分别为瞬变波振幅和相位的误差。在本章的所有数值测试和实验测试中，均采用数值数据的前 10 个周期和实测实验数据的前 5 个峰值来分析和评价结果。

还需要指出的是，本章将只对黏弹性参数（即 τ 和 J）进行校准和分析，因为系统中的其他所有参数和系数（如摩阻系数和弹性波速）都是假设通过初步分析已知（Meniconi 等，2015）。例如，初始稳态可用于计算 f 和 λ 以及 Joukowsky 压力波动，进而获得控制阀快速关闭（即操作持续时间 $<2L/a$）引起的瞬变流的弹性波速。同时，本章提出的方法和应用程序，如图 12.3.1 所示，只要峰频测量足够准确［即式（12.2.7）中的 ζ_m］，就可以扩展和适用于需要确定系统中其他参数和系数（除黏弹性参数外）的情况。

12.4 黏弹性管道参数识别方法的验证

12.4.1 实验设置

本实验测试应用了三种不同配置的高密度聚乙烯（HDPE）管道，以检验不同系统条件下 FDTBM 的准确性和有效性，系统拓扑结构如图 12.2.1 所示。在所有这些测试中，瞬变流是由下游阀门的快速关闭引起的（操作持续时间 $t_v < L/a$）。三个测试系统（以系统 1、系统 2、系统 3 表示）和相应的运行条件的详细描述见表 12.4.1～表 12.4.4。瞬变压力波信号由安装在下游端阀门前的压力传感器采集，系统 1 的采样频率（用 ω_{sp} 表示）为 204.8Hz，系统 2 和系统 3 的采样频率为 2000Hz。

表 12.4.1 系统配置信息

参数	系统 1	系统 2	系统 3
L/m	199.8	99.80	101.4
D/mm	93.3	38.3	26.6
E/mm	8.1	5.9	3.1
ω_{sp}/Hz	204.8	2000	2000
α	1.25	1.46	1.34

表 12.4.2   系统 1 的水力信息

参数	测试 1	测试 2	测试 3
$Q/$ (L/s)	1.00	3.43	4.40
Re_0	1.36×10^4	4.68×10^4	6.00×10^4
f	2.93×10^{-2}	2.15×10^{-2}	2.02×10^{-2}
λ	0.519	1.25	1.49
初始水头/m	20.41	18.80	17.97
最大水头/m	25.85	36.95	41.34
$t_v/$s	0.107	0.162	0.164

表 12.4.3   系统 2 的水力信息

参数	测试 1	测试 2	参数	测试 1	测试 2
$Q/$ (L/s)	0.414	0.2713.43	初始水头/m	16.68	18.43
Re_0	1.98×10^4	1.30×10^4	最大水头/m	48.54	40.06
f	2.67×10^{-2}	2.97×10^{-2}	$t_v/$s	0.355	0.324
λ	8.40	6.15			

表 12.4.4   系统 3 的水力信息

参数	测试 1	测试 2	测试 3
$Q/$ (L/s)	0.436	0.591	0.810
Re_0	1.44×10^4	1.97×10^4	2.69×10^4
f	2.89×10^{-2}	2.67×10^{-2}	2.47×10^{-2}
λ	3.22	4.03	5.05
初始水头/m	20.04	19.57	18.44
最大水头/m	36.66	42.21	49.22
$t_v/$s	0.127	0.140	0.165

采用以下公式计算每个系统在式（12.1.4）中的无量纲参数（α）（Meniconi 等，2012a）：

$$\alpha = \frac{D}{D+e} + \frac{2e}{D}(1+2\nu_p) \tag{12.4.1}$$

式中：ν_p 为泊松比，在这三个系统中为 0.46（Meniconi 等，2014）。表 12.4.2～表 12.4.4 中的摩阻系数根据相应的实验条件（Brunone、Berni，2010）用 Blasius 相关性计算，即

$$f = \frac{0.3164}{Re_0^{0.25}} \tag{12.4.2}$$

湍流时的瞬变摩阻卷积系数 λ 是通过式（12.1.6）得到。表 12.4.2～表 12.4.4 中列

出的其他信息（如流量、初始水头等）是通过实验数据获取。

12.4.2　数值测试条件

利用已知的黏弹性参数进行数值模拟是比较本章所提频域法和传统时域校准法的有效方式。因此，为了证明所提出的多阶段 FDTBM 的有效性和优势，本部分采用了 2 组 K-V 元素模型。为简单起见，本研究首先采用无摩阻 RPV 系统（如图 12.2.1 所示），无量纲约束系数（α）的值为 1，数值模型中使用的管道参数为：长度 300 m、管径 0.06 m 和管道厚度 0.006 m。利用预设值进行瞬变流模拟生成瞬变轨迹（作为基准）后，基于本章所提方法和传统时域法进行黏弹性参数的识别。需注意的是，在时域校准中采用了 3 个含有 1～3 组 K-V 元素的 K-V 模型，对于含有 1 个以上 K-V 元素的 K-V 模型，其延迟时间根据已发表的文献中的方法确定（Covas 等，2005；Soares 等，2008；Duan 等，2010a）。这些根据时域和频域校准方法得到的黏弹性参数被放入水力瞬变求解器中，再将其生成的瞬变轨迹与基准曲线进行比较。

式（12.2.7）、式（12.2.8）是根据带量纲的瞬变流模型推导而来，得到的结果与特定的系统参数与运行条件有关。因此，为了获取更加普适性的结果关系式，本节将对上述得到的系统频率响应结果进行无量纲分析。在供水系统中，黏弹性管道中的瞬变响应（H）是参数和系数（用前面定义的符号）的函数，如下所示：

$$H = F(e, L, D, \rho, a, \nu, V_0, J, \tau) \tag{12.4.3}$$

根据 π 定理，上式可以重写为无量纲形式如下：

$$H^* = F\left(\frac{L}{D}, \frac{D}{e}, M_0, Re_0, JE_0, \frac{\tau}{T_\omega}\right) \tag{12.4.4}$$

式中：$H^* = H/\rho V_0^2$ 为无量纲压头；$M_0 = V_0/a$ 为初始马赫数；$T_\omega = L/a$ 为波的时间尺度；E_0 为黏弹性管道的瞬时杨氏弹性模量。因此，式（12.4.4）表达了黏弹性供水管道系统中影响频率响应结果的主要无量纲参数。

为了进行系统分析，本研究基于式（12.2.7）中提出的方法和图 12.3.1 中的流程进行了大量的数值试验，以理解和检验所提出的黏弹性参数识别方法的有效性。模拟系统的配置和工况的范围见表 12.4.5，可涵盖现实管道系统中的大部分情况（Covas 等，2005；Duan 等，2012a；Gong 等，2016）。数值模拟和分析时采用了 $k=1$、2、3 时的 K-V 模型。通过遗传算法（GA）并采用本章所提流程（图 12.1.3）对 J 和 τ 的值进行校准（Duan 等，2010d）。然后，基于式（12.3.3）和式（12.3.4）对所提方法在不同流动条件下的精度进行评价。

表 12.4.5　　　　　　　　　　　　　无量纲参数的测试范围

参数	最小值	最大值	参数	最小值	最大值
L/D	1600	8000	JE_0	0.092	0.46
D/e	5.0	20.0	τ/T_ω	0.04	0.80
$f \cdot Re_0$	100	1200			

12.4.3　实验验证结果

对于表 12.4.1 中的测试系统,使用一组测试值(具有最大流速)逆向识别黏弹性参数,这三个测试系统的黏弹性参数的校准结果见表 12.4.6。为验证所提 FDTBM 的校准过程,图 12.4.1 中绘制了各测试案例压力轨迹的时域结果,以进行比较,逐级校准误差如图 12.4.2 所示。如图 12.4.1 所示,校准结果会随着校准级数 k 的增多而改善,其中最显著的提升是从第 1 级到第 2 级。更具体地,当仅实施校准过程的第 1 级时,这三个系统的瞬变振幅的预测误差可达到约 20%,随着校准过程的逐级推进,则迅速减小到可接受的水平(<5%),如图 12.4.2 所示。特别是对于测试系统 1,当完成前三个校准级数时,预测误差小于 2%。而对于系统 3,完成前两级便可以获得可接受的结果。这些应用结果证明了本研究提出的多级校准过程的可行性和优势(准确性和效率)。同时,基于频域的多级校准过程还确定了 K-V 模型的有效 K-V 元素组数,这进一步突出了本研究所提方法的优势。

表 12.4.6　　　　　　　　　　三个实验测试系统的黏弹性参数识别结果

级数	系统	测试	黏弹性参数					
			$J_1/(\times 10^{-11}\mathrm{Pa}^{-1})$	τ_1/s	$J_2/(\times 10^{-11}\mathrm{Pa}^{-1})$	τ_2/s	$J_3/(\times 10^{-11}\mathrm{Pa}^{-1})$	τ_3/s
第 1 级	1	测 3	7.48	0.119				
	2	测 1	4.86	0.058				
	3	测 3	5.45	0.049				
第 2 级	1	测 3	6.97	0.119	8.26	1.05		
	2	测 1	4.38	0.058	8.53	0.491		
	3	测 3	5.02	0.049	1.56	0.672		
第 3 级	1	测 3	6.98	0.119	8.27	1.05	6.90	39.9
	2	测 1	4.38	0.058	9.51	0.491	4.87	15.0

除瞬变振幅外,本研究还通过评估频域内前 5 个谐振峰频率的数值数据与实验数据的误差来研究谐振频率偏移(时域内相应的相位差),结果见表 12.4.7。表 12.4.7 显示,在同一系统中使用不同级数的谐振频率的误差相差较小,而且本章所提方法可以准确地捕捉到前三个共振峰(误差<6%)。这一结果表明,本研究所提的 FDTBM 多级校准方法首先抓住了瞬变相位(频率)的主要特征,然后逐级改善瞬变振幅(图 12.4.1)。

表 12.4.7　　　　　　　三个测试系统校准结果的瞬变谐振频率偏移误差

相位误差	第 1 级			第 2 级			第 3 级		
	系统 1	系统 2	系统 3	系统 1	系统 2	系统 3	系统 1	系统 2	系统 3
$\sigma_1/\%$	0	0.01	0.01	0	0.01	0.01	0	0.01	—
$\sigma_2/\%$	5.5	0	3.1	0	0	3.1	0	0	—
$\sigma_3/\%$	0	0	3.2	0	0	3.2	0	0	—
$\sigma_4/\%$	5.5	0	12.5	5.5	0	12.5	5.5	0	—
$\sigma_5/\%$	5.5	—	15.6	5.5	—	15.6	5.5	—	—

注　"—"表示此阶段不需要/没有测。

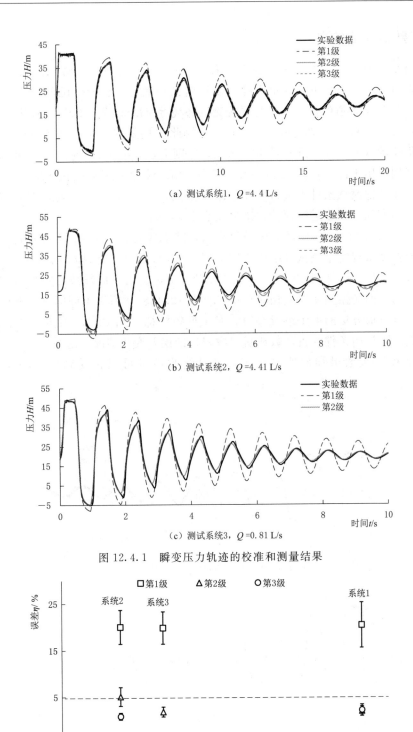

（a）测试系统1，Q=4.4 L/s

（b）测试系统2，Q=4.41 L/s

（c）测试系统3，Q=0.81 L/s

图 12.4.1 瞬变压力轨迹的校准和测量结果

图 12.4.2 基于 FDTBM 多级校准过程的瞬变振幅误差

12.4.4　数值验证结果

以往研究证明 K-V 模型中的黏弹性参数（τ 和 J）反映的是管道材料属性，因此，在确定了管道材料的情况下，这个黏弹性属性就已经确定。也就是说，从理论上来说，τ 和 J 值将不依赖于管道的运行条件与系统测试环境等（Duan 等，2010a；Mitosek、Chorzelski，2003；Wineman、Rajagopal，2000）。因此，只要保持其他测试环境（如温度）和数据收集技术（如不确定度和噪声）相似，原则上，校准参数适用于同一系统中的任何其他测试案例。鉴于此，将表 12.4.6 中三个测试系统的校准参数通过 12.4.2 节所提的数值模拟方法在其他测试条件下进行应用，结果如图 12.4.3 所示。同时，对这些应用案例的瞬变谐振频率偏移误差进行评估，结果见表 12.4.8。

图 12.4.3 和表 12.4.8 中的总体结果显示，基于多级 FDTBM 所确定的黏弹性参数能够以较好的精度重现每个测试系统中不同工况下的压力振荡（振幅误差＜5%，前三个峰值位置误差≤3.1%）。从图 12.4.1 的结果可以看出，由于不同级数的瞬变流相位变化的误差几乎相同（即谐振频率误差相对较小，见表 12.4.8），所以不同因素引起的频率偏移很容易被本章所提方法的第 1 级所获得。对于振幅模拟，图 12.4.4 给出了测试案例（连同校准案例）随初始条件（雷诺数或瞬变摩阻）的误差变化情况，这些结果证明了瞬变振幅匹配度随校准级数增加而明显改善，且最终收敛到可以接受精度的结果（即振幅误差＜5%）。

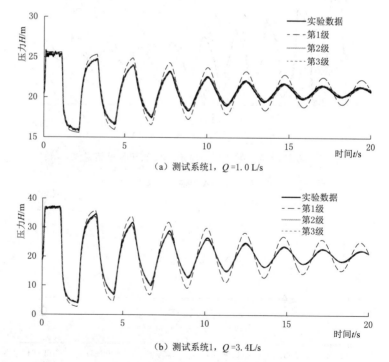

（a）测试系统1，Q=1.0 L/s

（b）测试系统1，Q=3.4L/s

图 12.4.3（一）　表 12.4.6 校准结果在不同测试与系统条件下的应用情况

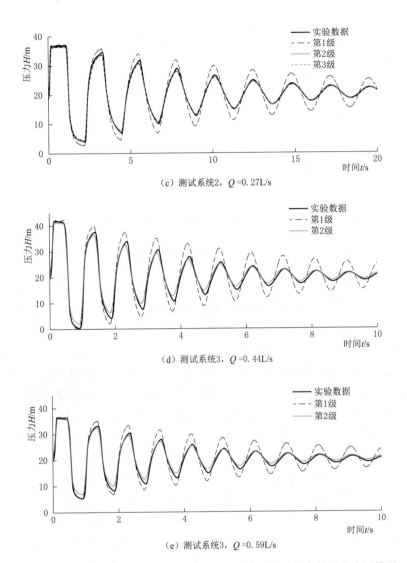

图 12.4.3（二）　表 12.4.6 校准结果在不同测试与系统条件下的应用情况

表 12.4.8　　　　　　　　三个测试系统瞬变谐振频率偏移误差

相位误差	第1级			第2级			第3级		
	系统1	系统2	系统3	系统1	系统2	系统3	系统1	系统2	系统3
$\sigma_1 / \%$	0	0.01	0.01	0	0.01	0.01	0	0.01	—
$\sigma_2 / \%$	2.7±3.9	0	3.1	2.7±3.9	0	3.1	2.7±3.9	0	—
$\sigma_3 / \%$	0	0	3.1	0	0	3.1	0	0	—
$\sigma_4 / \%$	2.7±3.9	0	6.2	2.7±3.9	0	6.2	2.7±3.9	0	—
$\sigma_5 / \%$	8.2±3.9	—	9.3±4.4	8.2±3.9	—	9.3±4.4	8.2±3.9	—	—

值得注意的是，表 12.4.6 中几乎所有的 τ_2 和 τ_3 校准值都大于具体管道系统的弹性

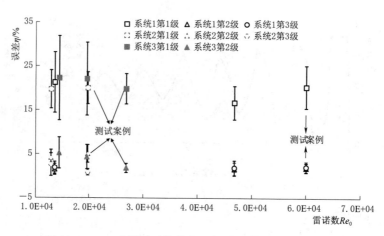

图 12.4.4　三个测试系统的校准与应用误差逐级变化情况

波时间尺度，即系统 1、系统 2 和系统 3 的 $2L/a$ 为 1.10s、0.472s 和 0.484 s，这会显著影响瞬变流过程中管壁与流体之间的能量传递和交换（Duan 等，2010b；Gong 等，2016）。需要强调的是，这些延迟时间尺度（τ）与之前许多研究中的说法并不完全一致（Covas 等，2005；Gong 等，2016；Ramos 等，2004；Keramat、Haghighi，2014）。具体而言，之前的研究假定不同 K‐V 元素组数中预先规定的延迟时间尺度应小于波周期时间尺度（$2L/a$），以便从测量的瞬变波信号中准确识别不同的黏弹性参数。从波动力学和声学的角度来看，黏弹性瞬变响应（即瞬变波）可以看作是一个多尺度的波叠加过程，不同的延迟时间值对应不同的波频范围。当延迟时间大于 $2L/a$ 时，黏弹性管壁吸收/耗散能量的持续时间不够长（Duan 等，2010b；Gong 等，2016；Keramat、Haghighi，2014），管壁的黏弹性特性不能完全反映在所测的瞬变轨迹中，这给黏弹性参数识别带来了障碍。然而，在现实的管道系统中（如本研究的测试系统），这种预设条件/假设可能并不适合或满足黏弹性参数的分析。这是因为相对较小的延迟时间主要描述的是黏弹性材料的短期/高频行为，而黏弹性的长期影响（低频模式）不能得到很好的反映。因此，采用延迟时间尺度应小于波周期时间尺度这种约束条件可能并不适用于所有系统。

12.5　多级频域瞬变流方法与传统方法的比较

为了进一步证明所提出的多级 FDTBM 的有效性，本研究指定黏弹性参数的理论值，然后分别通过多级 FDTBM 和传统时域法进行参数识别，以分析比较参数校核结果，见表 12.5.1。结果表明，提出的 FDTBM 和多级应用过程可以有效地识别黏弹性参数的数量和相应的数值，而传统的时域法会产生相对较大的校准误差。此外，图 12.5.1 中还绘制了这两种方法获得的压力轨迹结果。图 12.5.1 显示本章所提方法可以提供准确的压力演化过程，最终获得黏弹性参数的数量和数值的准确结果。表 12.5.1 和图 12.5.1 的结果再次证明了所提出的 FDTBM 和多级应用方法的有效性和优越性。

表 12.5.1 基于频域瞬变流方法与传统时域方法的数值对比

项目	$J_1/(\times 10^{-10}\,\mathrm{Pa^{-1}})$	τ_1/s	$J_2/(\times 10^{-10}\,\mathrm{Pa^{-1}})$	τ_2/s	$J_3/(\times 10^{-10}\,\mathrm{Pa^{-1}})$	τ_3/s
选定理论值	0.200	0.0150	1.50	0.800		
本章所提基于频域瞬变流方法						
第 1 级	0.218	0.0168				
第 2 级	0.210	0.0168	1.58	0.792		
第 3 级	0.210	0.0168	1.67	0.792	0.000167	0.806
传统时域方法						
1 组 K - V 元素	1.30	0.519				
2 组 K - V 元素	0.08	0.05 *	1.17	0.5 *		
3 组 K - V 元素	0.233	0.05 *	0.445	0.5 *	1.312	1.5 *

注：* 表示预先固定值。

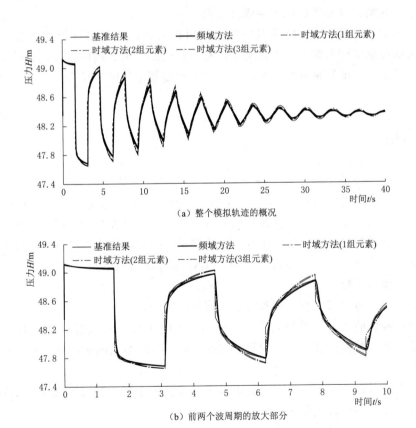

（a）整个模拟轨迹的概况

（b）前两个波周期的放大部分

图 12.5.1 使用时域和频域方法校准 K - V 模型参数所得到的瞬变压力结果比较

12.6 多级频域瞬变流方法的影响因素研究

除了实验测试和结果分析，本章还分析了大量具有不同典型设置和参数范围（如波速、直径和厚度）的黏弹性管道系统的数值应用结果，以进一步检验所提出 FDTBM 的性能。之前的实验研究已表明，所提 FDTBM 可以准确地获取瞬变响应的谐振频率偏移，因此本研究与分析主要侧重于瞬变压力幅值误差。根据表 12.4.5 中设置的无量纲参数测试范围，本研究进行了大量的数值测试，系统分析了供水管道系统的不同因素对本章所提 FDTBM 准确性和适用性的影响，包括初始流动条件（UF 或 Re_0）、管道尺度（La、D 和 e）和管道材料（VE）。

这些研究结果表明：①初始雷诺数 Re_0 对所提 FDTBM 的重要性可忽略不计；②管道尺度对 FDTBM 方法的精度具有一定影响，总体而言，尽管该方法对管径较大、管长较长和管壁较薄（如柔性管壁）的塑料管道的黏弹性参数识别准确度有所下降，但并不显著（这些测试的最大误差仅为 11% 左右）；③塑料管的变形速度和程度对 FDTBM 的准确性影响显著，具体而言，FDTBM 对具有较高可变形性的塑料管中的应用准确性较低，而对更快变形速度的塑料管的参数识别准确度较高。

总之，本章提出的 FDTBM 及其应用过程可以有效地识别和分析塑料管道的黏弹性参数，其精度可能受到系统中不同因素不同变形程度的影响。具体而言，变形能力（黏弹性蠕变速度和延伸程度）是最大的影响因素，其次是管道尺度，最后是初始流动条件（雷诺数）。

12.7 小结

本章提出了一种基于频域瞬变流的方法（FDTBM），用于分析塑料管道的黏弹性参数（即蠕变柔度和延迟时间）。本研究首先基于一维水锤方程推导了塑料管道的瞬变频率响应函数，并提出了基于多级校准过程的逆分析方法用于黏弹性参数识别。研究中使用了三套具有不同管道配置和初始流动条件的实验测试系统，以检验所提方法和应用程序的有效性。实验结果和分析表明，所提出的 FDTBM 和多级校准过程可以有效地识别和分析塑料管道的黏弹性参数。

本研究进一步通过无量纲分析和大量的数值测试分析了不同系统参数和运行条件对黏弹性管道频率响应的影响。结果表明，对于所提 FDTBM 和多级校准过程的适用性和准确性，变形能力（黏弹性蠕变速度和延伸程度）是最大的影响因素，其次是管道尺度，最后是初始流动条件。

最后，未来有必要深入研究实际管道系统中其他复杂因素对已开发 FDTBM 的影响，例如系统连接复杂性和设备操作。

参考文献

BRUNONE B, BERNI A, 2010. Wall shear stress in transient turbulent pipe flow by local velocity measurement [J]. J. of Hydraul. Eng. , 10. 1061/ (ASCE) HY. 1943 – 7900. 0000234：716 – 726.

COVAS D, RAMOS H, ALMEIDA A B, 2005. Standing wave difference method for leak detection in pipeline systems [J]. J. Hydraul. Eng. , 10. 1061/ (ASCE) 0733 – 9429 (2005) 131：12 (1106)：1106 – 1116.

CHAUDHRY M H, 2014. Applied hydraulic transients [M]. Springer – Verlag, New York.

DUAN H F, LEE P J, GHIDAOUI M S, et al, 2010a. Essential system response information for transient-based leak detection methods [J]. J. Hydraul. Res. , 48 (5)：650 – 657.

DUAN H F, GHIDAOUI M S, TUNG Y K, 2010b. Energy analysis of viscoelasticity effect in pipe fluid transients [J]. J. Appl. Mech. , 77 (4), 044503 – 1 – 044503 – 5.

DUAN H F, TUNG, Y K, GHIDAOUI M S, 2010d. Probabilistic analysis of transient design for water supply systems [J]. J. Water Resour. *Plan. Manag.* , 10. 1061/ (ASCE) WR. 1943 – 5452. 0000074：678 – 687.

DUAN H F, LEE P J, GHIDAOUI M S, et al, 2012a. Extended blockage detection in pipelines by using the system frequency response analysis [J]. J. Water Resour. Plan. Manag. , 10. 1061/ (ASCE) WR. 1943 – 5452. 0000145：55 – 62.

DUAN H F, GHIDAOUI M S, LEE P J, et al, 2012b. Relevance of unsteady friction to pipe size and length in pipe fluid transients [J]. J. Hydraul. Eng. , 10. 1061/ (ASCE) HY. 1943 – 7900. 0000497：154 – 166.

GONG J, ZECCHIN A C, LAMBERT M F, et al, 2016. Determination of the creep function of viscoelastic pipelines using system resonant frequencies with hydraulic transient analysis [J]. J. Hydraul. Eng. , 10. 1061/ (ASCE) HY. 1943 – 7900. 0001149, 04016023.

KERAMAT A, HAGHIGHI A, 2014. Straightforward transient-based approach for the creep function determination in viscoelastic pipes [J]. J. Hydraul. Eng. , 10. 1061/ (ASCE) HY. 1943 – 7900. 0000929, 04014058.

MENICONI S, BRUNONE B, FERRANTE M, 2012a. Water-hammer pressure waves interaction at cross-section changes in series in viscoelastic pipes [J]. J. Fluids Struct. , 33：44 – 58.

MENICONI S, BRUNONE B, FERRANTE M, et al, 2012b. Transient hydrodynamics of in-line valves in viscoelastic pressurized pipes：Long-period analysis [J]. Exp. Fluids, 53 (1)：265 – 275.

MENICONI S, DUAN H F, BRUNONE：B, et al, 2014. Further developments in rapidly decelerating turbulent pipe flow modeling [J]. J. Hydraul. Eng. , 10. 1061/ (ASCE) HY. 1943 – 7900. 0000880, 04014028.

MENICONI S, BRUNONE B, FERRANTE M, et al, 2015. Anomaly pre-localization in distribution-transmission mains. Preliminary field tests in the Milan pipe system [J]. J. Hydroinform. , 17 (3)：377 – 389.

MITOSEK M, CHORZELSKI M, 2003. Influence of visco-elasticity on pressure wave velocity in polyethylene MDPE pipe [J]. Arch. Hydro-Eng. Environ. Mech. , 50 (2)：127 – 140.

PAN B, DUAN H F, MENICONI S, et al, 2019. Multistage frequency-domain transient-based method for the analysis of viscoelastic parameters of plastic pipes [J]. Journal of Hydraulic Engineering, 146 (3), 04019068.

RAMOS H, COVAS D, BORGA A, et al, 2004. Surge damping analysis in pipe systems：Modelling and experiments [J]. J. Hydraul. Res. , 42 (4)：413 – 425.

SOARES A K, COVAS D I, REIS L F, 2008. Analysis of PVC pipe-wall viscoelasticity during water hammer [J]. J. Hydraul. Eng. , 10. 1061/ (ASCE) 0733 – 9429 (2008) 134：9 (1389)：1389 – 1394.

SOARES A K, COVAS D I C, REIS L F R, 2010. Leak detection by inverse transient analysis in an experimental PVC pipe system [J]. J. Hydroinform. , 13 (2)：153 – 166.

VARDY A，BROWN J，1995. Transient，turbulent，smooth pipe friction [J]. J. Hydraulic Res.，IAHR，33（4）：435－456.

WINEMAN A S，RAJAGOPAL K R，2000. Mechanical response of polymers：An introduction [M]. Cambridge University Press，New York.

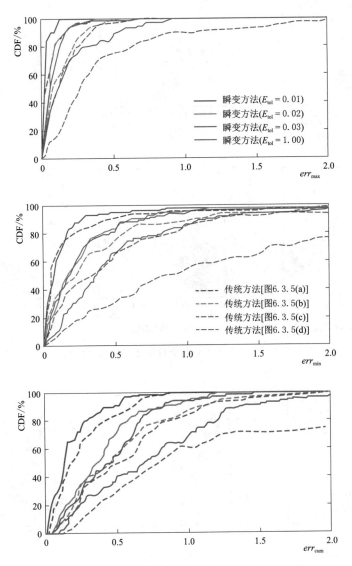

图 6.3.6　案例 2 中不同简化模型的各评价指标的累计概率密度分布

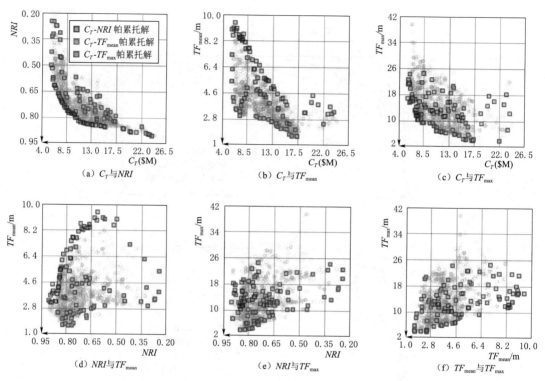

图 8.3.2　案例 1 的所有两个目标之间的优化结果展示

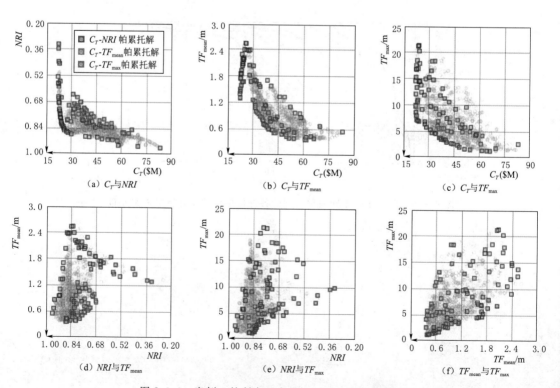

图 8.3.3　案例 2 的所有两个目标之间的优化结果展示

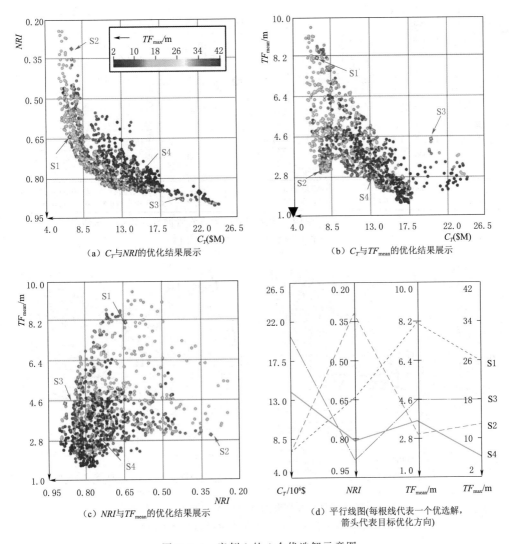

（a）C_T 与 NRI 的优化结果展示

（b）C_T 与 TF_{mean} 的优化结果展示

（c）NRI 与 TF_{mean} 的优化结果展示

（d）平行线图(每根线代表一个优选解，
箭头代表目标优化方向)

图 8.3.4　案例 1 的 4 个优选解示意图

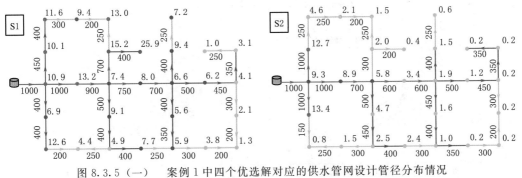

图 8.3.5（一）　案例 1 中四个优选解对应的供水管网设计管径分布情况
（管道上箭头表示稳态水流方向）

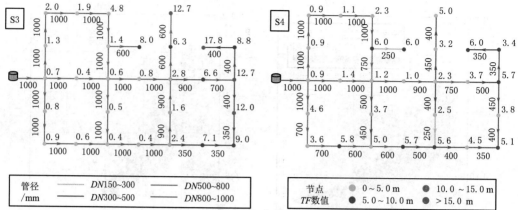

图 8.3.5 (二)　案例 1 中四个优选解对应的供水管网设计管径分布情况

（管道上箭头表示稳态水流方向）

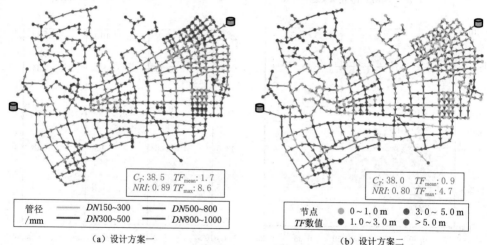

（a）设计方案一　　　　　　　　　（b）设计方案二

图 8.3.6　案例 2 中具有相似管网建设成本的两个不同优化设计方案

（颜色表示管径分布，箭头表示稳态水流方向）

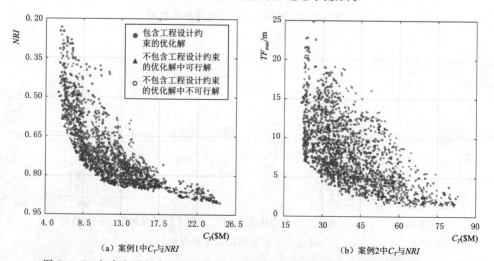

（a）案例1中 C_T 与 NRI　　　　　　　（b）案例2中 C_T 与 NRI

图 8.3.7　包含和不包含工程设计约束的优化解集映射在两目标区域的解集对比